全国高等院校医学整合教材

基因工程实验原理

杜冠魁　主编

中山大学出版社

·广州·

版权所有　翻印必究

图书在版编目（CIP）数据

基因工程实验原理/杜冠魁主编. -- 广州：中山大学出版社，2025.7. --（全国高等院校医学整合教材）. -- ISBN 978 - 7 - 306 - 08148 - 3

Ⅰ. Q78

中国国家版本馆 CIP 数据核字第 20247BT842 号

出 版 人：王天琪
策划编辑：吕肖剑
责任编辑：谢贞静　吕肖剑
封面设计：林绵华
责任校对：舒　思
责任技编：靳晓虹
出版发行：中山大学出版社
电　　话：编辑部 020 - 84110283，84113349，84111997，84110779，84110776
　　　　　发行部 020 - 84111998，84111981，84111160
地　　址：广州市新港西路 135 号
邮　　编：510275　传　真：020 - 84036565
网　　址：http://www.zsup.com.cn　E-mail：zdcbs@mail.sysu.edu.cn
印 刷 者：广东虎彩云印刷有限公司
规　　格：787mm×1092mm　1/16　16.5 印张　440 千字
版次印次：2025 年 7 月第 1 版　2025 年 7 月第 1 次印刷
定　　价：68.00 元

如发现本书因印装质量影响阅读，请与出版社发行部联系调换

本书编委会

主　编：杜冠魁
副主编：孙久同　温　栾
编　委：（按姓氏笔画排序）
　　　　王小英　王亚如　王咸寿　冯秋芳
　　　　邱逸敏　郑　琳　唐　敏

前　言

　　随着生物技术的日新月异，基因工程作为这一领域的璀璨明珠，正引领着生命科学研究的不断深入与革新。它不仅能够揭示生物体遗传信息的奥秘，还为实现基因治疗、作物改良、生物制药等目标提供了强有力的技术支持。基因工程实验原理是理解并应用这一前沿技术的基础，它涵盖了从 DNA 分子的识别、切割、连接，到基因转移、表达调控等多个层面的核心技术。

　　本书系统地梳理了基因工程领域中的一系列常用技术，包括聚合酶链式反应（PCR，用于扩增特定 DNA 片段）、基因克隆技术（如质粒构建、转化、筛选）、基因编辑技术（如 CRISPR-Cas9 系统）、DNA 测序与生物信息学分析以及基因表达技术调控等。每一项技术都配以详尽的基本原理阐述，力求使读者不仅知其然，更知其所以然。

　　为了将理论知识与实际操作紧密结合，本书构建了由浅入深、循序渐进的实验课程体系。从基础的 DNA 提取、PCR 扩增等基础实验入手，旨在帮助学生掌握基因工程的基本操作技能和实验设计思路。随后，课程逐步升级至综合性实验，如基因敲除/敲入实验、转基因动植物模型的构建及基于基因工程的药物开发初步研究等共计 8 个大型综合性实验，这些实验不仅要求学生具备扎实的理论基础，还考验着他们的创新思维和解决问题的能力。教师可根据教学需求和学生兴趣，灵活选择其中的 1～2 个实验进行开设，确保教学内容的针对性和实效性，同时，这也解决了传统实验教学中综合性实验资源匮乏的问题。此外，本书通过引入最新的研究成果和技术进展，丰富实验案例库，为师生提供了更多的实验选择和探索空间。

目 录

引 言 ··· 1

第一部分 基因工程原理

第一章 基因工程的概念 ·· 5
　　第一节　基因工程的发展简史 ·· 5
　　第二节　基因工程的研究意义和应用 ·· 8

第二章 基因工程的常用工具酶 ·· 13
　　第一节　限制性核酸内切酶 ·· 13
　　第二节　DNA 连接酶 ·· 19
　　第三节　其他的工具酶 ·· 23

第三章 基因工程常用载体 ·· 24
　　第一节　基因工程载体概述 ·· 24
　　第二节　质粒载体 ·· 25
　　第三节　噬菌体载体 ·· 31
　　第四节　黏粒 ··· 35
　　第五节　酵母人工染色体载体 ··· 36
　　第六节　细菌人工染色体载体 ··· 37
　　第七节　表达载体 ·· 38

第四章 基因工程常用技术 ·· 41
　　第一节　核酸的分离纯化 ··· 41
　　第二节　PCR 技术 ··· 43
　　第三节　电泳技术 ·· 45
　　第四节　分子杂交技术 ·· 49
　　第五节　DNA 序列测定技术 ··· 53

第五章 目的基因获取技术 ·· 56

第六章　基因表达策略——原核表达 ……… 57
　　第一节　大肠杆菌表达系统 ……… 57
　　第二节　pET 表达系统的表达机制 ……… 61
　　第三节　外源蛋白的表达形式 ……… 63
　　第四节　提高外源基因在大肠杆菌中表达效率的策略 ……… 65
　　第五节　外源基因在大肠杆菌中的表达实验步骤 ……… 67

第七章　基因表达策略——酵母真核表达 ……… 70
　　第一节　毕赤酵母表达系统的组成元素 ……… 71
　　第二节　毕赤酵母表达系统的机制 ……… 74
　　第三节　毕赤酵母表达系统的实验操作 ……… 78
　　第四节　毕赤酵母表达系统存在的问题 ……… 80

第八章　基因表达策略——哺乳动物细胞表达 ……… 82
　　第一节　哺乳动物细胞表达系统组成 ……… 82
　　第二节　哺乳动物表达系统的表达方式 ……… 86
　　第三节　哺乳动物细胞转染方法 ……… 88
　　第四节　提高外源基因在哺乳动物细胞中表达效率的因素 ……… 89
　　第五节　哺乳动物表达系统的实验操作 ……… 89

第九章　定点突变 ……… 92
　　第一节　体外定点突变 ……… 92
　　第二节　分子定向进化 ……… 98

第十章　基因组编辑技术简介 ……… 100

第二部分　基因工程基础实验

实验 1　真核生物基因组 DNA 的提取 ……… 107

实验 2　哺乳动物细胞总 RNA 和 mRNA 的提取 ……… 110

实验 3　质粒 DNA 的提取 ……… 114

实验 4　PCR 扩增碱性磷酸酶基因 ……… 118

实验 5　限制性核酸内切酶的酶切反应 ……… 124

实验 6　凝胶电泳法进行 DNA 的分离和纯化 …………………………………………… 130

实验 7　DNA 片段的体外连接 …………………………………………………………… 134

实验 8　大肠杆菌感受态细胞的制备 ……………………………………………………… 137

实验 9　重组子的转化 ……………………………………………………………………… 140

实验 10　菌落 PCR 筛选阳性重组子 ……………………………………………………… 143

实验 11　重组质粒的酶切鉴定 …………………………………………………………… 146

实验 12　外源基因在大肠杆菌中的诱导表达 …………………………………………… 150

实验 13　基因表达产物的检测分析：SDS-PAGE ……………………………………… 152

实验 14　蛋白质印迹法 …………………………………………………………………… 156

实验 15　DNA 印迹实验 …………………………………………………………………… 159

实验 16　全长 cDNA 文库的构建 ………………………………………………………… 163

实验 17　大鼠脂肪干细胞的提取鉴定及外泌体的提取 ………………………………… 169

实验 18　Trizol 法提取 DNA、RNA 和蛋白质 …………………………………………… 173

第三部分　基因工程综合性实验

综合性实验 1　重组蔗糖磷酸化酶在大肠杆菌中的表达及酶活性测定 ……………… 181

综合性实验 2　微生物荧光表达与绘画 ………………………………………………… 193

综合性实验 3　EGFP 基因的定点突变 …………………………………………………… 211

综合性实验 4　蛋白的亚细胞定位 ……………………………………………………… 216

综合性实验 5　酵母单杂交实验 ………………………………………………………… 220

综合性实验6　酵母双杂交实验 …………………………………………… 228

综合性实验7　CRISPR-Cas9基因编辑系统 ………………………………… 234

综合性实验8　农杆菌介导的模式植物遗传转化 …………………………… 244

引　言

　　生物技术目前被用于细胞生物学、分子生物学等多个领域，可用于生命系统的研究、设计、改造，甚至新生命创造，或为运用工程学和生物体系实现产品生产和服务提供新型技术。根据研究方法和研究对象，可将现代生物技术分为发酵工程、基因工程、蛋白质工程、酶工程及细胞工程等技术；结合实际应用领域，可将现代生物技术分为环境生物技术、食品生物技术、植物生物技术、动物生物技术等。从整体上来看，现代生物技术作为一种新兴技术，与其他技术有着必然的联系，但也存在明显的区别。其中，基于 DNA 重组技术的基因工程技术是现代生物技术的核心，对其他技术的整体发展具有十分重要的意义，能够影响其他生物技术领域的发展。生物技术是 21 世纪的高新技术核心，未来，生物技术也将成为支柱产业。随着科学技术的发展，各国将生物技术视为强化国家实力的重要技术，并为此投入大量人力、资金。

　　今天的科学就是明天的技术。

——爱德华·泰勒

第一部分 | 基因工程原理

第一章 基因工程的概念

 第一节 基因工程的发展简史

一、什么是基因工程

20世纪30年代末，随着物理和化学学科的发展与交叉融合，分子生物学由此诞生，并于20世纪40年代开始获得发展契机。随着核物理、放射学、量子力学和X射线晶体学的出现，研究生物大分子的作用和机制变得容易。1953年，沃森和克里克发现DNA结构，标志着分子生物学作为一个学科的诞生，进一步促进了分子生物学的发展。

基因工程（gene engineering）是指将外源DNA片段与载体DNA分子拼接重组后转入宿主细胞，获得相应的性状或产品。基因工程在DNA分子水平上进行切割和连接，又称为DNA重组技术。基因工程涉及三个要素：供体、载体和受体。供体即外源DNA片段，可由人工合成、基因文库筛选、PCR扩增等方式获取。载体作为外源DNA的运载工具，可将目的片段送入受体细胞，并使其在受体细胞中进行大量复制。受体细胞被定义为受体，可以是植物细胞、动物细胞和微生物细胞。基因工程涉及多项关键技术，如目的基因的获取、酶切及连接、转化、表达等。

依据受体的类型可构建不同的表达系统，包括原核表达系统、真核表达系统。真核表达系统又可分为酵母表达系统、植物表达系统和动物表达系统。这些表达体系具有不同的特点和应用。原核表达系统有简单的体系、较高的表达效率、适合大规模生产等优点，然而该体系缺点也较为明显，如无法表达获取大量的可溶性蛋白，缺乏转录和翻译后加工机制，产物不能进行正确折叠和修饰等，因此不适合表达真核生物基因。真核表达系统适合表达真核基因，可对产物进行修饰及区域化分布，其缺点是操作难度大、费时。因此，针对不同的表达产物及其用途，需要选择合适的表达系统。

二、基因工程的发展历程

（一）基因工程的开端

历史上几个重要的发现及发明极大地促进了基因工程的发展，为生物产业的形成及发展提供了重要支撑，其中DNA作为主要遗传物质的确立、DNA双螺旋结构的发

现、遗传密码的鉴定等奠定了基因工程的理论基础。此外，限制性核酸内切酶（简称限制性内切酶）、DNA连接酶、DNA聚合酶的发现为基因工程提供了重要工具。

（1）限制性内切酶的发现。1952年，S. E. Luria和M. L. Human两位科学家在T噬菌体的研究中，以及1953年Weigle和Bertani两位科学家在λ噬菌体侵染大肠杆菌的实验中陆续发现了细菌的限制和修饰现象。此后，Arber阐明了这种现象，即细菌的限制性内切酶可分解外源性DNA，Arber与另外两位科学家也因为该项研究，于1978年获得了诺贝尔生理学或医学奖。限制性内切酶在原核生物中广泛存在，在已知所有生物基因组中均可找到编码限制性内切酶的基因。到目前为止，已从200多种微生物中找出3000多种限制性内切酶，其大小不等，从157个氨基酸到1250个氨基酸。

（2）DNA连接酶的发现。1967年，有5个实验室的研究小组同时发现了DNA连接酶。DNA连接酶被誉为"分子缝针"，可以将两个DNA片段连接起来，其作用机制是催化磷酸二酯键的形成。DNA连接酶的发现是基因工程历史上的关键，为早期的分子生物学实验，特别是基因剪接实验铺平了道路。

（3）DNA聚合酶的发现。1955年，科学家发现了DNA聚合酶。此后，通过木瓜蛋白酶对DNA聚合酶酶切，找到了Klenow片段，可用于分子生物学实验。然而，Klenow片段不耐高温，现在实验室常用的是Taq酶（Taq DNA polymerase），为美国科学家布鲁克于1966年从美国黄石国家公园的水生栖热菌（Thermus aquaticus）中筛选并分离获得的。美国黄石国家公园作为全球最大的火山口之一，分布有大量的高热温泉，生活其中的微生物必须能满足生命的基本特征，即代谢和遗传。这表明其必然存在可在高温下参与DNA生物合成相关的酶。Taq酶在20世纪60年代被发现，但直到1985年DNA体外扩增技术的发明使得其作为热稳定的DNA聚合酶在PCR技术中得到应用，其才成为广为人知的"明星"分子。

上述关键工具酶的发现，促进了基因工程技术的成熟和更广泛的应用。1972年，美国斯坦福大学P. Berg研究小组对猿猴病毒SV40的DNA和λ噬菌体的DNA进行了分子操作，用限制性内切酶EcoRⅠ对两种DNA进行剪切后再通过T4 DNA连接酶将两个酶切片段链接。这是人类第一次获得重组DNA分子，Berg也因此与美国科学家吉尔伯特、英国科学家桑格分享了1980年的诺贝尔化学奖。

（二）基因工程的发展

（1）第一个基因工程实验的诞生。1973年，分子生物学家玻意尔（H. Boyer）和科恩（S. Cohen）等人将两种质粒DNA进行拼接，其中包含了抗卡那霉素基因和抗四环素基因，随后将重组质粒导入大肠杆菌，获得的转化菌落带有四环素抗性和卡那霉素抗性。这个实验首次建立了基因克隆的完整体系，同时也宣告了基因工程的诞生。

（2）第一家基因工程技术公司的诞生。1976年，Genentech（基因泰克）公司成立，创始人为风险投资家斯万森和分子生物学家玻意尔。玻意尔与科恩开创性地建立基因克隆体系后，斯万森激动地与玻意尔进行了3个小时的会晤，促成了首家基因工程技术公司的诞生。公司启动资金为斯万森2.6万美元的私人积蓄，随后斯万森以基因泰克25%的股份换取科莱勒·帕金斯10万美元的投资。9个月后，另一家风险投资公司向基因泰克投资85万美元，占股25%。公司成立7个月后，基因泰克成功利用重组技术合成了生长激素抑制素。1978年5月，基因泰克接受第三轮风险投资，以8.6%的股份换取95万美元的额度。至此，基因泰克公司的市值在两年时间内从40万美元上升至1100万美元。也是在1978年后，基因泰克公司利用重组技术合成了人类胰岛素。至2008年，其公司员工超过11000名，并于2009年被瑞士罗氏制药集团以468亿美元的价格收购。

（3）第一只转基因小鼠的诞生。1972年，R. Jaenisch加入了Salk生物研究所，与生物化学家Berg等人开展合作，1974年，Jaenisch等人应用显微注射法将SV40 DNA植入囊胚中，首次获得携带外源基因的小鼠。1980年，J. W. Gordon等人将疱疹病毒胸苷激酶基因与SV40早期基因启动子重组到pBR322质粒中，再经由显微注射技术植入小鼠受精卵原核，获得第一只可遗传的转基因小鼠，这被公认为转基因小鼠技术的开端。随后，Mario Capecchi和Oliver Smithies等人创造出第一批基因敲除小鼠。1982年，R. D. Palmiter等人发表研究，将大鼠来源的生长激素基因导入小鼠受精卵中可促使小鼠的生长速度提高2~4倍。1997年7月，日本大阪大学冈部胜和伊川正等人将绿色荧光蛋白导入小鼠受精卵中，获得了能在紫外或近紫外光激发下发出绿色荧光的转基因小鼠。

（4）第一款重组疫苗的获批上市。美国默克公司与西雅图华盛顿大学B. D. Hall等人合作，用酵母表达系统进行人类乙肝表面抗原蛋白的表达，并进行产业化。默克公司生产的重组乙肝表面抗原蛋白疫苗于1986年获得FDA批准并投入市场。在之前的工作中，科学家将乙肝表面抗原蛋白基因在大肠杆菌内进行表达，但大肠杆菌重组表达的乙肝表面抗原并没有活性，原因在于大肠杆菌缺乏糖基化修饰蛋白质的体系，无法对表达的蛋白质进行糖基化修饰。1994年，默克公司将乙肝疫苗生产技术以700万美元的价格转让给中国，中国公司于1997年正式获批生产重组乙肝疫苗。

（5）CRISPR基因编辑技术的诞生及疾病治疗。2012年8月，Jennifer Doudna和Emmanulle Charpentier合作在Science发表了CRISPR-Cas9基因编辑原理的论文。2013年2月，张锋在Science宣告将CRISPR-Cas9基因编辑技术应用于哺乳动物和人类细胞。CRISPR技术在遗传病、艾滋病、癌症等疾病的临床治疗中取得了良好的治疗效果。2020年12月，《新英格兰医学杂志》发表了CRISPR基因编辑技术治疗β-地中海贫血症和镰刀状细胞贫血症的临床试验结果，患者回输了经过CRISPR-Cas9编辑的 *BCL*11A 增强子的自体 $CD34^+$ 细胞进行治疗，18个月观察期内患者不再需要依赖输血。美国天普大学和内布拉斯加大学医学中心的研究人员成功地利用AAV9-CRISPR-Cas9系统在非人灵长类动物的基因组中编辑并清除了与HIV密切相关的SIV-a病毒，为终结艾滋病噩梦带来曙光。以色列特拉维夫大学的研究人员证实CRISPR-Cas9系统可以有效治疗活体动物的转移性癌。

基因工程技术从诞生伊始发展速度非常迅猛，从基础研究到实际应用均取得了重要进展。基因工程技术使人类可以定向改造生物遗传物质以满足需求，是20世纪一项伟大的科学成就，更为21世纪生物学的发展奠定了基础。

 第二节　基因工程的研究意义和应用

基因工程在药物、疫苗、基因治疗等医药领域，动植物育种、性状改善等农业领域，以及食品、能源等工业领域发挥着重要的作用。基因工程制药发展快速，已可高效地生产多种蛋白类药物和抗生素，如人生长激素、胰岛素、干扰素等，从而为人类战胜疾病提供了有力的武器。基因治疗可用于治疗基因突变导致的疾病，通过导入正确的基因，从而使该基因表达并发挥功能。基因治疗也为肿瘤、艾滋病等疑难疾病的治疗带来曙光。基因工程技术可通过改善农产品性状、品质、抗逆性，或提高抗病虫害能力等，最终提高农产品产量，促进农业发展。通过基因工程培养的可清除环境污染（如重金属、农药、石油污染等）的植物或工程菌，其污染清除速度远高于天然细菌。

一、基因工程在医药领域的应用

（一）基因工程药物

从1982年诞生了第一个基因工程重组人胰岛素开始，基因工程药物生产快速发展起来。各大药企均在生物医药领域布局，促进了基因工程药物的研发和应用于临床。我国于1989年推出第一款拥有自主知识产权的基因工程药物——重组人干扰素α-1b。在当今医药学领域，基因工程药物以其疗效好、副作用小等特征，得到广泛的应用，年产值达数十亿美元。这些基因工程药物大多数利用原核表达系统或者哺乳动物细胞系统进行生产，也有少数药物利用植物表达系统进行生产。

基因重组药物是指找到药物表达的相关基因，利用基因工程技术进行大规模生产的药物，如抗生素或者激素类药物。以下介绍几种常见的基因重组药物。

（1）基因重组胰岛素。胰岛素是治疗糖尿病的重要药物，基因工程技术出现之前，只能从动物体内提取胰岛素，价格昂贵且活性较低。利用基因工程技术后相继出现了以下几代产品：1982年，第一款利用微生物基因工程技术生产的重组人胰岛素获批；1996年，第一款胰岛素类似物赖脯胰岛素（优泌乐）获批上市。胰岛素类似物价值高、效果好，可以很好地模拟人体胰岛素分泌效果，有效地控制血糖。我国于1998年成功研制了重组人胰岛素制剂"甘舒霖"。

（2）基因重组人抗凝血酶Ⅲ。Atryn是第一款利用乳腺生物反应器生产的药物，于2006年被批准上市。Atryn可抑制凝血酶活性，用于预防和治疗急慢性血栓栓塞的形成，特别是对抗凝血酶缺乏症患者有显著效果。Atryn将人的抗凝血酶Ⅲ基因插入乳腺特异性调节序列中，使其在山羊的乳腺中表达。抗凝血酶Ⅲ随乳汁被分泌，通过纯化获得具有生物活性的蛋白。Atryn克服了一系列的问题，如其分子结构复杂而不能用原核表达系统进行表达、哺乳动物细胞表达系统成本过于昂贵及产量太低等，为

分子结构复杂的蛋白类药物创造性地提供了可靠的生产途径。

（3）基因重组干扰素。英国的病毒学家 Alick Isaacs 在研究流感病毒时发现了一种可以干扰流感病毒生长的物质，并将其定义为干扰素。此后，科学家发现干扰素作为一种细胞因子，具有抗病毒、增强免疫的作用。然而，在干扰素发现后的很长一段时间，其只能从人体白细胞中提取，产量低、纯度低、作用有限。1980 年，美国病毒学家 Derek 实现了通过人类白细胞进行干扰素量化生产，在临床上取得了大量基础数据。在基因工程生产干扰素领域，1978 年，瑞士罗氏公司研究人员 Pestka 成功克隆了干扰素 cDNA。1990 年，通过基因重组技术，干扰素在大肠杆菌中表达，实现了干扰素的工业化量产。

（二）基因工程疫苗

基因工程疫苗根据体内或体外表达分为多种类型：①重组抗原疫苗。将病原抗原基因导入原核表达或真核表达系统，将抗原纯化后制成疫苗。②减毒活疫苗。使病原的毒力基因突变，减弱其致病能力后感染人体，既保持了抗原性，又可以引发免疫反应。减毒活疫苗理论上可以持续刺激人体产生免疫力，因此一次接种可以达到长时间免疫效果。③重组抗原疫苗。将病原微生物表位抗原基因整合到表达载体中后注入人体，该基因利用病毒特性在宿主中表达，进而诱发免疫反应。④自复制 mRNA 疫苗。负责编码结构蛋白的无致病力的病毒或细菌基因序列被目的抗原序列取代，病毒或细菌复制过程中表达该目的抗原。自复制 mRNA 疫苗具有更高的扩增速率。可作为活载体的病毒主要有痘病毒、腺病毒、疱疹病毒、小 RNA 病毒等。细菌中可作为载体的有沙门氏菌、乳酸菌、李斯特菌等。

（三）基因治疗

基因治疗是指通过将外源正常基因导入患者体内从而干预基因缺陷所引起疾病的治疗方式。早在 1972 年美国生物学家 T. Friedmann 在 *Science* 杂志发表前瞻性评论——"基因治疗能否用于人类遗传病？"，划时代地提出基因治疗的设想。1990 年，美国国立卫生研究院 W. F. Anderson 等人通过基因治疗干预重症联合免疫缺陷病。W. F. Anderson 等人将正常的腺苷脱氨酶基因插入患者白细胞基因组中，并将这些白细胞回输患者体内，成功治愈了患者，这是基因治疗应用的开端。

近些年，基因治疗迅速成为一种可选用的治疗手段。基因治疗的关键技术是将目的基因输送到靶细胞细胞核。因此，基因传递载体的设计至关重要。常用的载体依据是否依赖病毒分为病毒载体和非病毒载体。病毒载体主要有慢病毒载体、腺病毒载体、逆转录病毒载体等。非病毒载体主要有高分子载体和纳米载体。

CAR-T 细胞治疗（chimeric antigen receptor T-cell immunotherapy）的临床价值正在不断显现。CAR-T 细胞治疗主要是在 T 细胞表面加上一个嵌合抗原受体，这个受体可以特异地识别肿瘤细胞表面抗原，继而诱发免疫杀伤。这里有几个关键技术节点：①需要找到肿瘤细胞膜表面特异表达的蛋白；②找到该蛋白的结合表位并进行受体设计；③将受体基因整合到 T 细胞中。例如，CTL019 融合了一个抗原受体，可以识别肿瘤细胞表面 CD19 蛋白。CTL019 已在难治性弥漫性大 B 细胞淋巴瘤和难治性急性淋巴细胞白血病中进行了临床应用,并于 2017 年被 FDA 作为基因工程细胞产品首次批准。此外,通用型 CAR-T 细胞将为患者提供更快速和便宜的治疗方案。CAR-T 细胞治疗在实体瘤方面的挑战在于需要让 CAR-T 细胞克服肿瘤微环境免疫抑制信号,进入较大肿瘤内发挥效用。

二、基因工程在农业领域的应用

基因工程是农业发展的重要助力,极大推动了农业生产力的提升。基因工程技术可以促进农产品产量的提高。通过转基因技术,可以实现在动物体中表达特定的蛋白。

(一)在农作物生产上的应用

(1)助力农作物抵抗病虫害。病虫害对作物生产的质量和效率有极大的影响,而使用杀虫剂会带来诸如农药残留、环境污染等问题。通过基因工程技术降低病虫害对作物生产的影响,提高作物产量,已成为重要的技术手段。各种主要农作物均有相应的转基因品种,包括水稻、玉米、马铃薯和番茄等。农作物自身并没有优势抗虫基因,但是在苏云金芽孢杆菌中可以分离得到杀虫晶体蛋白基因和蛋白酶抑制剂基因等。将这些外源基因导入农作物中,就可使农作物具备杀伤害虫的特性。在水稻培育方面,已育有华恢 1 号、Bt 汕优 63、明恢 86、科丰稻、克螟稻等品系;在玉米培育方面,主要的转基因抗虫玉米品种有 Bt-176,其可抗鳞翅目害虫尤其是玉米螟。我国自主研发的瑞丰 125 玉米品种,能够高效表达杀虫蛋白,可杀死玉米螟、棉铃虫等鳞翅目昆虫。

(2)助力农作物抵抗除草剂。杂草会与农作物争夺生长空间(阳光、养分和水分),影响作物的产量。通常农民会通过多种手段去除杂草。科学家将抗草甘膦的基因导入农作物中,使农作物对草甘膦具有抗性,通过施用草甘膦可以快速去除杂草的影响,成为大农场化生产的标准策略。在美国有约 90% 的大豆、70% 的棉花和玉米为带有抗草甘膦基因的作物。然而,由于除草剂和种植转基因作物使用的增加,长芒苋、假高粱、小飞蓬、三裂叶豚草、水麻草、普通豚草等多种杂草也对除草剂产生了抗性。

(3)助力农作物抗逆。逆境(如干旱、高盐、低磷、低氮等环境)会严重损伤植物,甚至导致其死亡。转基因技术可以增强农作物的环境适应性与抗寒、抗高温、抗旱及抗病性。例如,利用豆科作物与根瘤菌可高效地共生固氮,增强土壤肥力,使农业可持续发展。将从鱼类中找到的抗冻蛋白基因通过基因工程技术导入到植物中,可帮助农作物在低温环境下正常生长,该技术已经成功运用于番茄、黄瓜等农作物中。逆境下植物体内可溶性糖、脯氨酸、多胺、渗调蛋白等化合物含量增加,与这些物质合成相关的基因已逐渐被分离克隆,并被应用于作物改良。例如,过表达 *SNAC1* 基因可显著提高水稻抗旱性。因此,抗逆基因研究将为极端环境下作物的种植和高产提供有效的解决方案。

(4)助力农作物品质提升。随着生活水平的提升,人们对于农作物的口感、味道及营养也更加注重。基因工程可对农作物进行全面的升级改良。基因工程可通过操作 *SBE*、*SSS*、*GBSS* 等淀粉生产相关的酶基因，影响直链淀粉和支链淀粉的比例。在马铃薯中，抑制 *GBSS* 基因的表达可导致直链淀粉的比例显著下降，导入 *GBSS* 基因则可显著增加直链淀粉的比例。

(二) 在林业、花卉产业中的应用

1986 年，首个基因工程林木诞生，即在杨树中导入了抗除草剂基因。迄今已有几十种林木获得遗传转化，促使林木获得多个性状，如抗病虫害、抗逆。此外，基因工程林木也被用于环境的修复。我国科学家将几丁质酶基因导入毛白杨中得到了抗病转基因株系；还获得了抗舞毒蛾、抗天幕毛虫、抗食叶昆虫的杨树，以及具有抗盐碱、抗旱耐盐、抗冻等多种性状的转基因杨树。

基因工程也使花卉育种走向分子时代。基因工程可以影响花卉的花色、花形、香味、保鲜、抗性等多个方面。查尔酮异构酶 (CHI)、查尔酮合成酶 (CHS)、黄烷酮-3-羟化酶 (F3H)、花青素合成酶 (ANS) 等参与色素的代谢，通过抑制或者增加这些基因的表达，可以对花色进行调控。1987 年，德国科学家将玉米色素合成基因导入矮牵牛后产生了一种全新的颜色。北京大学植物基因工程国家实验室培育出白紫相间的矮牵牛花。英国科学家通过基因工程可让金鱼草、兰花等花朵改变其对称形状。利用基因工程技术可使花卉的香味变得更加浓厚，抑制乙烯合成相关酶的活性可以使花期、鲜切花寿命得到有效延长。

三、基因工程在工业领域的应用

(一) 环保工业

基因工程改造的微生物、植物正在环境治理中发挥着重要作用。随着工业化的发展，企业生产过程中产生了大量的污染物。有些酶可以降解石油组分或它们的衍生物，包括樟脑、甲苯、辛烷和二甲苯等物质；有些酶可以降解杀虫剂 "六六六" 和烟碱等农药；有些酶参与工业污染物的降解，如对氯联苯、尼龙、洗涤剂等。通过基因工程手段将这些酶的基因整合到工程菌中高效表达，再利用这些工程菌进行环境的治理。此外，基因工程手段可提高植物对污染物、重金属的吸收能力，将其富集到植物中有利于集中处理。

(二) 酶制剂工业

基因工程可以高效表达大量工业用酶。在工业上，蛋白酶、淀粉酶、脂肪酶、糖化酶和果胶酶正发挥着重要作用。基因工程技术可以定向改造和生产这些工业用酶，以满足不同环境和目的的使用，如需要有些酶能在长时间或高温下保持高效活力，需要有些酶可以在有机溶剂中发挥作用等。基因工程技术有望解决这些难点，增强酶的耐热、耐压、耐盐、耐溶剂等特性。美国科学工作者将耐热的淀粉酶基因整合到枯草杆菌中，生产的淀粉酶具有耐热的特性。

(三) 食品工业

基因工程技术可以极大促进食品工业的发展，包括改善食品原料及产品品质、改革发酵工业、增强果蔬耐贮性等。在食品原料品质改善上，基因工程可以对植物进行改造。科学家将硬脂酸-ACP脱氧酶整合到油菜中，增加了不饱和脂肪酸（油酸、亚油酸）含量；将PGC DNA基因转入番茄中可延长番茄的保质期；抑制分支酶的表达，可以有效降低马铃薯制得薯条的含油量。在动物源性食品中，基因工程获得了初步成效。利用基因工程表达牛生长激素，并注射到奶牛体内后可使其产奶量增加；重组猪生长激素可促进猪瘦肉比例增加。

基因工程可以改良微生物发酵性能，提高产品质量。基因工程改造的面包酵母可使麦芽糖酶和二氧化碳量增加，增加面包膨发性能，从而使面包更为松软可口。利用工程菌表达的牛胃蛋白酶可用于奶酪工业。此外，改造后高表达的蛋白酶、果胶酶、纤维素酶、植酸酶等已在食品工业中发挥重要作用。

基因工程可以改善加工食品的品质。基因工程可提高羧肽酶和碱性蛋白酶活性，从而增加酱油酿造过程中氨基酸产量，极大地改善酱油风味。在米曲霉上高表达纤维素酶可显著提高酱油产量。米曲霉上高表达木聚糖酶可降低木糖与氨基酸间的反应，减少褐色物质的产生，使酱油颜色变浅。啤酒酵母高表达α-乙酰乳酸脱羧酶可降低双乙酰含量，保障啤酒的风味和品质。

基因工程可以改善果蔬的保鲜度。与鲜花类似，降低乙烯合成相关酶的表达，可以延长果蔬贮藏时间，达到保鲜的目的。该技术在转基因番茄获得巨大成功。该技术为控制果蔬运输保藏过程中的成熟度提供了更好的选择。

（四）能源工业

基因工程可以提高能源获取效率。基因工程在生物燃料生产中的应用尚处于试验阶段，可应用于柴油、丁醇、乙醇等能源类产品的生产。微藻是产油脂的主要生物，然而其油脂含量通常低于30%，科学家正利用基因工程手段突破该瓶颈。基因工程手段可提高生产途径中涉及的酶活性，可以增加丁醇、乙醇的含量。此外，在生产有机制剂过程中，丁醇、乙醇会抑制微生物的生理活性，进而影响生物燃料的产率，这也需要进一步改造微生物。虽然基因工程在解决能源危机上具有较大发展空间，然而其技术应用仍处于初级阶段，尚不稳定；且应用成本较高，难以与传统能源物质相媲美；环境污染较大。

四、结语

基因工程技术自诞生以来发展迅速，新技术、新手段不断涌现。基因工程技术已被广泛而深入地应用到医药、农业、工业等多个行业和领域。基因工程在医药领域可以用于疾病治疗、药物生产等多个环节；在农业领域可以用于提高农作物产量和品质、提高抗逆抗病虫害能力、改善果蔬保鲜水平等；在工业领域可以有效改善食品领域、环保产业、酶工业、能源行业的诸多问题。尽管基因工程在发展过程中遇到很多问题，但是在科学家的努力下，这些问题不断地被解决。基因工程必将为人类的美好未来提供坚实的技术保障。

第二章 基因工程的常用工具酶

基因工程又称DNA重组技术，是在分子水平上的基因操作，主要依赖一些重要的酶，将2个或者2个以上DNA分子通过体外酶切、连接形成新的重组DNA分子，然后将重组的DNA分子导入受体细胞中，进行复制、转录、表达。

在DNA体外重组操作中所涉及的一些关键酶，统称为基因工程工具酶，如限制性核酸内切酶、DNA连接酶、DNA聚合酶、碱性磷酸酶和末端脱氧核苷酸转移酶等。

第一节 限制性核酸内切酶

限制性核酸内切酶是一类能够识别和切割单链或双链DNA分子内部特定核苷酸序列的核酸内切酶，简称内切酶。针对其所识别位点序列的不同，又可分为Ⅰ、Ⅱ、Ⅲ型限制性核酸内切酶。Ⅰ型和Ⅲ型限制性核酸内切酶识别与切割位点不固定，在同一蛋白酶分子中兼有甲基化酶及依赖ATP的限制性核酸内切酶活性，在基因工程中的应用价值不大。Ⅱ型限制性核酸内切酶具有位点识别特异性，能够识别4～6个具有回文结构的核苷酸序列，并且切割的DNA片段活性和甲基化作用是独立分开的，因此在基因工程中得到广泛使用。DNA体外重组技术所用到的限制性核酸内切酶通常指的是Ⅱ型限制性核酸内切酶，也是本节重点介绍的内容。

一、识别位点及切割位点

限制性核酸内切酶能在双链DNA分子上识别的特殊核苷酸序列称为识别序列或者识别位点。大多数Ⅱ型限制性核酸内切酶的识别序列为4～6个碱基对，具有180°旋转对称的回文结构序列特征，即DNA两条链从5′至3′阅读序列都是一样的，如：

Hind Ⅲ识别靶序列	EcoR Ⅰ识别靶序列
5′AAGCTT3′	5′GAATTC3′
3′TTCGAA5′	3′CTTAAG5′

限制性核酸内切酶在识别其相应的靶序列后，在识别位点内部或者两侧进行DNA切割，使DNA每条链中相邻两个碱基之间的磷酸二酯键断开，这个断开的位置称为切割位点。不同的限制性核酸内切酶均有其相应的特异识别序列及不同的切割位点（表1.2.1）。

表 1.2.1　不同限制性核酸内切酶的识别及切割位点

名称	识别及切割位点	名称	识别及切割位点	名称	识别及切割位点
Sma I	5′CCC↓GGG3′ 3′GGG↑CCC5′	*Xma* I	5′C↓CCGGG3′ 3′GGGCC↑C5′	*Xba* I	5′T↓CTAGA3′ 3′AGATC↑T5′
Hpa I	5′GTT↓AAC3′ 3′CAA↑TTG5′	*Hinc* II	T↓A 5′GTC↓GAC3′ 3′CAA↑TTG5′ G↑C	*Sal* I	5′G↓TCGAC3′ 3′CAGCT↑G5′
*Bam*H I	5′G↓GATCC3′ 3′CCTAG↑G5′	*Bcl* I	5′T↓GATCA3′ 3′ACTAG↑T5′	*Sac* I	5′GAGCT↓C3′ 3′C↑TCGAG5′
Bgl II	5′A↓GATCT3′ 3′TCTAG↑A5′	*Mbo* I	5′↓GATC3′ 3′CTAG↑5′	*Apa* I	5′GGGCC↓C3′ 3′C↑CCGGG5′
Hae III	5′GG↓CC3′ 3′CC↑GG5′	*Eco*R V	5′GAT↓ATC3′ 3′CTA↑TAG5′	*Xho* I	5′C↓TCGAG3′ 3′GAGCT↑C5′
*Eco*R I	5′G↓AATTC3′ 3′CTTAA↑G5′	*Hind* III	5′A↓AGCTT3′ 3′TTCGA↑A5′	*Sph* I	5′GCATG↓C3′ 3′C↑GTACG5′
Pst I	5′CTGCA↓G3′ 3′G↑ACGTC5′	*Nde* I	5′CA↓TATG3′ 3′GTAT↑AC5′	*Hap* II	5′C↓CGG3′ 3′GGC↑C5′
Kpn I	5′GGTAC↓C3′ 3′C↑CATGG5′	*Nco* I	5′C↓CATGG3′ 3′GGTAC↑C5′	*Not* I	5′GC↓GGCCGC3′ 3′CGCCGG↑CG5′

由表 1.2.1 可以看出限制性核酸内切酶有以下特点：

(1) *Sma* I 和 *Xma* I 识别相同的 DNA 序列，但是在 DNA 序列中切割位点不一样。不同的内切酶识别相同的靶序列，但切割位点不同，这些酶可称为同位酶。

(2) *Hpa* I 和 *Hinc* II 识别位点和切割位点均相同，这类酶称为同裂酶，即不同来源的限制性核酸内切酶有相同的识别位点，并且切割位置相同，可以产生相同的末端。

(3) *Bam*H I、*Bcl* I、*Bgl* II 和 *Mbo* I 识别位点各不相同但是能切出相同的末端序列 5′…GATC…3′ 和 5′…CTAG…3′，这组酶称为同尾酶。由同尾酶产生的末端序列，可通过其黏性末端之间的互补作用而彼此连接起来，但这种黏性末端共价结合形成的位点，一般不能再被原来的任何一种同尾酶所识别。

(4) *Sma* I、*Hae* III 和 *Eco*R V 在识别位点序列的中心切割 DNA 分子双链，产生的平齐末端结构为平末端（图 1.2.1），这几种酶为平末端酶。切割后形成的平末端

DNA可任意连接，但连接效率较黏性末端低。

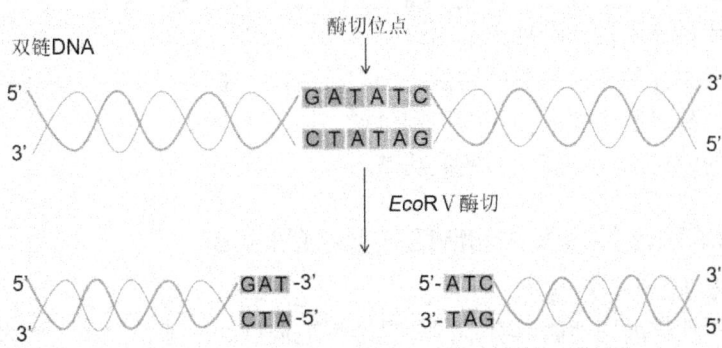

图1.2.1　平末端酶 *Eco*R V 切割方式

（5）*Eco*R Ⅰ、*Hind* Ⅲ和 *Pst* Ⅰ切割位点不在识别位点中心，而是靠近5′端或者3′端。双链DNA分子经过不同的限制性核酸内切酶的作用下，产生两种不同的黏性末端，根据突出单链的方向可分为5′黏性末端（*Eco*R Ⅰ、*Hind* Ⅲ）（图1.2.2）和3′黏性末端（*Pst* Ⅰ）（图1.2.3）。

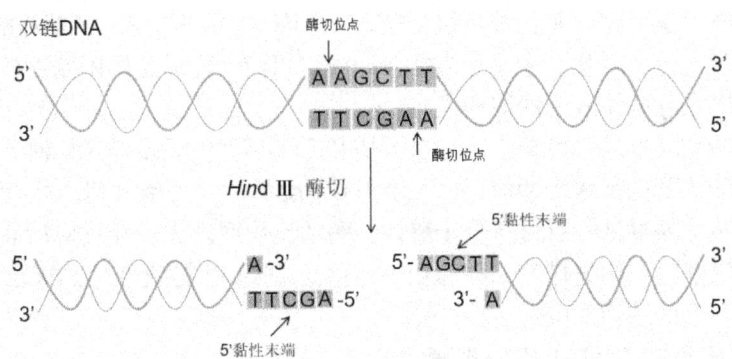

图1.2.2　5′黏性末端 *Hind* Ⅲ

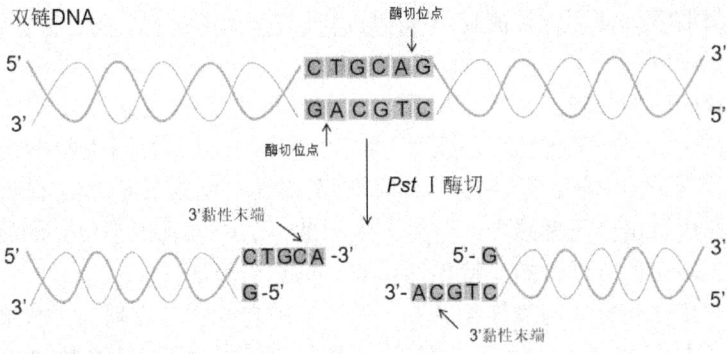

图1.2.3　3′黏性末端 *Pst* Ⅰ

黏性末端是 DNA 分子在限制性核酸内切酶的作用下形成的具有互补碱基的单链延伸末端结构，能够通过互补碱基的配对而重新连接起来，但具有平整末端的 DNA 片段其重新连接效率没有黏性末端高。

常用的限制性核酸内切酶的切割方法有单酶切、双酶切和部分酶切等。在实验过程中选用内切酶时要了解内切酶的识别位点、切割位点及酶切后产生的末端结构，合理选择合适的内切酶，提高实验的成功率。

二、影响限制性核酸内切酶酶切效率的因素

（一）酶切的反应温度

不同限制性核酸内切酶具有不同的最适反应温度，一般情况下，大多数限制性核酸内切酶的最适温度为 37 ℃，少数的限制性核酸内切酶的最适温度高于或低于 37 ℃。如 Sma I 的最适反应温度为 25 ℃，酶切反应的温度低于或者高于其最适温度，都会影响限制性核酸内切酶的活性，甚至使酶活性丧失，从而影响酶切效率。双酶切时，两种不同的限制性核酸内切酶的最适温度不同，一般采取先低温后高温的方式进行酶切。

（二）反应缓冲液

不同的限制性核酸内切酶对反应缓冲液有不同的要求。限制性核酸内切酶的反应缓冲液一般含有氯化钠、氯化钾、氯化镁、Tris-HCl、DTT 或 β-巯基乙醇和 BSA 等。根据离子强度可分为低盐、中盐和高盐缓冲液。目前，商品化的限制性核酸内切酶都配有能发挥其最佳酶切效率的缓冲液。

进行双酶切反应时，可分为同步双酶切和分步酶切。同步双酶切时，要注意选择两种酶反应所需要的最佳缓冲液，以保证 100% 酶活性。若两种酶不能找到同时进行酶切反应的最佳缓冲液，可进行分步酶切，酶切反应要求先低盐反应后高盐反应，如果两种酶无法兼容，则先进行一种酶切，然后经 DNA 抽提或者加热灭活第一种酶后再进行第二种酶的酶切反应。

（三）反应体积中甘油的含量

商品化的限制性核酸内切酶均含有 50% 的甘油，以保护酶的活性，一般贮藏在 -20 ℃ 的冰箱中。反应体系中，甘油的含量在 5% 以上会抑制酶的活性，因此在酶切反应体系中酶溶液的体积应控制在 10% 以内。

（四）酶切反应时间

限制性核酸内切酶的酶切反应时间可根据实验要求选定，酶切反应时间通常为 1 h，商品化的限制性核酸内切酶的酶切反应时间可依据其使用说明书选定。大多数酶活性可维持很长的时间，若要进行大量 DNA 样品的酶切反应时，有时需要酶切反应过夜，酶的用量也会适量减少，以减少限制性核酸内切酶识别位点的特异性发生改变，导致出现酶切位点以外的非特异性切割，也称为星活性。

每种限制酶在其反应的最佳条件下，严格识别它的特异序列。当甘油浓度、离子强度、pH、有机溶剂（如 DMSO）、Mg^{2+}、酶与 DNA 的比例等参数单独或同时发生

改变时，就会导致限制酶的识别序列特异性发生改变，在DNA内产生附加切割，从而影响限制性核酸内切酶在DNA重组中的正常切割。

（五）酶切位点的非识别序列

限制性核酸内切酶切割DNA时，对识别序列两端的非识别序列的长度有要求，在识别序列两端必须有一定的核苷酸数量，即侧翼序列，否则限制性核酸内切酶的切割活性难以发挥。例如，在设计PCR引物时，往往需要在引物5′末端引入一对限制酶的酶切位点，便于将目的基因克隆到目标载体中。由于DNA末端长度会影响酶切效率，因此在PCR引物末端引入酶切位点时，需要在酶切位点末端加上3~4个保护碱基（表1.2.2），才能保证酶切反应有效进行。

表1.2.2 不同限制性核酸内切酶的保护碱基及切割率

酶	寡核苷酸序列	切割率/%	
		2 h	20 h
Acc I	GGTCGACC	0	0
	CGGTCGACCG	0	0
	CCGGTCGACCGG	0	0
Afl III	CACATGTG	0	0
	CCACATGTGG	>90	>90
	CCCACATGTGGG	>90	>90
Asc I	GGCGCGCC	>90	>90
	AGGCGCGCCT	>90	>90
	TTGGCGCGCCAA	>90	>90
Ava I	CCCCGGGG	50	>90
	CCCCCGGGGG	>90	>90
	TCCCCCGGGGGA	>90	>90
BamH I	CGGATCCG	10	25
	CGGGATCCCG	>90	>90
	CGCGGATCCGCG	>90	>90
Bgl II	CAGATCTG	0	0
	GAAGATCTTC	75	>90
	GGAAGATCTTCC	25	>90

续上表

酶	寡核苷酸序列	切割率/% 2 h	切割率/% 20 h
EcoR I	GGAATTCC	>90	>90
	CGGAATTCCG	>90	>90
	CCGGAATTCCGG	>90	>90
Hae III	GGGGCCCC	>90	>90
	AGCGGCCGCT	>90	>90
	TTGCGGCCGCAA	>90	>90
Hind III	CAAGCTTG	0	0
	CCAAGCTTGG	0	0
	CCCAAGCTTGGG	10	75
Kpn I	GGGTACCC	0	0
	GGGGTACCCC	>90	>90
	CGGGGTACCCCG	>90	>90
Mlu I	GACGCGTC	0	0
	CGACGCGTCG	25	50
Nco I	CCCATGGG	0	0
	CATGCCATGGCATG	50	75
Nde I	CCATATGG	0	0
	CCCATATGGG	0	0
	CGCCATATGGCG	0	0
	GGGTTTCATATGAAACCC	0	0
	GGAATTCCATATGGAATTCC	75	>90
	GGGAATTCCATATGGAATTCCC	75	>90
Xba I	CTCTAGAG	0	0
	GCTCTAGAGC	>90	>90
	TGCTCTAGAGCA	75	>90
	CTAGTCTAGACTAG	75	>90
Xho I	CCTCGAGG	0	0
	CCCTCGAGGG	10	25
	CCGCTCGAGCGG	10	75

续上表

酶	寡核苷酸序列	切割率/%	
		2 h	20 h
Xma I	CCCCGGGG	0	0
	CCCCCGGGGG	25	75
	CCCCCCGGGGGG	50	>90
	TCCCCCCGGGGGGA	>90	>90

第二节 DNA 连接酶

在体外 DNA 重组的过程中，用限制性核酸内切酶切割载体和目的 DNA 分子，使其产生互补黏性末端或平齐末端，通过 DNA 连接酶的催化连接或结合，以形成重组 DNA 分子。

DNA 连接酶是通过催化两段或两段以上不同来源的 DNA 分子中具有邻近位置的 5′-磷酸基团和 3′-羟基形成磷酸二酯键，使原来断开的 DNA 缺口重新连接组成新的杂合 DNA 分子。由于 DNA 连接酶具有连接平齐末端或黏性末端 DNA 的能力，因此其在体外重组 DNA 分子的构建过程中成为必不可少的关键工具酶。

DNA 连接酶有 T4 DNA 连接酶、大肠杆菌 DNA 连接酶和热稳定 DNA 连接酶。最常用的 DNA 连接酶是 T4 DNA 连接酶，它的主要特点是：①连接催化反应所需的能量由 ATP 提供。②可连接黏性末端，连接效率高；也可连接平齐末端，连接效率低。③能催化 DNA–DNA、DNA–RNA、RNA–RNA 和双链 DNA 黏性末端或平齐末端之间的连接反应。而大肠杆菌 DNA 连接酶连接催化反应所需的能量由 NAD^+ 提供，平齐末端连接效率极低，不能连接 RNA 分子，因此该酶在分子克隆实验中很少使用。

一、DNA 连接酶的连接作用特点

（1）在一条 DNA 链的 3′末端具有一个游离的羟基（–OH），而在另一条 DNA 链的 5′末端具有一个磷酸基（–P）的情况下，才能发挥功能。

（2）当 3′–OH 和 5′–P 是彼此相邻的，并且是位于与互补链上之碱基配对的两个脱氧核苷酸末端时，才能将它们连接成磷酸二酯键。

（3）不能够连接两条单链的 DNA 分子或环化的单链 DNA 分子，被连接的 DNA 链必须是双螺旋 DNA 分子的一部分。

（4）DNA 连接酶只能封闭双螺旋 DNA 上失去一个磷酸二酯键所出现的单链缺口，而不能封闭双链 DNA 的某一条链上失去一个或数个核苷酸所形成的单链裂口。

（5）由于在羟基和磷酸基团之间形成磷酸二酯键是一种吸能反应，因此，DNA

连接酶在进行连接反应时，还需要一种提供能源的分子（NAD$^+$或ATP）。

二、DNA 片段与载体的连接方式

DNA 片段与载体的体外连接有两种方式：一是黏性末端连接，二是平末端连接。具有黏性互补末端的 DNA 片段之间的连接比较容易，在 DNA 重组中也比较常用。

（一）黏性末端连接

黏性末端连接是 DNA 片段和载体在限制性核酸内切酶的作用下形成的具有互补碱基的单链延伸末端结构，通过互补碱基的配对形成氢键，在 DNA 连接酶的作用下形成磷酸二酯键将缺口封闭的连接方法。

黏性末端的产生方式可分为同一种内切酶（单酶切）产生的黏性末端连接和不同内切酶（双酶切）产生的黏性末端连接。

（1）同一种内切酶（单酶切）产生的黏性末端连接。选用同一种限制性核酸内切酶进行特异切割 DNA 片段和载体，产生相同的黏性末端，在 DNA 连接酶的催化下，两者通过末端碱基互补配对发生退火形成重组 DNA 分子（图 1.2.4）。选用的限制性核酸内切酶有两个特点：一是只对载体 DNA 具有唯一限制性核酸内切酶酶切位点，二是只对 DNA 片段两端有酶切位点。

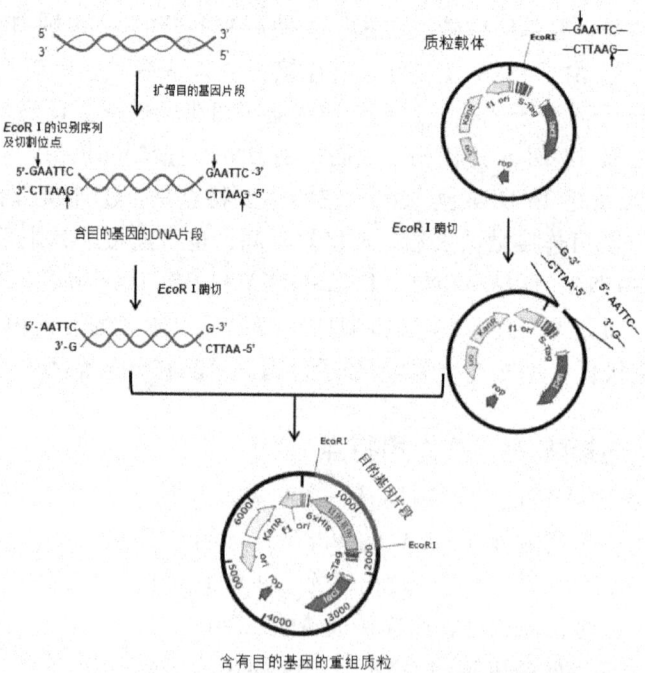

图 1.2.4　同一种限制性核酸内切酶产生的黏性末端的连接

采用这种连接方法构建重组 DNA 分子，有两个缺点：①载体 DNA 是由一种限制性核酸内切酶单切产生的黏性末端，所以这两个末端碱基序列也是互补的，在连接反应中，线状的载体 DNA 很容易发生自身环化，形成空载体，给后续的筛选造成不便。为了避免或者减少载体的重新环化，可采用两种方式：一是提高目的 DNA 片段的浓度，从而增加目的 DNA 片段与载体碰撞的机会；二是用碱性磷酸酶将载体 DNA 的 5′-磷酸基团去掉，以减少载体 DNA 自身环化的机会。②同一种限制性核酸内切酶（单酶切）使目的 DNA 片段与载体具有相同的黏性末端，目的 DNA 片段与载体 DNA 的连接可以正、反两种方向插入载体 DNA 中，影响实验结果。

（2）不同限制性核酸内切酶（双酶切）产生的黏性末端的连接。采用两种限制性核酸内切酶切割目的 DNA 片段和载体 DNA，使目的 DNA 片段和载体 DNA 两端形成不同的黏性末端，在 DNA 连接酶的催化作用下，目的 DNA 片段按照一定的方向插入载体 DNA 中，从而实现 DNA 的定向连接，成功构建预期的重组 DNA 分子（图 1.2.5）。这样的连接方式可以有效避免载体的自身环化，提高目的 DNA 片段和载体 DNA 的连接效率。

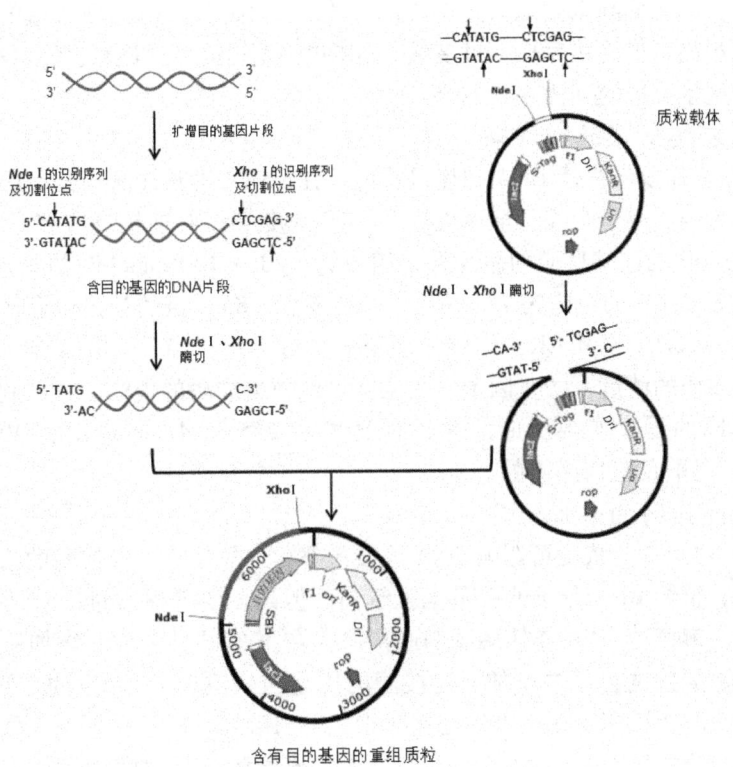

图 1.2.5　不同限制性核酸内切酶产生的黏性末端的连接

（二）平末端连接

限制性核酸内切酶切割目的 DNA 片段和载体 DNA 产生的平齐末端结构，通过 T4 DNA 连接酶将两者进行连接形成重组 DNA 分子称为平末端连接。平末端 DNA 分子间的连接属于分子间的反应，其连接效率比黏性末端连接低。此外，平末端目的

DNA 片段在载体 DNA 中可以双向插入。平末端可以由不同方法产生，如黏性末端补平或切平的平末端，都可以进行平末端连接，但是这样形成的平末端也常常破坏限制性核酸内切酶原有的识别序列。为了提高平末端连接效率，可以采用以下方法：①增加平末端 DNA 片段的浓度，加大 DNA 片段与载体的连接比例，以提高平末端之间的碰撞机会；②适当提高连接反应温度，一般选择 20～25 ℃较为适宜。平末端连接，与退火无关。适当提高反应温度既能促进 DNA 平末端之间的碰撞，又可增加连接酶的反应活性。

三、影响连接反应的因素

（一）连接反应的温度和时间

DNA 连接酶的酶活性最高反应温度是 37 ℃，在这个温度下，酶切产生的黏性末端之间退火形成的氢键不稳定，因此为了提高连接效率，一般黏性末端的最适温度介于连接酶的作用速率与末端退火速率之间，为 4～16 ℃。但是降低温度会对酶活性造成一定的影响，如连接反应速度变慢、连接效率降低。可以通过延长反应时间加以补偿，通常连接反应时间为 4～16 h。

（二）连接反应的缓冲液

目的 DNA 片段与载体 DNA 的连接反应是在反应缓冲液中进行的，因此反应缓冲液中的离子种类、离子强度、酸碱度以及 ATP 浓度等都对连接反应有影响。目前 T4 DNA 连接酶催化的连接反应的缓冲系统组成为：20～100 mmol/L 的 Tris-HCl（较多用 50 mmol/L），pH 的范围为 7.4～7.8（较多用 7.8），目的是提供合适酸碱度的连接体系；10 mmol/L 的 $MgCl_2$，作用是激活酶反应活性；25～50 μg/mL 的 BSA，作用是增加蛋白质的浓度，防止因蛋白质浓度过低而造成酶的失活。与限制性核酸内切酶缓冲液不同的是，连接反应的缓冲液还含有 0.5～4 mmol/L 的 ATP（现多用 1 mmol/L），是酶反应所必需的。

（三）连接酶的浓度

T4 DNA 连接酶的浓度可影响 DNA 连接效率，一般来说，连接酶的浓度越高反应速度就越快，重组 DNA 分子的产量也就越高。但是，要考虑过量的甘油也会抑制连接酶的活性。市售的 DNA 连接酶试剂通常保存在 50% 的甘油中，增加酶的用量，反应体系中甘油的量也会随之增加。连接酶的用量与切割 DNA 产生的末端结构有关，黏性末端连接时所用酶量比平末端连接时少，平末端连接时往往要加大酶量，一般为黏性末端连接酶量的 10～100 倍。不同公司的连接酶产品对酶活性单位（U）的定义不同，使用时可参照产品说明书。

（四）DNA 的浓度

影响连接效率的因素还有连接反应体系中 DNA 片段和载体 DNA 的浓度，DNA 连接反应涉及不同 DNA 分子（分子间连接），DNA 分子的末端结构影响连接效率。连接带有黏性末端的 DNA 片段时，DNA 浓度一般为 2～10 μg/mL；连接平末端时，须加大 DNA 浓度至 100～200 μg/mL（这里浓度的计算以假定 DNA 片段长度为

200～5000 bp为前提）。对于长度一定的DNA分子，降低浓度对分子自身环化有利。因为在一定浓度下，DNA分子的一个末端找到同一分子的另一个末端的概率要大于找到不同DNA分子末端的概率。如果提高DNA浓度将促进分子间的连接，因为DNA浓度增大，则在分子内连接反应发生之前，某一个DNA分子的末端碰到另一个DNA分子末端的可能性有所增加。

第三节　其他的工具酶

一、末端脱氧核苷酸转移酶

末端脱氧核苷酸转移酶（terminal deoxynucleotidyl transferase，TdT）是一种不需要模板的DNA聚合酶，它能够催化脱氧核苷酸沿着5′至3′的方向加到双链DNA分子或单链DNA分子延伸末端的3′-OH上。在人工黏性末端构建中常使用末端脱氧核苷酸转移酶，同聚物加尾法就是利用末端脱氧核苷酸转移酶在平端DNA的3′-OH端加尾这种特殊功能，使载体分子和外源双链DNA 3′-OH末端加上互补同聚物尾巴，如多聚腺苷酸ploy（A）和多聚胸腺嘧啶核苷酸ploy（T），从而形成同聚物黏性末端，载体和外源DNA分子通过同聚物之间的碱基互补，可以相互连接起来形成重组DNA分子。

二、碱性磷酸酶

碱性磷酸酶来源于大肠杆菌和牛小肠，细菌的碱性磷酸酶（BAP）和牛小肠的碱性磷酸酶（CIP）均能催化去除一些底物的5′-P，如DNA、RNA和脱氧核糖核苷三磷酸。在DNA连接之前，使用碱性磷酸酶处理载体DNA的5′-P，可以防止载体DNA的自身环化，提高重组效率；对于外源DNA片段，去除5′-P，则能有效防止不同外源DNA片段之间的连接。BAP稳定性高于CIP，在后续过程中难以失活，要终止和灭活该酶很困难。相对而言，CIP稳定性较低，易于失活，因此常常用CIP进行去磷酸化，将单链或双链DNA或RNA的5′-P转化成5′-OH，避免其自身连接形成多聚体。

第三章 基因工程常用载体

第一节 基因工程载体概述

基因工程的目的是按照人们的意愿，对生物体的遗传性状加以改造，从而创造出符合人们需要的生物类型或生物产品。而其中一个重要环节，是把目的 DNA 导入宿主细胞，并使其能在宿主细胞中扩增。然而，在实际工作中，大多数分离得到的目的 DNA 片段很难自己进入宿主细胞，更不能在宿主细胞中独立存在，因此需要借助载体的携带才能在宿主细胞中复制和表达。载体本质上是一种可以自主复制的 DNA 分子，因此可用于携带外源 DNA 片段进入宿主细胞内进行复制和表达。

原则上，任何可以在细胞内自我复制的 DNA 分子都可以作为载体使用。为了便于操作，基因工程中应用的载体应具备以下几个特点：

（1）应是分子量相对较小的 DNA 分子，从而较易导入宿主细胞。
（2）含有宿主细胞的复制起始区，能在宿主细胞内进行自我复制。
（3）有一段可以容纳目的 DNA 的非必需序列，外源 DNA 插入其中可以随载体的复制而扩增。
（4）易于从宿主细胞中分离纯化。
（5）含有抗生素抗性基因或者其他选择性标记，便于重组载体的筛选和鉴定。
（6）一般含有多功能的结构元件，用于表达目的基因的载体还应具有启动子、增强子、核糖体结合位点、终止子等表达元件。

载体按功能分可简单分为克隆载体（cloning vector）和表达载体（expression vector）（图 1.3.1）。

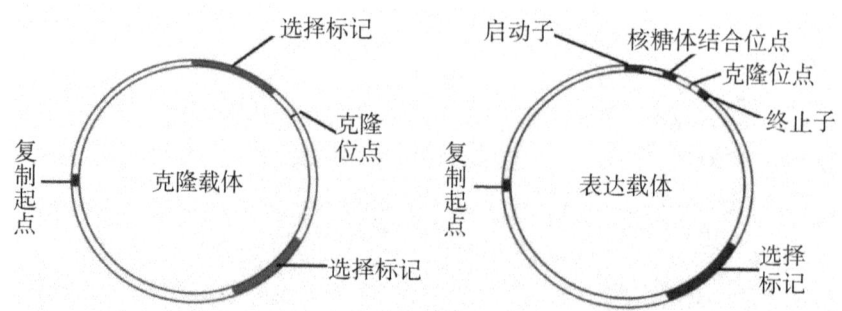

图 1.3.1　载体的基本结构

第三章 基因工程常用载体

克隆载体是最简单、最基础的载体，主要用来克隆和扩增 DNA 片段，一般含有一个松弛的复制子，能利用宿主的 DNA 复制系统启动复制，从而扩增目的 DNA。同时为了易于操作，还含有方便目的 DNA 插入的克隆位点及方便筛选的选择标记。表达载体是用来表达目的基因的载体，除了具有克隆载体的基本元件外，还具有表达元件，能被宿主表达系统所识别，从而调控转录和翻译。

本节将介绍的最常用的载体是：①质粒（plasmid）；②噬菌体载体；③黏粒；④细菌人工染色体（BAC）；⑤酵母人工染色体（YAC）。这些载体可以携带的插入片段的大小以及它们的用途各不相同。例如，质粒可携带长达 10 kb 的插入片段，噬菌体载体可携带高达 20 kb 的插入片段，而 YAC 载体可携带 100～1000 kb 的插入片段（表 1.3.1）。另外，我们也可以根据用途来选择载体：克隆、测序、制备 RNA 或 DNA 探针及表达蛋白质。

表 1.3.1　常用载体及其特点

载体类型	插入片段大小	举例	用途
质粒	10～20 kb	pUC19、pCMV	一般用途、载体构建、蛋白表达
λ 噬菌体（插入型）	约 10 kb	λgt11	cDNA 文库构建
λ 噬菌体（置换型）	约 23 kb	EMBL4	基因组 DNA 文库构建
黏粒	约 45 kb	pHM1、pJB8	基因组 DNA 文库构建
噬菌粒	10～20 kb	pBluescript	一般用途、体外转录、定点突变
细菌人工染色体	130～150 kb	pBACe3.6	基因组 DNA 文库构建
酵母人工染色体	1000～2000 kb	pYAC4	基因组 DNA 文库构建

第二节　质粒载体

质粒主要是存在于细菌染色体外的可自主复制的遗传成分，其特点为：

（1）绝大多数质粒为共价闭环 DNA（cccDNA），可形成超螺旋结构。

（2）含有 DNA 复制起始区，因而能自主复制。质粒复制受质粒和宿主细胞双重遗传系统的影响，其复制方式分为两种：一类为严紧控制型，拷贝数较少，每代复制 1～2 个拷贝（低拷贝数质粒）；另一类为松弛控制型，其复制不受宿主细胞控制，每代复制 10～200 个拷贝（高拷贝数质粒）（表 1.3.2）。因此，松弛型质粒更适合作为克隆载体。

表1.3.2　几种常见质粒的拷贝数

质粒	质粒大小（近似）/bp	拷贝数/个
pUC	2700	500～700
pBR322	2700	>25
pColE1	4500	>15

基因克隆中的质粒通常须含有以下元件：

（1）复制起点（ori）：是宿主细胞内自主复制所必需的。如果宿主是细菌，则需要细菌 ori；如果宿主是酵母，则使用酵母 ori。

（2）选择标记：是筛选含有该质粒的重组细菌所必需的，最常见的标记是抗生素抗性基因。

（3）多克隆位点（MCS）：是一段人工合成的 DNA 序列，它包含多个唯一的限制性核酸内切酶切点（即在其他地方找不到的限制酶切位点），用来插入外源 DNA。

除了质粒的这三个基本性质外，人们还在不断探索，如插入与宿主相容的启动子用作表达载体，或者将 MCS 设置在可用于蓝白斑筛选的 β-半乳糖苷酶（lacZ）基因序列中。

一、pBR322 质粒

pBR322 质粒是第一种人工构建的载体（Bolivar & Rodrigues，1977），至今仍被广泛使用，因其具备了良好载体的所有特征（图1.3.2）。

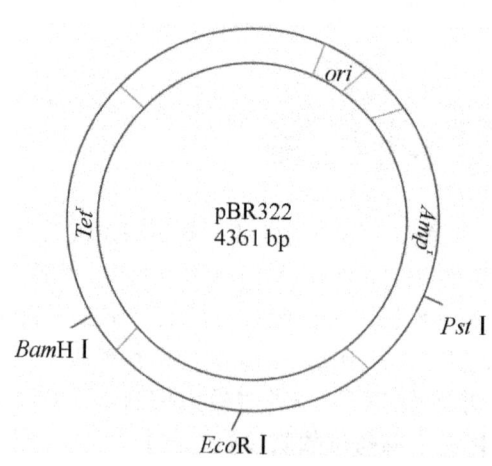

图1.3.2　pBR322 质粒结构

（1）复制起点：来自 pColE1 的派生质粒 PMB1 的 DNA 复制起点 rep，可被宿主细胞复制系统识别、启动复制。

（2）质粒大小：pBR322 质粒相对较小，为 4361 bp。这一点很重要，因为转化效率与质粒大小成反比，10 kbps 以上的转化效率非常低。因此，pBR322 可以容纳至少 6 kbp 的插入片段。

（3）拷贝数：pBR322 质粒是松弛型质粒，每个细胞大约 15 个拷贝。如果用蛋白合成的抑制剂（如氯霉素）处理，可以使拷贝数扩增 200 倍，极大提高 DNA 克隆效率。

（4）选择标记：携带两种抗生素——氨苄青霉素（ampicillin，Amp）和四环素（tetracycline，Tet）的耐药基因。

（5）克隆位点：携带有许多独特的限制位点。其中一些基因位于抗生素耐药基因之一（例如，*Pst* Ⅰ、*Pvu* Ⅰ和 *Sac* Ⅰ的位置在 Amp^r 中，*Bam*H Ⅰ和 *Hind* Ⅲ在 Tet^r 中）。克隆到其中一个位点会使基因失活，从而将重组体与非重组体区分开来，即所谓的插入失活（图 1.3.3）。

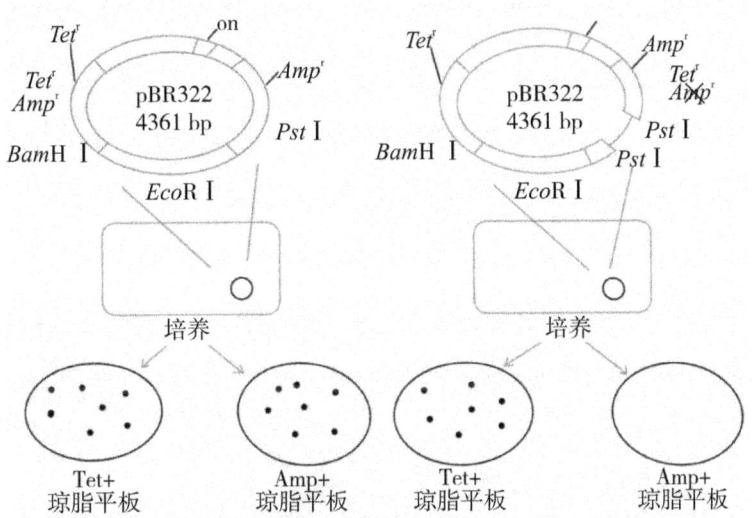

图 1.3.3　使用 pBR322 载体的克隆筛选示意

转化的细菌被复制到两个不同的琼脂平板上，一个含有氨苄青霉素（作为选择标记），另一个含有四环素。若质粒载体不含插入物，则两个抗性基因都是完整的，细菌将在两个琼脂平板上生长；若质粒载体含有克隆到（如氨苄青霉素）基因中的插入 DNA，则细菌将在 Tet＋琼脂平板上生长，而在 Amp＋琼脂平板上不生长。

二、pUC 系列质粒

另一种常用的载体为 pUC 系列质粒，是用 pBR322 和 M13 噬菌体构建的（Vieira & Messing，1982），目前分子克隆实验中应用比较广泛，可作为克隆和表达载体。与 pBR322 质粒相比，pUC 系列质粒具有另外三个重要的特性（图 1.3.4）。

(1) 高拷贝数：不用氯霉素处理即可在每个细胞内产生 500～600 个拷贝。

(2) 蓝白斑筛选：是一种特殊的插入激活方式，可以在转化子的初步筛选过程中使用。pUC 系列质粒携带细菌乳糖操纵子的 *lacI* 和 *lacZ'*，但与野生的 *lacZ* 基因不同的是，*lacZ'* 仅仅编码 β-半乳糖苷酶 N 端的 146 个氨基酸残基。如果在选择初级转化子的平板中包括显色底物（X-gal）和 β-半乳糖苷酶诱导剂（IPTG），非重组载体 *lacZ'* 被诱导产生的 β-半乳糖苷酶 N 端能与宿主菌表达的 C 端肽互补（α-互补），组装成有活性的 β-半乳糖苷酶，进而分解 X-gal 产生蓝色底物。如果载体中的 MCS 中插入外源 DNA，将导致半乳糖苷酶失活，含有重组质粒的菌落因无法水解 X-gal 而呈白色。

(3) 多克隆位点（MCS）：是一段人工合成的 DNA 序列，它包含多个唯一的限制性核酸内切酶切点用于插入外源 DNA。MCS 被以不影响其表达的方式设置到编码 β-半乳糖苷酶 α-肽的载体序列中。当外源 DNA 片段插入 MCS 时，会破坏 β-半乳糖苷酶 α-肽的功能，使酶失活。pUC 系列质粒间 MCS 不同，因而可以灵活选用不同的内切酶操作。通过不同的内切酶产生不同的末端，还能确定插入片段在质粒内的方向。

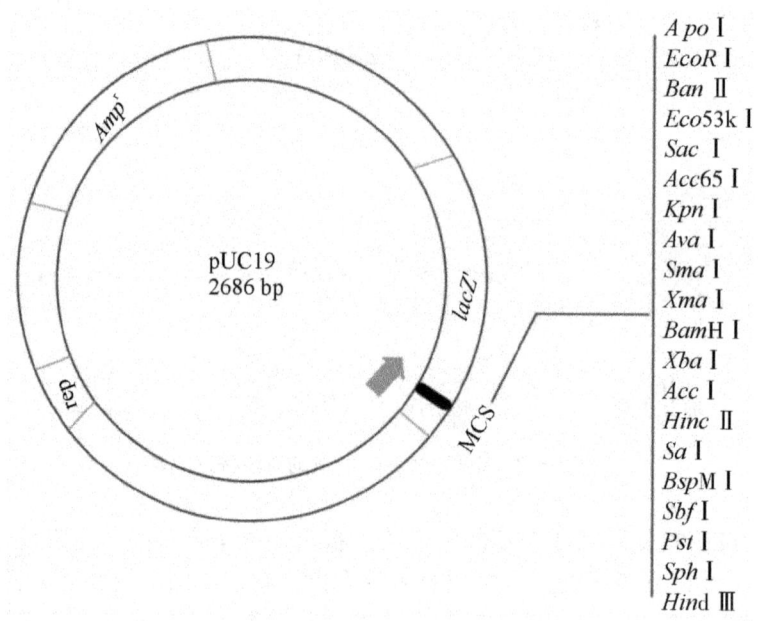

图 1.3.4　pUC19 质粒结构

三、TA 克隆载体

TA 克隆载体又称为 T 载体，是为了高效克隆 PCR 产物而设计的专用载体。TA 克隆的原理是利用 *Taq* DNA 聚合酶会在 PCR 产物的 3′末端上加上一个多余的非模板依赖的碱基 A，而 T 载体是一种 3′末端带有一个碱基 T，在 T4 连接酶的作用下，PCR 产物就可以高效、快速地连接到质粒的多克隆位点中，操作十分简便。

TA 克隆的特点是目的片段的插入不受酶切位点的限制，PCR 产物经纯化后可以直接连接到载体上，极大地提高了 DNA 克隆的效率。但是要注意的一个问题就是，有时从 T 载体上切下来的片段会比原来 PCR 产物片段多出一段序列。目前，TA 克隆载体已经商品化，可直接购买使用，十分方便。如 Promega 公司开发设计的 pGEM-T Vector 和 pGEM-T Easy Vector，以及 Takara 公司设计的 pMD 19-T Vector（图 1.3.5）。pMD 19-T Vector 是由 pUC19 载体改建而成，在 pUC19 载体的多克隆位点处的 *Xba* Ⅰ 和 *Sal* Ⅰ 识别位点之间插入了 *EcoR* Ⅴ 识别位点，用 *EcoR* Ⅴ 进行酶切反应后，再在两侧的 3′端添加 T 而成。同时该载体也具有同 pUC19 载体相同的功能，载体带有 *Amp*^{r} 基因，可以进行抗性筛选；也带有 *lacZ*′基因，多克隆位点设置在其中，因此可以通过蓝白斑筛选鉴定转化细胞。

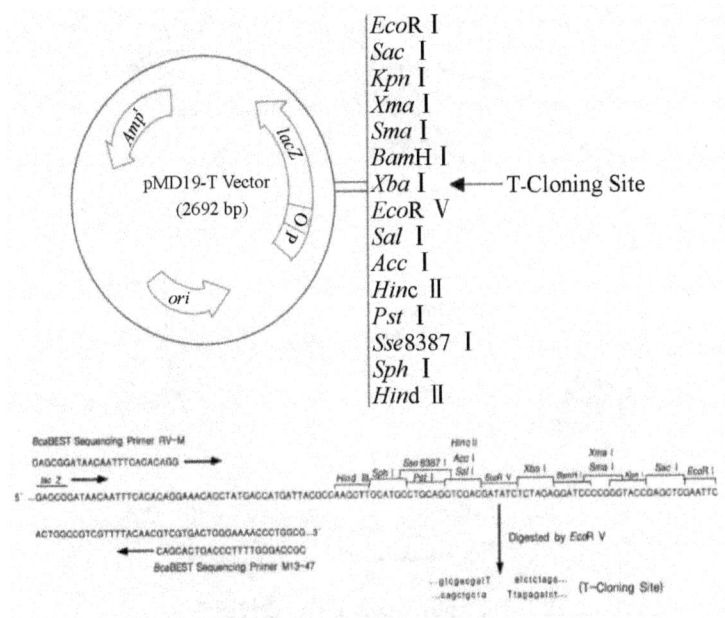

图 1.3.5　pMD 19-T 克隆载体

除了商品化的 T 载体外，也可以在一般的质粒基础上自己构建 T 载体，具体操作方法为：先用限制性核酸内切酶线性化质粒，再通过 Klenow 酶将线性载体末端补平，或者是直接用产生平末端的限制性核酸内切酶（如 *EcoR* Ⅴ）直接消化质粒产生平末端，再在两侧的 3′端添加碱基 T。

四、pGEM 系列多功能质粒

pGEM 系列载体是由 pUC 质粒衍生而来，其主要差别为 pGEM 具有两个来自噬菌体的启动子,即 T7 启动子和 SP6 启动子,它们为 RNA 聚合酶的附着作用提供了特异性的识别位点。由于这两个启动子分别位于 lacZ' 基因中多克隆位点区的两侧,故若在反应体系中加入纯化的识别 T7 或 SP6 启动子的 RNA 聚合酶,便可将已克隆的外源基因在体外转录出相应的 mRNA。合成的 RNA 可以作为探针使用,或者研究 RNA 的加工过程或蛋白质的合成。

此系列可从 Promega 公司购买各类衍生质粒,现以 pGEM-3Zf(+)为例介绍。从图 1.3.6 可见,此类载体含有 T7 启动子及 SP6 启动子及转录起始位点,MCS,lac 启动子调控区及编码 lacZα 肽的基因,Amp^r 基因,噬菌体 f1 的复制起始区(f1 ori),M13 正、反向序列分析引物的结合位点。因此 pGEM 系列载体可以根据需要进行体外转录、分子克隆、测序以及表达等实验。

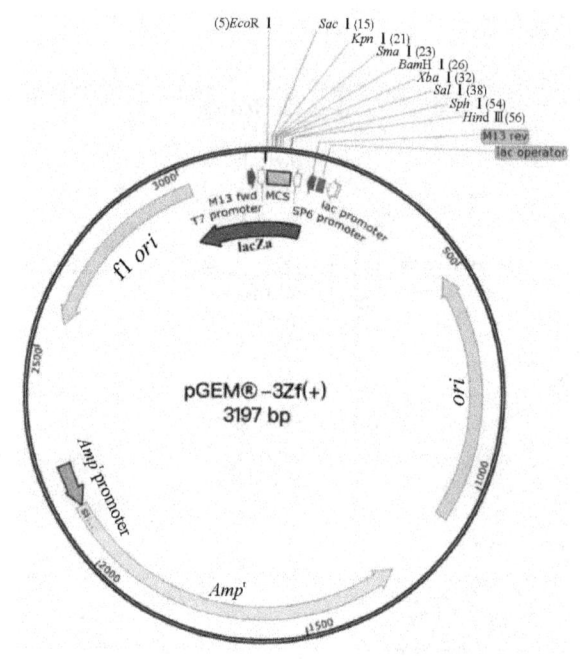

图 1.3.6 pGEM-3Zf(+)质粒图谱

五、pEGFP 系列载体

绿色荧光蛋白(green fluorescent protein,GFP)是一类存在于水母、水螅和珊瑚等腔肠动物体内的生物发光蛋白。当受到紫外或蓝光激发时,GFP 发射绿色荧光。GFP 是由 238 个氨基酸所组成的单体蛋白,相对分子质量为 27.0 kDa,性质十分稳定,能耐受 60 ℃ 高温处理。

GFP 最早是从维多利亚多管发光水母中分离出来的,很快就成为分子生物学中十分受欢迎的一个报告基因工具(Tsien,1998)。后来,从其他物种中分离出了红色荧光蛋白，以及新的增强型 GFP，如增强型 GFP（EGFP）、蓝色荧光蛋白（BFP）和黄色荧光蛋白（YFP）（Shaner, et al., 2005）。由于这些蛋白质都具有荧光团结构域，在特定波长下激发后会发出荧光，因此不需要固定细胞，便可以进行活体检测。

与以往使用的报告基因相比，GFP 报告基因优点十分明显：使用紫外光激发后，即可观察到绿色荧光，简单、便捷；无须任何的作用底物，检测灵敏度较高；GFP 本身较为稳定，对温度、酸碱度等相对不敏感；可在多种异源生物中表达且无细胞毒性；其基因片段长度较小，易于构建融合蛋白，且融合蛋白仍能保持荧光激发活性。

pEGFP-N1 载体上携带有 EGFP 蛋白表达基因，质粒图谱如图 1.3.7 所示。

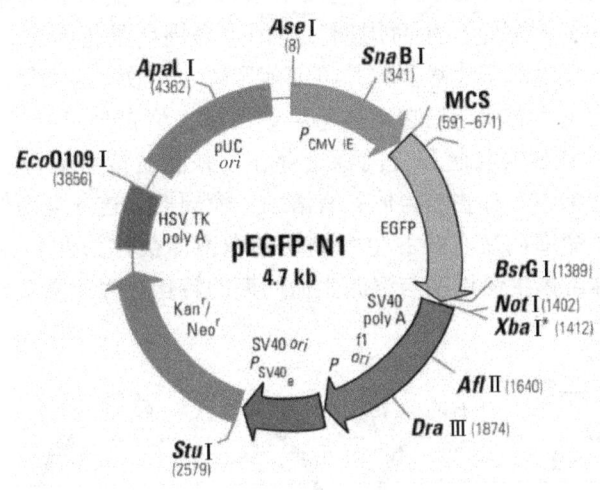

图 1.3.7　pEGFP-N1 载体图谱

（1）具有很强的复制能力，可以满足随宿主细胞分裂时跟随胞质遗传给新生的子细胞，这是保证目的基因稳定表达的因素之一。

（2）含有高效的功能强大的启动子 SV40 和 PCMV，可以使目的基因在增殖的细胞中稳定表达。

（3）具有多克隆位点，便于目的基因的插入；MCS 位于 EGFP 基因之前，因此表达出来的融合蛋白，其 C 端连有 GFP 蛋白。

（4）具有 Kan^r 原核筛选标记基因和 Neo^r 真核筛选标记基因。

这些特殊的结构可以实现目的基因在靶细胞内的稳定表达。

第三节　噬菌体载体

噬菌体是专门感染细菌的病毒，与质粒相比结构要相对复杂一些，因为质粒是一种含有复制子的 DNA 分子，而噬菌体则是由 DNA（或 RNA）和外壳蛋白组成。其特点是能容纳较长片段的 DNA，转化效率高，拷贝数高，适合于构建基因文库。噬菌体通过将其 DNA 注入宿主细胞质来感染细菌细胞，DNA 利用宿主细胞的复制系统进行复制并表达组装新噬菌体颗粒所需的蛋白质，通过这种方式实现病毒的增殖。这也是噬菌体作为克隆载体的基本原理。现今广泛使用的 λ 噬菌体和 M13 噬菌体经过改造，常用来克隆较大的 DNA 片段。

一、λ 噬菌体载体

（一）噬菌体的生命周期

噬菌体在细菌细胞内呈现两种不同的增殖形式，分别被称为溶菌（又称裂解）生命周期及溶源（又称溶原）生命周期。溶菌生命周期是指噬菌体在感染细菌后不断增殖，快速合成大量的子代噬菌体并将细菌裂解，释放出的大量病毒颗粒又可以继续感染细菌。溶源生命周期是指噬菌体感染细菌后，将自身 DNA 整合到宿主染色体 DNA 中，伴随宿主核酸的复制和分离稳定存在，并能遗传给新寄生菌，在这一过程中不会合成子代噬菌体。有些噬菌体只有溶菌生命周期，这种噬菌体被称为烈性噬菌体；而既有溶菌生命周期又有溶源生命周期的噬菌体被称为温和噬菌体，如 λ 噬菌体。温和型噬菌体溶菌生命周期与溶源生命周期的转化过程如图 1.3.8 所示。

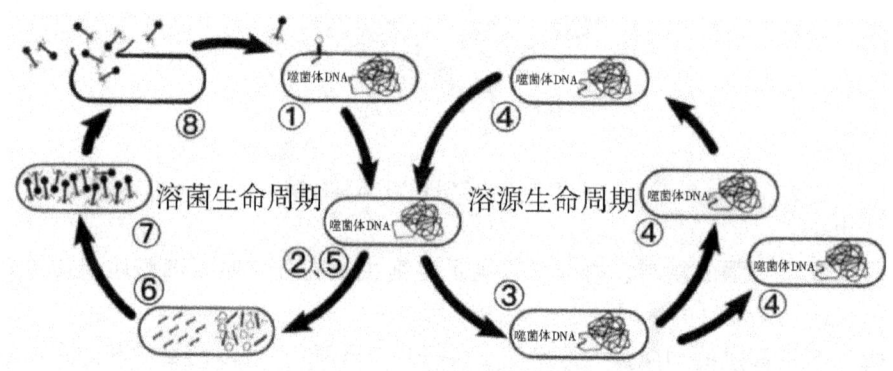

图 1.3.8 λ 噬菌体溶菌生命周期与溶源生命周期的转化过程

温和型噬菌体感染细胞后，也可能直接进入溶菌生命周期，但有时会进入溶源生命周期。①噬菌体感染宿主细胞，将 DNA 注入宿主细胞；②噬菌体 DNA 转录合成 DNA 整合及溶源生长所需要的酶类；③噬菌体 DNA 和宿主基因组整合；④噬菌体 DNA 伴随宿主细胞的分裂而进行复制和分离；⑤环境条件导致细胞内噬菌体 DNA 从宿主基因组卸载下来，噬菌体进入溶菌生命周期；⑥噬菌体利用宿主细胞内的资源合成子代噬菌体 DNA、头部和尾部；⑦子代噬菌体各种结构在宿主细胞内组装为成熟噬菌体；⑧宿主细胞被裂解，大量子代噬菌体被释放出来，感染附近的宿主细胞。

（二）λ 噬菌体的结构

λ 噬菌体由一个内含有基因组 DNA 的头部、一个可以感染大肠杆菌的尾部及尾丝组成（图1.3.9）。

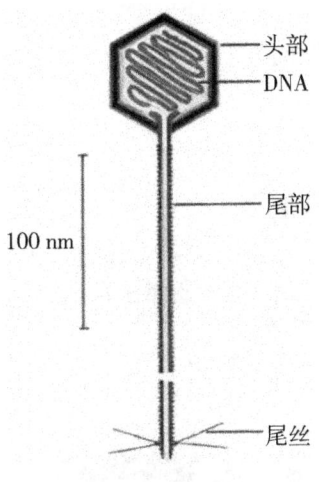

图1.3.9　λ噬菌体结构

λ噬菌体的基因组为线性双链DNA，大小为48.5 kb，其两端各有12 nt的互补单链，因而可以看成是天然的黏性末端，被称为 cos 位点（cohesive end site）。λ噬菌体感染大肠杆菌后，其基因组DNA进入细菌细胞内，其两端的 cos 位点黏性末端互补结合，并利用宿主细胞的连接酶将互补区域的两端缺口封闭，形成环状DNA，进行复制、转录和整合。

（三）λ噬菌体克隆载体

λ噬菌体克隆载体的原理为：首先用同样的限制性核酸内切酶消化噬菌体载体和外源DNA，然后用目的DNA片段取代噬菌体DNA中的非必需基因序列并与噬菌体的左右臂一起形成重组体，之后重组体被导入大肠杆菌受体细胞中，在该宿主细胞中复制并被包装成成熟的噬菌体。最后噬菌体再去感染大肠杆菌，就可以使外源DNA在宿主细胞内随噬菌体的增殖而扩增（图1.3.10）。此类λ噬菌体克隆载体经过改造后，其DNA大小约为40 kb，在其内部含有成对的内切酶位点，两个位点间隔大约14 kb，为非必需基因序列，目的DNA插入时会替换这一段序列，因此空载大约为26 kb，所以无法进行λ噬菌体包装，重组体也无须进行选择性筛选。然而，如果插入片段小于10 kb或者大于25 kb，即重组体总大小不在36～51 kb内就超出了λDNA可包装范围，无法进行λ噬菌体包装。

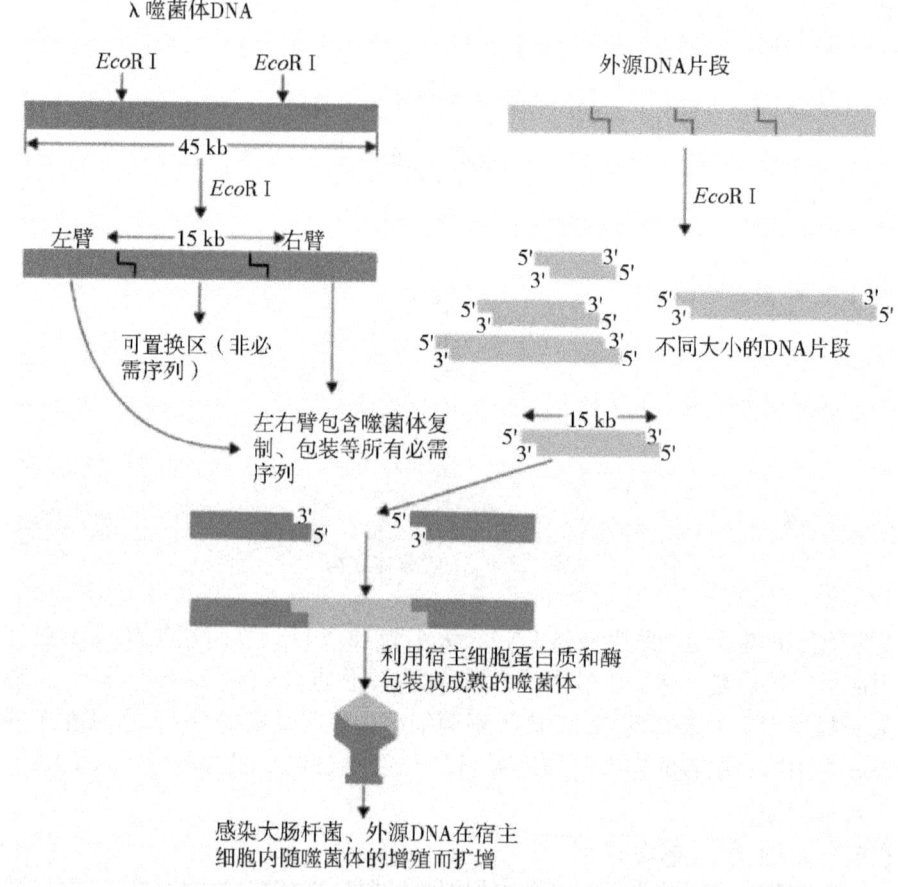

图 1.3.10 λ 噬菌体载体克隆 DNA 原理

二、M13 噬菌体载体

与含有多面体的头部外壳结构的 λ 噬菌体不同，M13 噬菌体是一种只能感染具有 F 纤毛的大肠杆菌雄性菌株的丝状噬菌体，其基因组为环状单链 DNA（+），大小为 6407 bp（6.4 kb）。M13 噬菌体感染宿主细菌后，可以利用大肠杆菌 DNA 复制系统进行扩增（图 1.3.11）。单链 DNA（+）被注入受体细胞内，然后以其为模板合成互补的 DNA（−），得到双链复制型 DNA（replicative form DNA，RF-DNA）。RF-DNA 按一般环状双链 DNA 不断复制，当细胞内有超过 100 个 DNA 拷贝时，DNA 复制变得不对称，并产生大量的 DNA（+），新合成的 DNA（+）会被立即切割下来包装进新的噬菌体并被不断挤出宿主细胞。在这个过程中宿主细胞不会裂解，而是在整个感染过程中继续生长，只是速度明显降低。因此，在大肠杆菌宿主菌平板上，被 M13 噬菌体感染的细菌生长速度比其他区域未被感染的细菌要慢，从而产生了典型的浑浊型噬菌斑。

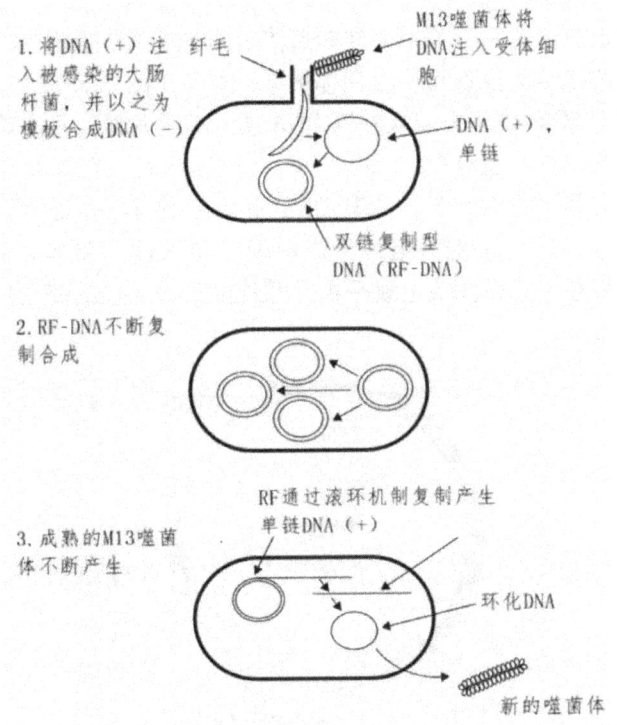

图 1.3.11　M13 噬菌体的感染和生命周期

经过改造后的 M13 噬菌体载体具有其他载体所不具有的优点：含有与 pUC 系列质粒载体相同的 MCS 和 α-肽片段，因此可以利用蓝白斑筛选来筛选转化细胞；M13 载体的 RF 形式可以通过标准的质粒抽提的方法进行分离纯化；与操作传统质粒一样也可以将外源 DNA 插入其中；其基因组 DNA 的大小低于 10 kb，因此很容易操作。M13 噬菌体载体特别适合作为 DNA 测序的辅助工具，因为 DNA 一旦克隆到 M13 噬菌体中，就可以很容易地从感染细胞中挤出的成熟噬菌体中分离出大量的单链 DNA。

第四节　黏粒

黏粒（cosmid）是最早开发的大型插入克隆载体之一（Collins & Bruning, 1978）。λ 噬菌体载体由于包装的限制，最大只能插入 25 kb 的外源基因，而在实际工作中，真核生物基因组文库构建往往需要装载量更大的载体。由于 λ 噬菌体包装时只识别 cos 位点，与待包装的 DNA 性质无关，因此用质粒取代 λDNA 就可以极大提高载体的装载量。因此，黏粒是利用了质粒的特征（包括复制起始区、特定的抗生素选择基因和 MCS）及 λ 噬菌体 cos 位点共同构建的杂合载体。也可以将黏粒简单定义为包含来自 λ 噬菌体基因组的 cos 位点的质粒。因此，黏粒既可以像质粒一样在细胞内复制，也可以像噬菌体一样被包装。

最简单的黏粒载体有一个 ColE1 复制起点、可选择标记抗生素抗性基因和 *LacZ'* 基因，以及合适的多接头位点和 λ 噬菌体的 *cos* 位点（图 1.3.12）。黏粒可以载入长达 30～45 kb 的外源 DNA，未插入外源 DNA 或者插入片段过小，都导致重组体不能完成包装，因此黏粒自然地对 DNA 的大小具有选择作用。在黏粒包装的过程中，尽管其产物是"噬菌体"颗粒，但由于其 DNA 不带有编码外壳蛋白的基因，因此在感染宿主菌后，不会在宿主细胞内组装形成新的"噬菌体"颗粒，不能得到噬菌斑，而是像质粒一样复制，然后在抗生素平板上筛选菌落。黏粒的使用也十分方便，因为其操作与质粒一致。

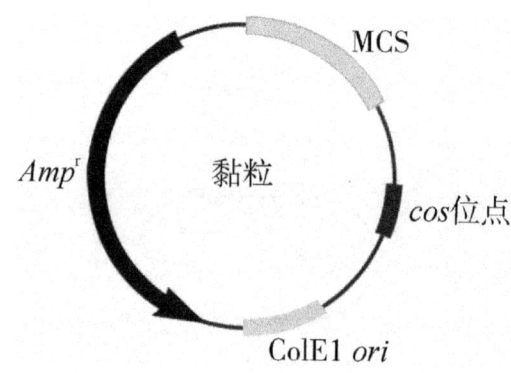

图 1.3.12　最简单的黏粒

第五节　酵母人工染色体载体

酵母人工染色体载体是能够与外源 DNA 片段形成人工染色体并克隆到酵母的载体。最早在 1983 年，Szostak（2009 年诺贝尔生理学或医学奖获得者）等人就利用啤酒酵母质粒与其染色体片段构建了 YAC 载体；1987 年，Burke 等人成功用酵母人工染色体克隆了大片段 DNA。同时，随着人类基因组计划（Human Genome Project）开始，科学家需要每条染色体的分辨率物理图谱，也需要一种能够容纳大片段 DNA 进行测序的载体，而 λ 噬菌体载体或黏粒载体的载量通常只有 5 kb 或 10 kb 的 DNA，这很显然不符合要求，而 YAC 载体可以容纳 500～1000 kb 大小的 DNA，因此被应用于人类基因组计划，用于人类基因组的物理图谱分析和序列图谱绘制。

YAC 载体属于真核生物载体，与我们所熟悉的原核生物载体（如质粒）不同，需要含有真核基因调控的元件，多种常用的 YAC 载体都是在 pYAC3 和 pYAC4 的基础上改进，下面以 pYAC3 为例介绍（图 1.3.13）。

（1）自主复制序列（autonomously replicating sequence，ARS）：真核生物的复制起始区域。

（2）酶切位点：用于插入外源 DNA 以及消化载体以便游离出端粒。

(3) 选择标记：常用的是 Ura3（编码乳清苷 5 - 磷酸脱羧酶，催化嘧啶核苷酸的合成）、Trp1（一个野生型的参与色氨酸合成的关键酶的基因，为色氨酸营养缺陷型酵母细胞提供选择标记）、Sup4（赭石突变抑制基因，菌落颜色筛选标记）。

(4) Amp^r：氨苄青霉素抗性基因，用于转化大肠杆菌时的选择标记。

(5) pMB1 ori：pMB1 质粒的复制起始位点。

(6) 着丝粒（centromere，CEN）：在细胞分裂过程中将 YAC 载体分配到细胞中。

(7) 端粒（telomere，TEL）：保证染色体完整复制的长度和稳定性，保护其不被核酸外切酶降解。

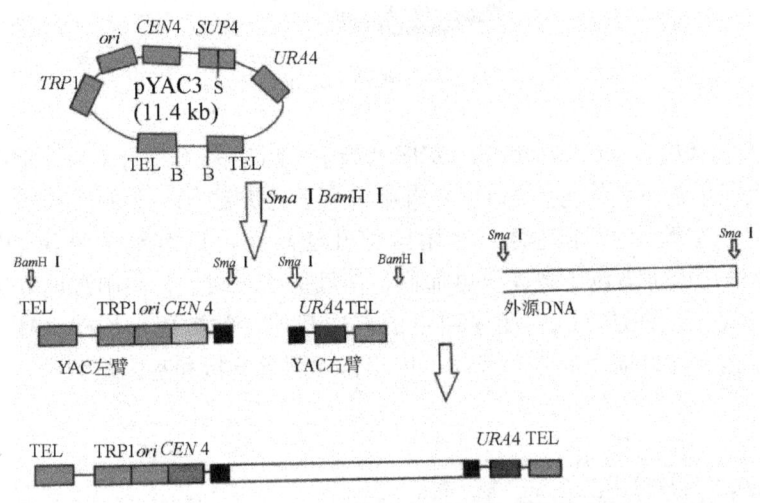

图 1.3.13　酵母人工染色体载体的结构和外源 DNA 的插入

YAC 载体克隆的基本策略是：先使用 TEL 两端的限制性核酸内切酶 BamH Ⅰ（图 1.3.13 中"B"处）线性化载体，游离出端粒；再使用限制性核酸内切酶 Sma Ⅰ（图 1.3.13 中"S"处）分别消化载体和外源 DNA，形成 YAC 载体的左右臂；最后使用连接酶将外源 DNA 连接到 SUP4 处，再转化到宿主细胞进行筛选。

第六节　细菌人工染色体载体

细菌人工染色体（bacterial artificial chromosomes，BAC）载体是 20 世纪 90 年代（Shizuya & Birren，1992）构建出来的一种克隆载体。BAC 载体是以大肠杆菌 F 质粒（F-plasmid）为基础构建的，具有以下特点（图 1.3.14）：

(1) oriS：复制子来自大肠杆菌严紧型因子（F 因子），拷贝数量少，遗传稳定。

(2) 阳性筛选标记 Cam^r：氯霉素抗性标记。

(3) F 因子的 parA、parB、parC 确保低拷贝的 BAC 质粒在大肠杆菌分裂时均匀分配到子细胞。

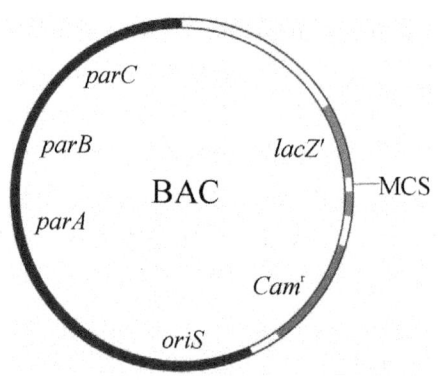

图 1.3.14　细菌人工染色体

（4）多克隆位点 MCS 设置在 *lacZ'* 序列当中，可以采用蓝白斑筛选重组子。

细菌人工染色体载体与目的 DNA 构建重组子的方法与一般的质粒载体一致，但其在导入宿主细胞大肠杆菌时要使用电穿孔法。其可以容纳的外源 DNA 大小为 350 kb，比酵母人工染色体载体要更加稳定，且呈闭环结果，使用常规方法（碱裂解法）即可分离，一直是基因组测序项目的首选载体，常被用来构建 BAC 载体文库，也是人类基因组计划应用的主要载体，用于物理图谱分析和基因组测序。

第七节　表达载体

表达载体是可以携带外源 DNA 片段在宿主细胞内复制、转录、翻译的载体，又分为原核表达载体和真核表达载体。其区别在于原核表达载体的表达元件是被原核表达系统识别的，真核表达载体的表达元件是被真核表达系统识别的。下面以大肠杆菌（*E. coli*）中所用的表达载体作为原核表达载体来进行介绍。

表达载体一般是在克隆载体的基础上增加基因表达的调控元件构建而成，一般都需要含有以下元件：

（1）强启动子：是对转录酶有较高的亲和力的启动子，可高效启动转录的启动子。

（2）核糖体结合位点（SD 序列）：在启动子下游区和起始密码子（ATG）上游区。它与起始密码子之间的距离是影响 mRNA 转录、翻译成蛋白的重要因素之一。

（3）终止子：在外源 DNA 序列的下游区，保证外源 DNA 的有效转录以及载体的稳定性。

由于细菌 RNA 聚合酶不能识别真核基因的启动子，因此原核表达载体所用的启动子必须是原核基因启动子。原核表达系统中通常使用的可调控的启动子有 *lac*（乳糖启动子）、*Trp*（色氨酸启动子）、*Tac*（乳糖和色氨酸的杂合启动子）、λ 噬菌体的 *PL*（左向启动子）、*PR*（右向启动子），以及 T7 噬菌体的 T7 启动子等。前几类启动子可被 E. coli 的 RNA 聚合酶识别并开始转录，而 T7 启动子必须由 T7 噬菌体的 T7 RNA 聚合酶识别而开始转录。因此，在表达载体中使用 T7 启动子时，宿主菌必须选用能产生 T7 RNA 聚合酶的菌株，如 BL21（DE3）菌株。

Novagen 公司的 pET 系列载体是目前应用最为广泛的原核表达载体系统，其采用专一性非常强的 T7 噬菌体启动子，外源 DNA 在 T7 启动子的强转录系统信号控制下，在具有 T7 RNA 聚合酶的宿主细胞中，可由 T7 RNA 聚合酶负责目的基因的转录，这一表达系统成为 T7 表达系统。pET 载体在宿主大肠杆菌中以低拷贝质粒存在，可减少诱导前的泄漏表达。该载体利用 T7 lac 启动子系统对基因表达进行严格调控。T7 启动子可以被 T7 RNA 聚合酶作用以驱动目的基因的高水平表达。但在 T7 启动子正下游有一个 lac 操纵子（lacO）序列，它可以与 lac 阻遏蛋白（由 lacI 基因编码）作用以阻断 T7 启动子的转录。pET 载体上携带有 lacI 的天然启动子和编码序列。lacI 阻遏蛋白可以作用于宿主细胞如 BL21（DE3）中的 lacUV5 启动子，以抑制宿主菌合成 T7 RNA 聚合酶；也可作用于 pET 载体上的 T7 lac 启动子，以阻断抑制由于 T7 RNA 聚合酶的泄漏表达引起的目的基因的转录。IPTG 可以阻断 lacI 的抑制作用，从而诱导 T7 RNA 聚合酶和目的基因的表达。

pET 载体的另一个特点是在非诱导条件下，目的基因完全处于沉默状态而不转录。所有的 pET 载体均以 pBR322 质粒为基本骨架，但彼此间先导序列、表达信号、融合标签、限制性核酸内切酶位点等有所不同。图 1.3.15 是 pET-30a（+）载体的遗传图谱。

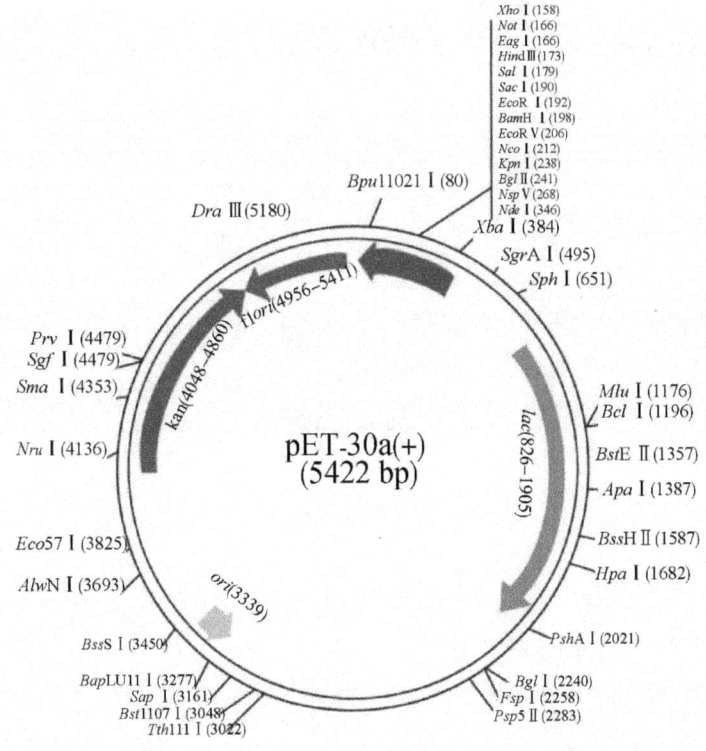

图 1.3.15　pET-30a（+）载体的遗传图谱

（1）复制起点（ori），由复制起始位点和相关调控元件组成，pET-30a（+）中的复制子属于松弛型中低拷贝型复制子，目标蛋白的高表达会对宿主菌造成较大的压力，所以表达载体的拷贝数通常较低。

（2）Kan：编码氨基糖苷磷酸转移酶，使质粒产生卡那霉素抗性，用于筛选培养过程中含有目标质粒的宿主菌。

（3）ROP：编码 ROP 蛋白，ROP 蛋白是一种复制调控蛋白，将质粒的拷贝数维持在 15～20，该元件缺失会导致质粒拷贝数升高。

（4）乳糖操纵子元件：lacⅠ启动子 + lacⅠ表达 lacⅠ阻遏蛋白，该阻遏蛋白形成四聚体可以与 Lac Operator 结合，使 T7 RNA 聚合酶无法与启动子结合以及向下转录，从而关闭下游基因的表达。乳糖类似物 IPTG 可与阻遏蛋白结合解除对下游基因表达的抑制，使下游基因正常表达。

（5）T7 启动子：来源于 T7 噬菌体，受控于 T7 RNA 聚合酶的启动子，是当今大肠杆菌表达系统的主流。强大的 T7 启动子完全专一受控于 T7 RNA 聚合酶，而高活性的 T7 RNA 聚合酶合成 mRNA 的速度比大肠杆菌 RNA 聚合酶快 5 倍，当二者同时存在时，宿主本身基因的转录竞争不过 T7 表达系统，几乎所有的细胞资源都用于表达目的蛋白。

（6）6×His：由 6 个组氨酸组成的标签，在 MCS 区 C 端和 N 端各有一个，编码 6 个连续的 His，可以采用固定化金属螯合层析（IMAC）对重组蛋白进行分离纯化。

（7）MCS：多克隆位点区域。

（8）终止子：受控于 T7 RNA 聚合酶的终止子。

第四章 基因工程常用技术

 第一节 核酸的分离纯化

核酸的分离纯化是基因工程最基本的技术之一。分离纯化技术的好坏直接决定了核酸样品的质量，对目的基因及载体 DNA 片段的获取尤为重要。不同类型的核酸具有不同的结构特点：真核生物染色体 DNA 为双链线状大分子；原核生物基因组 DNA、质粒及真核细胞器 DNA 相对较小，为双链环状分子；而 RNA 大多为单链线状分子；病毒的 DNA、RNA 分子则存在着双链环状、单链环状、双链线状和单链线状等多种多样的形式。因此，核酸分离纯化时应根据核酸特性、类型及结合状态等因素综合考虑，选择不同的分离纯化方法。

核酸分离纯化的总原则是要保证核酸一级结构的完整性，防止降解，同时要排除其他分子的污染。一级结构是核酸分子最基本的结构，储存着全部的遗传信息，因此是进一步研究的基础。为了保持核酸的完整性，在提取过程中不仅要注意防止核酸酶对核酸的降解，还要防止化学因素（酸碱等）和物理因素（高温或机械剪切等）引起的核酸变性或破坏。分离 RNA 时要特别注意防止核酸酶的作用，因为核酸酶分布很广，活力很高；而对 DNA 更重要的是防止张力剪切作用，因为 DNA 分子特别长，容易断裂。对于核酸的纯化应达到以下三点要求：①核酸样品中不应存在对酶有抑制作用的有机溶剂和过高浓度的金属离子；②其他生物大分子如蛋白质、多糖和脂类分子的污染应降低到最低程度；③排除其他核酸分子的污染，如提取 DNA 分子时，应去除 RNA 分子，反之亦然。

一、真核生物 DNA 提取的基本原理和方法

DNA 的提取可以看作是两个过程，其一是 DNA 的释放过程，其二则是 DNA 的纯化过程。DNA 的释放过程主要是指将生物样品细胞中的核酸释放于提取缓冲液中，该过程也可看作是细胞的裂解过程。而纯化则是指将核酸与提取缓冲液中的其他成分，如蛋白质、盐及其他杂质彻底分离的过程。

动物来源的材料又主要分为血液和组织两种类型，血液中的 DNA 主要来自白细胞，其提取方法简单易行。目前主要采用非离子变性剂乙基苯基聚乙二醇（NP40）代替十二烷基硫酸钠（SDS）裂解细胞，提取细胞核，然后用酚/氯仿抽提 DNA。这

样从血液中分离获得的 DNA 纯度高，能够满足各种临床检验和实验的需要。而动物组织中大量的脂肪及蛋白质为其 DNA 的提取带来了很大的难度，经典的动物组织 DNA 提取主要采用蛋白酶 K－苯酚抽提法。该方法主要利用蛋白酶 K 和 SDS 消化破碎细胞，然后用酚/氯仿去除蛋白质，再分别用乙醇或异丙醇沉淀 DNA。该方法获得的 DNA 纯度很高，能够满足各种试验的要求，但操作烦琐、用时长，且所用试剂具有一定的毒性。目前，许多生物技术公司开发了 DNA 提取试剂盒，原理是利用某些固相介质，在某些特定的条件下，选择性地吸附核酸，而不吸附蛋白质及盐的特点，实现核酸与蛋白质及盐的分离。

二、质粒 DNA 提取的原理与方法

质粒是一种染色体外的稳定遗传因子，大小 1～200 kb 不等，为双链、闭环的 DNA 分子，并以超螺旋状态存在于宿主细胞中，具有自主复制和转录能力，能在子代细胞中保持恒定的拷贝数，并表达所携带的遗传信息。从宿主细胞中提取质粒 DNA，是 DNA 重组技术中最基础的实验技能。分离质粒 DNA 有三个步骤：培养细菌使质粒扩增，收集和裂解细菌，分离和纯化质粒 DNA。

常用的质粒提取方法为碱裂解法，主要原理是利用高浓度的 NaOH 将细菌裂解，同时使质粒 DNA 和基因组 DNA 变性，之后迅速恢复 pH 至中性，质粒 DNA 复性而基因组 DNA 因过长而无法复性，并与蛋白质形成不溶于水的复合物，通过离心将质粒 DNA 与其他杂质分离。在碱裂解法中涉及三种溶液：①溶液Ⅰ，主要成分为 50 mmol/L 葡萄糖、25 mmol/L Tris-HCl、10 mmol/L EDTA；②溶液Ⅱ，主要成分为 0.2 mol/L NaOH 和 2% SDS；③溶液Ⅲ，主要成分为 3 mol/L 醋酸钾和 2 mol/L 醋酸。

溶液Ⅰ的作用主要是悬浮细菌。溶液中含有 Tris-HCl 主要是用来控制适当的 pH（pH＝8.0），而 EDTA 则主要是 Ca^{2+} 和 Mg^{2+} 等二价金属离子的螯合剂，其作用是抑制 DNase 的活性。而 50 mmol/L 葡萄糖的作用主要是为了增加溶液的比重，使悬浮后的大肠杆菌不会快速沉积到离心管的底部。因此，葡萄糖是不可或缺的。在细菌的悬浮阶段一定要将细菌悬浮均匀，不能有结块，否则将减少质粒的产量。

溶液Ⅱ的作用主要是使细胞破裂。新鲜配制的溶液Ⅱ可以保证其强碱性，从而在 SDS 的辅助下有效地溶解细菌细胞，与此同时，基因组 DNA 及质粒 DNA 也发生变性。加入溶液Ⅱ后的操作要轻柔而快速（不超过 5 min），一方面要保证所有的细菌细胞都可被充分裂解（菌液变的澄清透明），另一方面要保证基因组 DNA 不会断裂。

溶液Ⅲ的主要作用是利用 2 mol/L 醋酸中和溶液Ⅱ的强碱性，使溶液快速恢复至中性，促进质粒的复性。此外，加入溶液Ⅲ后可观察到大量的白色沉淀。这些白色沉淀的产生主要是由于溶液Ⅲ中的钾离子与 SDS 结合生成几乎不溶于水的十二烷基硫酸钾（potassium dodecylsulfate，PDS）。PDS 沉淀导致与之结合的大量蛋白质一同沉淀，而仍保持其长度的基因组 DNA 也与 PDS－蛋白质的复合物一起沉淀。若碱处理时间过长或者细胞裂解后操作太剧烈，导致基因组 DNA 断裂，则其不能与 PDS 共沉淀，那么最终提取的质粒中就会被基因组 DNA 污染。

三、总 RNA 提取的原理和方法

RNA 的提取与 DNA 的提取原理是相似的，但较之 DNA 提取，RNA 的提取更加困难，对操作过程及使用耗材的要求更为严格。究其原因，主要是极不稳定的 RNA 容易受到稳定的 RNA 酶的降解威胁。RNA 酶广泛存在于周围环境中，其反应一般不需要辅助因子，并且该酶可耐受多种处理而不变性，如高压灭菌或者煮沸。因此，一旦操作过程中有少量的 RNA 酶的污染，都可能导致 RNA 的降解，从而影响到其完整性。在实验中，一方面要严格控制外源性 RNA 酶的污染；另一方面要最大限度地抑制内源性的 RNA 酶。外源性 RNA 酶的控制主要是将 RNA 提取所涉及的所有器材进行 RNA 酶的灭活处理，同时使用 DEPC 水配制 RNA 提取用的溶液。最好在超净操作台内进行提取操作。操作人员应戴一次性口罩、帽子、手套，实验过程中手套要勤换。内源性 RNA 酶的控制主要依靠针对 RNA 酶的蛋白质变性剂（如酚、氯仿等有机溶剂以及强烈的胍类变性剂）、蛋白的水解酶（如蛋白酶 K）和能与蛋白质结合的阴离子去污剂（如 SDS、异硫氰酸胍等），联合使用 RNase 的特异性抑制剂［如 RNA 抑制剂（RNasin）与 DEPC 等］能极大地防止内源性 RNA 酶对 RNA 的水解。另外，在变性液中加入 β-巯基乙醇、二硫苏糖醇（dithiothreitol，DTT）等还原剂可以破坏 RNase 中的二硫键，有利于 RNA 酶的变性、水解与灭活。

总 RNA 提取法中最常使用的是 Trizol 法。该法是异硫氰酸胍-酚/氯仿一步法的改进方法。它是以异硫氰酸胍-酚的单相裂解试剂（trizol 试剂）裂解细胞，然后加入氯仿后形成两相。变性的 DNA 与蛋白质位于两相的界面，保留于上层水相的 RNA 在 RNA 沉淀溶液中通过异丙醇沉淀与 75% 的乙醇洗涤进行制备。其中，RNA 沉淀溶液的成分为 1.2 mmol/L 的 NaCl 与 0.8 mmol/L 的柠檬酸二钠。由于 RNA 沉淀溶液的使用，该法制备的 RNA 样品极少有多糖与蛋白多糖的污染，可用于 mRNA 的纯化、Northern 杂交、逆转录（RT）和 RT-PCR 反应等。

第二节　PCR 技术

聚合酶链式反应（polymerase chain reaction，PCR）是一种选择性扩增 DNA 或 RNA 的方法，由在特定温度下进行一定时间的 DNA 变性、退火和延伸这三个步骤重复循环组成。PCR 利用 DNA 聚合酶合成与靶区互补的新 DNA 链，新扩增的 DNA 链又作为后续扩增的模板，继续产生多个拷贝。通过这种方式，DNA 模板呈指数扩增。最后，经过几十个循环的 PCR，积累了数十亿个特定序列（扩增子）的拷贝。

一、PCR 反应体系

（一）DNA 模板

DNA 模板是具有靶序列的 DNA。变性需要高温。模板 DNA 的数量和质量是 PCR

扩增的重要影响因素。

（二）耐热 DNA 聚合酶

Taq DNA 聚合酶是最常用的耐热 DNA 聚合酶，尽管 *Pfu* DNA 聚合酶经常被使用，因为它在复制 DNA 时具有更高的保真度。酶的加工性和保真度是一个重要的考虑因素，它最终决定了随后通过特定克隆载体进行克隆的策略。

（三）引物

一对合成的寡核苷酸是引物 DNA 合成的前提，也是 PCR 反应的重要组成部分。扩增的效率和特异性在很大程度上受到所设计引物的影响。引物设计的一些重要考虑因素是将 GC 含量设定在 40%～60% 的范围内，提供 4 个碱基的相等分布，避免多肽或多肽束或二核苷酸重复，将引物的长度保持在 18～25 个碱基的范围内，避免正向引物和反向引物之间的互补性等。一般来说，更高浓度的引物会导致非特异性扩增的错误定序。

（四）脱氧核苷三磷酸（dNTP）

这些是新 DNA 链的合成原料。标准 PCR 应包含等摩尔浓度的 dATP、dGTP、dCTP 和 dTTP，每个 dNTP 的浓度范围为 200～250 μmol/L。

（五）PCR 反应缓冲溶液

PCR 反应缓冲溶液为 DNA 聚合酶的最佳活性提供合适的环境，包括 Tris 缓冲液和盐溶液，还有二价阳离子，通常使用 Mg^{2+}，有时使用 Mn^{2+}，是耐热 DNA 聚合酶的重要辅助因子。标准化 PCR 扩增中 Mg^{2+} 的最佳浓度为 1.5 mmol/L，过量的 Mg^{2+} 降低了酶的保真度并导致非特异性扩增。

除了这些成分外，在许多情况下，还会添加 PCR 增强剂，如 DMSO、甲酰胺、BSA 等，这些化学物质增加了 PCR 扩增的特异性，从而提高了产率，并将非特异扩增的产物减至最低。

二、PCR 扩增程序

PCR 扩增程序的基本步骤是：

（1）预变性：在 94 ℃下变性 5～10 min，使模板 DNA 完全解链。若使用的是热启动酶，可适当提高变性温度。

（2）变性：通过破坏互补碱基之间的氢键使 DNA 双链分开变为单链，通常在 94～98 ℃下进行 30 s。

（3）退火：帮助引物与模板 DNA 结合，退火温度需要根据合成引物的 T_m 值进行优化。通常在一组特定反应的退火温度标准化过程中，退火温度保持在引物 T_m 值以下 3～5 ℃。退火温度越高，所得产物的特异性越高。

（4）延伸：在退火步骤中将引物与模板 DNA 结合，然后在 dNTP 和 DNA 聚合酶的帮助下沿 5′至 3′方向合成新的 DNA 链。由于 *Taq* DNA 聚合酶在 72 ℃时具有最佳活性，因此在该温度下进行延伸，延伸时间可根据待扩增的 DNA 片段的预期大小和所使用的 DNA 聚合酶的类型来进行优化。为了确保所有剩余的单链 DNA 完全延伸，最后的延伸步骤在70～74 ℃下进行5～15 min。

当其他参数确定之后，还需要确定循环的次数。一般而言，25～30个循环已经足够，循环次数过多，会使PCR产物中非特异性产物大量增加。通常经25～30个循环后，反应中Taq DNA聚合酶已经不足。同时在扩增后期，由于平台效应使原先因错配而产生的低浓度非特异性产物继续大量扩增，达到较高水平。因此，应适当调节循环次数，在平台期前结束反应，减少非特异性产物。

第三节　电泳技术

电泳是带电分子在均匀电场影响下的运动。DNA、RNA和蛋白质可以很容易地根据它们的大小和电荷通过凝胶电泳进行分离分析。一般根据待分析目标的大小选择凝胶电泳，当目标分子是蛋白质或小核酸时，使用聚丙烯酰胺凝胶电泳。如果靶分子是较大的核酸，则优选琼脂糖凝胶电泳。在聚丙烯酰胺凝胶电泳的基础上，还发展出了SDS-聚丙烯酰胺凝胶电泳、等电聚焦电泳和双向电泳等技术。本节重点讨论琼脂糖凝胶电泳和聚丙烯酰胺凝胶电泳。

一、琼脂糖凝胶电泳

（一）琼脂糖凝胶的特点

琼脂糖是由半乳糖及其衍生物构成的中性物质，不带电荷。琼脂糖凝胶电泳多为平板电泳，具有以下优点：

（1）琼脂糖凝胶电泳操作简单，电泳速度快，样品无须事先处理就可进行电泳。

（2）琼脂糖凝胶结构均匀，含水量大（占98%～99%），对样品吸附极微，电泳图谱清晰，分辨率高，重复性好。

（3）琼脂糖透明无紫外吸收，电泳过程和结果可直接用紫外线灯监测及定量测定。

（4）电泳后，条带易染色；样品易洗脱，便于定量测定。制成干膜可长期保存。

琼脂糖凝胶电泳常用于分离、鉴定核酸，如DNA鉴定、DNA限制性核酸内切酶图谱制作等。由于这种方法操作方便，设备简单，所需样品量少，分辨能力高，故已成为基因工程研究中常用的实验方法之一。

（二）核酸分子大小与琼脂糖浓度的关系

琼脂糖凝胶电泳对核酸的分离作用主要依据它们的相对分子质量及分子构型，同时与凝胶的浓度也有密切的关系。在凝胶中DNA片段迁移距离（迁移率）与DNA分子的大小成反比，因此通过对已知大小的标准物移动的距离与未知片段的移动距离进行比较，便可测出未知片段的大小。但是当DNA分子大小超过20 kb时，普通琼脂糖凝胶就很难将它们分开，此时电泳的迁移率不再依赖于分子大小。因此，应用琼脂糖凝胶电泳分离DNA时，分子大小不宜超过20 kb。不同大小的DNA需要用不同浓度的琼脂糖凝胶进行电泳分离，如表1.4.1所示。

表1.4.1　琼脂糖浓度与DNA分离范围

琼脂糖浓度/%	分辨DNA片段范围/kb
0.3	5～60
0.6	1～20
0.7	0.8～10
0.9	0.5～7
1.2	0.4～6
1.5	0.2～3
2.0	0.1～2

（三）琼脂糖凝胶电泳的基本方法

（1）缓冲液系统的制备。常用的电泳缓冲液有TAE（EDTA和Tris-乙酸）、TBE（Tris-硼酸）或TPE（Tris-磷酸）等，浓度约为50 mmol/L（pH 7.5～7.8），电泳缓冲液一般都配制成高浓度的储存液，临用时稀释至所需倍数。

（2）凝胶的制备。算好所需浓度的琼脂糖用量，以稀释的电泳缓冲液为溶剂，用微波炉使琼脂糖溶解，待温度降至50 ℃左右时加入核酸染料混匀，灌入水平胶框，插入梳子，自然冷却。

（3）样品配制与加样。DNA样品与上样缓冲液混合，缓冲液内含有0.25%溴酚蓝或其他指示染料，含有10%～15%蔗糖或5%～10%甘油，以增加其密度，使样品集中。从制胶盘中取出凝固好的凝胶，放入电泳槽，将DNA样品加入齿孔。

（4）电泳。在低电压条件下，线性DNA分子的电泳迁移率与所用的电压成正比。但是，在电场强度增加时，较大的DNA片段迁移率的增加相对较小。因此，随着电压的增高，电泳分辨率反而下降，为了获得电泳分离DNA片段的最大分辨率，电场强度不宜高于5 V/cm。

（5）拍照。在紫外光下观察DNA条带，用凝胶成像系统输出照片，并进行有关的数据分析。

二、聚丙烯酰胺凝胶电泳

（一）聚丙烯酰胺凝胶的特点

聚丙烯酰胺凝胶是由单体丙烯酰胺（acrytamide，Acr）和交联剂N, N-亚甲基双丙烯酰胺（methylene-bisacrylamide，Bis）在加速剂和催化剂的作用下聚合，并联结成三维网状结构的凝胶，以此凝胶为支持物的电泳称为聚丙烯酰胺凝胶电泳（polyacrylamide gel electrophoresis，PAGE）。聚丙烯酰胺凝胶电泳有下列优点：

(1) 在一定浓度时，凝胶透明，有弹性，力学性能好。
(2) 化学性能稳定，与被分离物不发生化学反应。
(3) 对于 pH 和温度变化较稳定。
(4) 几乎无电渗作用，只要丙烯酰胺（Acr）的纯度高，操作条件一致，则样品分离的重复性好。
(5) 样品不易扩散，且用量少，其灵敏度可达 10^{-6} g。
(6) 凝胶孔径可通过选择单体及交联剂的浓度调节。
(7) 分辨率高，尤其是在不连续凝胶电泳中，集浓缩、分子筛和电荷效应为一体，因而较醋酸纤维素薄膜电泳、琼脂糖凝胶电泳等有更高的分辨率。

PAGE 应用范围广，可用于蛋白质、酶、核酸等生物分子的分离、定性、定量，以及少量的制备，还可以测定相对分子质量、等电点等。

(二) 聚丙烯酰胺凝胶电泳的原理

聚丙烯酰胺凝胶电泳根据其有无浓缩效应，分为连续系统与不连续系统两大类：连续系统电泳体系中缓冲液 pH 及凝胶浓度相同，带电颗粒在电场中主要有电荷及分子筛效应；不连续系统电泳体系中由于缓冲液的离子成分、pH、凝胶浓度及电位梯度的不连续性，带电颗粒在电场中泳动不仅有电荷效应、分子筛效应，还具有浓缩效应，因而其分离条带的清晰度及分辨率均较前者佳。不连续系统由电泳缓冲液、浓缩胶及分离胶组成，它们在直立的两层玻璃板中的排列顺序依次为上层浓缩胶、下层分离胶。

浓缩胶的缓冲液为 pH 6.8 的 Tris-HCl，作用是使样品进入分离胶前被浓缩成窄的条带，从而提高分离效果。分离胶的缓冲液为 pH 8.8 的 Tris-HCl，大部分蛋白质在此 pH 下按各自所带负电荷量及相对分子质量泳动。分离胶主要起分子筛的作用（表 1.4.2）。

表 1.4.2　不同分离胶浓度与蛋白分离线性范围

分离胶浓度	线性分离范围/kD
6%	50～150
8%	30～90
10%	20～80
12%	12～60
15%	10～40

不连续性系统中三种效应的原理：
(1) 浓缩效应。在样品胶与浓缩胶中进行，这两层胶中含有 Cl^-、Pr^-（蛋白质离子）和 $CH_2NH_2COO^-$（甘氨酸离子）三种负离子。在缓冲液（pH=6.8）中 HCl

几乎全部解离；而样品 Pr 的多数等电点（pI）为 5 左右，其解离度次之；甘氨酸的 pI 为 6，其解离度最小（0.1%～1%）。通电后三者均向正极移动，Cl^- 泳动速度最快（称为快离子或前导离子），其次为蛋白质，最慢的是甘氨酸离子（称为慢离子或尾随离子）。由于 Cl^- 快速向正极移动，在它的后面形成一个离子浓度低的低电导区，电导与电压梯度成反比，低电导区形成高电压梯度。因此，蛋白质和慢离子也紧跟快离子快移，形成三种离子移动界面，蛋白质离子夹在中间，被浓缩成一薄层，如原来 1 cm 厚的样品层可被浓缩为 25 μm 的厚度。

当夹在快离子和慢离子中间的蛋白质通过浓缩胶进入分离胶时，pH 和凝胶孔径突然改变，分离胶 pH 为 8.8，接近于甘氨酸的 pK_2 值范围，不超过 9.7～9.85，这样慢离子的解离度增大，因而它的有效迁移率也增加，此时慢离子的有效迁移率超过了所有蛋白质的有效迁移率，从而赶上并超过所有蛋白质分子，这样高电压梯度就不存在了，浓缩效应被破坏，蛋白质样品则是在一个均一的电压梯度和 pH 条件下通过分离胶。

(2) 电荷效应。在分离胶中进行，在高度浓缩的蛋白质薄层中，由于各种蛋白质分子的 pI 不同，所带电荷不同，其迁移率也不同，各种蛋白质分子就按迁移率的快慢顺序而被分离。

(3) 分子筛效应。分子量或构型不同的蛋白质通过一定孔径的分离胶时所受的摩擦力不同，受阻滞的程度不同，因此表现出不同的泳动率，即所谓分子筛效应。即使静电荷相似，也就是说自由迁移率相等的蛋白质分子，也会由于分子筛效应在分离胶中被分开。

(三) 聚丙烯酰胺凝胶电泳的操作

(1) 将洗净的玻璃板（根据凝胶厚度选择相应玻璃板），用制胶框固定，放在制胶架上，用水检查是否会漏液。

(2) 按表 1.4.2 中对应浓度分离胶的线性分离范围将试剂混合均匀后，用移液枪加入玻璃板中至 3/4 高度，再加水至顶层，静置 30～40 min 后水与胶界面清晰，表明凝胶聚合完成，用滤纸吸去水层。

(3) 按表 1.4.2 中浓缩胶的线性分离范围将试剂混合均匀后，同样用制备分离胶的方法加入分离胶的上层，插入梳子，静置 30～40 min 后凝固。

(4) 样品配制：取待测蛋白质样品与上样缓冲液混匀，95～100 ℃ 沸水浴或金属浴 5 min。

(5) 加样：将制备好的凝胶装入电泳槽内室，倒满电泳缓冲液，再放入电泳槽外室，倒入适量电泳缓冲液。小心取出浓缩胶的梳子，用移液枪将样品加入齿孔中。

(6) 电泳：接通电源，开始调节恒压至 80 V，待指示条带进入分离胶后，电压可调到 120 V。指示条带接近板底 0.5 cm 处停止电泳。

(7) 染色：取出玻璃板，在水中用起胶器先将两边玻璃板轻轻撬开，再慢慢将凝胶剥出，浸于染色液（含固定液）中染色 1～2 h，取出，放入脱色液中脱色数次至凝胶背景清晰，拍照或用自动灰度扫描仪扫描条带进行分析。

第四节 分子杂交技术

分子杂交（molecular hybridization）是核酸和蛋白质的一种分析方法，用于检测混合样品中特定核酸分子或蛋白质分子是否存在，并测定其相对含量。其基本原理是待测单链核酸与已知序列的单链核酸（即探针）通过碱基互补配对，或蛋白质分子与已知抗体通过免疫反应产生可检测到的信号。在分子杂交过程中，最重要的是印迹转移技术，即先将 DNA、RNA 或蛋白质在凝胶上进行分离，使不同相对分子质量的分子在凝胶上展开，然后将凝胶上的样品通过印迹的方式转移到固相支持物上。完成这个印迹过程以后，通过标记的探针或抗体与转印膜核酸或蛋白质分子进行杂交，从而判断样品中是否有与探针同源的核酸分子或与抗体发生免疫反应的蛋白质分子，并推测其相对分子质量和相对含量。

一、分子杂交的种类

根据被检测的对象，分子杂交可分为以下几大类（图 1.4.1）：DNA 印迹［Southern 杂交（Southern blot）］、RNA 印迹［Northern 杂交（Northern blot）］和蛋白质印迹［Western 杂交（Western blot）］。

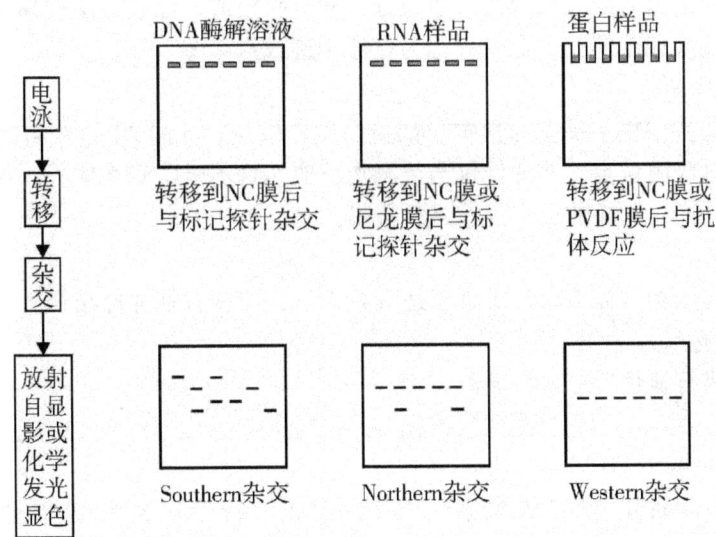

图 1.4.1　Southern 杂交、Northern 杂交和 Western 杂交过程

（一）Southern 杂交

DNA 片段经电泳分离后，从凝胶中转移到硝酸纤维素膜或尼龙膜上，然后与探针杂交。被检对象为 DNA，探针为 DNA 或 RNA。

（二）Northern 杂交

RNA 片段经电泳分离后,从凝胶中转移到硝酸纤维素膜上,然后与探针杂交。被检对象为 RNA,探针为 DNA 或 RNA。

（三）Western 杂交

蛋白质样品经 SDS-PAGE 电泳后,从凝胶转移到硝酸纤维素膜或聚偏二氟乙烯膜上,然后与抗体以免疫反应的形式进行杂交。被检对象为蛋白质,抗体为针对某一蛋白质制备的特异性抗体。

二、分子杂交的技术路线

（一）探针制备

用化学物质将有识别能力的物质（如抗原、激素、核酸等）和酶（如辣根过氧化物酶、碱性磷酸酶）或同位素（如 ^{3}H、^{35}S、^{32}P）或荧光物质（如地高辛等）结合成的复合物称为探针。

（二）固相载体

固相载体为用于吸附生物大分子物质的固体材料。这类材料有硝酸纤维素（nitrocellulose,NC）膜、尼龙膜、聚偏二氟乙烯（polyvinylidene difluoride,PVDF）膜等。较常用的是 PVDF 膜,其优点是膜稳定、耐腐蚀、结合力强、背景较清晰。

（三）印迹

把经凝胶电泳后的核酸或蛋白质组分,通过吸附或电泳的方法转移或以直接点样的方式吸附到固相载体上,此过程称为电泳印迹或点印迹。

（四）封闭

用一种与待测物不反应的物质（如蛋白质、核酸、吐温 20 等）封闭膜上印迹区域以外的剩余吸附位点,使探针仅与待测物反应,且不吸附到载体上。封闭后,获得的结果背景干净,印迹的斑点或谱带更清晰。

（五）杂交

将探针与固相载体上的样品置于适宜条件下,使两者特异性结合。

（六）显色或自显影

对探针进行显色反应或自显影。

三、Southern 杂交

分子生物学研究中常需对电泳分离后的 DNA 进行分子杂交,但琼脂糖凝胶的机械强度不高,操作过程中容易断裂,DNA 片段容易在凝胶中扩散,因此不适于进行杂交操作。1975 年,苏格兰爱丁堡大学 E. M. Southern 首先提出了将 DNA 区带原位转印到硝酸纤维素膜上再进行杂交的方法,称为 Southern 杂交。

Southern 杂交的基本过程：将 DNA 样品用限制性核酸内切酶消化,经琼脂糖凝胶电泳分离各酶切片段,碱处理使其变性,在 Tris 缓冲液中通过浓盐溶液的推动,利用毛细管作用将变性的单链 DNA 从琼脂糖凝胶中转印至固相支持物（如硝酸纤维素膜）上，烘干固定后即可用于杂交。用标记过的核酸探针与膜上的单链 DNA 杂交，具有同源序列的 DNA 片段会和核酸探针互补配对，在固相 DNA 的位置上显示出杂交信号。通过洗膜除去未结合的游离 DNA 探针，然后利用放射自显影等技术确定与核酸探针互补的每一条 DNA 条带的位置，从而可以在众多酶切产物中判断待测 DNA 样品中是否有与探针同源的片段及其长度。

实验室中最常用的核酸分子转印方法是利用毛细管虹吸作用将核酸分子转印到固相支持物上。该方法操作简单、重复性好、不需要特殊设备。核酸分子转印的速率主要取决于 DNA 片段大小及凝胶的厚度。一般来说，DNA 片段越小，凝胶越薄，凝胶浓度越低，转印的速率越快。但是该法最大的不足是耗时长，一般需要 12 h，而且转印后的杂交信号较弱。还有一种电转印方法主要是利用电场作用将核酸分子转印到固相支持物上。核酸转印的速率取决于核酸分子的大小、凝胶孔径的大小及外加电场的强度，耗时较短，一般仅 2～3 h。该方法更适宜转印聚丙烯酰胺凝胶中的蛋白质和大片段核酸。一般在电转印中不选用高离子强度的缓冲液，因此，需选用尼龙膜而不是硝酸纤维素膜作为固相支持物。电转印方法中常因电流较大使得缓冲液的温度升高，因此，在实验中需采取一定的冷却措施。Southern 杂交技术广泛应用于遗传病检测、基因诊断、DNA 指纹分析和 PCR 产物鉴定等研究中。

四、Northern 杂交

Northern 杂交的基本流程和原理都与 Southern 杂交类似，唯一不同的是待测样品是提取的 RNA，同时琼脂糖凝胶电泳系统使用了使 RNA 保持单链状态的特殊变性试剂。RNA 电泳中关键的一步是防止 RNA 被无处不在的 RNA 酶降解，因此，创造一个无 RNA 酶的环境至关重要。在杂交过程中 RNA 接触到的所有容器、试剂都要进行处理，灭活其中的 RNA 酶，整个操作过程应该与其他可能含 RNA 酶的操作隔离。

Northern 杂交的探针可以是 DNA，也可以是 RNA，但 DNA 比较稳定。由于 mRNA 是翻译成蛋白质的模板，因此用来代表细胞中某个基因表达的状况。但值得一提的是，mRNA 的量并不是与蛋白质的翻译完全一致的，因此在分析结果时须仔细考虑。通过 Northern 杂交能获取目的基因 mRNA 的大小、转录的细胞部位、转录的强度等许多有用的信息，是分析 mRNA 最为常用的经典方法之一。

五、Western 杂交

Western 杂交是分子生物学、生物化学和基因工程中常用的一种实验方法。其基本原理是通过特异性抗体对凝胶电泳处理过的细胞或组织样品中的蛋白质进行着色，通过分析着色的位置和着色深度获得特定蛋白质在所分析的细胞或组织中的表达情况（图 1.4.2）。与 Southern 杂交或 Northern 杂交的方法不同，Western 杂交所采用的是聚丙烯酰胺凝胶电泳，被检测物是蛋白质，"探针"是抗体，"显色"用标记的二抗。由于结合了凝胶电泳的高分辨率和固相免疫反应的特异性等多种优点，Western 杂交可检测到低至 1～5 ng（最低可到 10～100 pg）中等大小的靶蛋白。

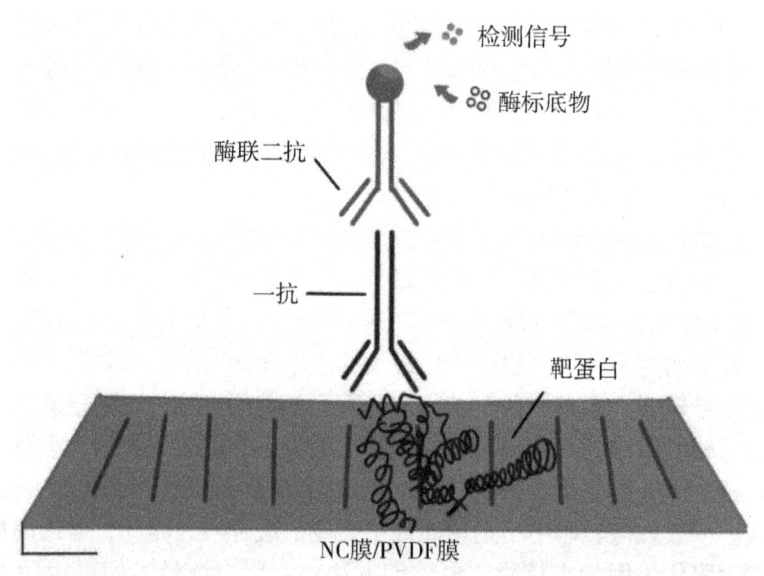

图 1.4.2 Western 杂交检测原理示意

Western 杂交的基本过程是：

（一）SDS-PAGE 电泳

蛋白质样品经变性处理后，通过 SDS-PAGE 电泳将不同大小的蛋白质组分分开。

（二）转膜

蛋白质样品从凝胶转移到 NC 膜或 PVDF 膜上。常用的两种转移方法为半干式转移和湿式转移（简称湿转）。二者原理相同，区别在于固定胶/膜的方式和施加电场的机械装置不同。湿转是一种传统方法，将转移槽的负极板（黑色）朝下，依次叠放转移缓冲液浸泡过的海绵、滤纸、凝胶、膜、滤纸、海绵，每铺一层都要用玻璃棒赶出上下两层之间的气泡，正极板朝上，合上转移槽的正负极板。务必使凝胶一侧面向负极，膜一侧面向正极，以保证带负电的蛋白质向正极转移到膜上。将叠放好的"胶/膜三明治"放入转移电泳槽的缓冲液内，旁边放置一个冰盒，用冰覆盖整个转印装置后通电进行转移电泳。经过电泳转移，蛋白质样品固定于膜上。半干式转移是用浸透缓冲液的多层滤纸代替缓冲液的转移方式，所加电场强度大，可以转移大小不同的蛋白质，尤其适用于 2D 胶的转移。该法转移速度快，缓冲液用量少，一般在恒流下进行，转移过程中电压逐渐升高。

（三）封闭

转移后，为了减少抗体的非特异性结合，需要封闭膜上的自由结合区，以防止检测时背景过高。通常使用的封闭系统：5% 牛血清白蛋白溶液和 5% 的脱脂奶粉。

（四）抗体杂交

经过封闭之后，即可用专一的抗体孵育。杂交所用的抗体是以待测蛋白质为抗原免疫动物（小鼠或兔）获得的多克隆或单克隆抗体，称为第一抗体（简称为一抗）。

漂洗除去多余的一抗后,再用第二抗体孵育(简称为二抗)。第二抗体通常是高度纯化的,并用放射性同位素、金属胶体或酶进行标记。值得注意的是,若以免疫小鼠制备一抗,则二抗是抗鼠抗体;若以免疫兔制备一抗,则二抗是抗兔抗体。

(五)显色

Western 杂交常用的显色方法主要有增强化学发光法(enhanced chemiluminescence,ECL)和化学显色法(chemical colorimetric method)。

增强化学发光法是在辣根过氧化物酶、H_2O_2 存在的情况下,氧化化学发光物质鲁米诺(luminol,3-氨基邻苯二甲酰肼)并发光,在化学增强剂的存在下,光强度可以增强 1000 倍。通过将印迹膜放在 X 胶片上感光或使用化学发光仪器,即可检测出辣根过氧化物酶的存在。

化学显色法常用的是辣根过氧化物酶法和碱性磷酸酶法。碱性磷酸酶法可以将无色的底物 5-溴-4-氯-3-吲哚基磷酸盐转化成蓝色产物。辣根过氧化物酶可以 H_2O_2 为底物,将二氨基联苯胺(diaminobenzidine,DAB)或四甲基联苯胺(tetramethylbenzidine,TMB)氧化成褐色产物,也可以将 4-氯萘酚(4-chloro-1-naphthol)氧化成蓝色产物。根据化学发光或化学显色显示的条带的有无、强弱,对照蛋白质分子量标准参照物的迁移距离,可判定目的蛋白质的有无及量的多少。利用自动灰度扫描仪扫描条带,计算积分光密度值,以内参(如管家基因 β-actin)蛋白质条带的积分光密度为校正值,可以进行半定量分析。

第五节 DNA 序列测定技术

DNA 序列测定是基因工程和分子生物学领域最重要的技术之一,是了解基因结构和功能的基础,是重组 DNA 技术的前提。对于获得的未知片段,只有了解其核苷酸顺序后才能进行下一步实验操作。目前用于测序的技术主要有双脱氧链终止法(Sanger 法)和化学降解法(Maxam-Gilbert 法)。这两种方法在原理上差异很大,但都是根据核苷酸在某一固定的点开始,随机在某一个特定的碱基处终止,产生末端为A、T、C、G 四组不同长度的一系列核苷酸链,然后在尿素变性的 PAGE 凝胶上电泳后进行检测,从而获得 DNA 序列。其中以 Sanger 法应用较多,且随着方法和仪器的改进,可以进行大规模自动化序列测定。

一、双脱氧链终止法

双脱氧链终止法(或称 Sanger 法)是通过控制 DNA 的合成来产生终止于靶序列特定位点的寡核苷酸片段,通过高分辨率 PAGE 分离后进行放射自显影,根据条带的相对位置就可以读取 DNA 的序列。

双脱氧链终止法测序的技术基础主要为:用 PAGE 分离 DNA 单链片段时,小片段移动快,大片段移动慢,用适当的方法可分离大小仅差一个核苷酸的 DNA 片段;

用合适的 DNA 聚合酶可以在试管内合成单链 DNA 模板的互补链。

如果在 4 个试管中分别进行合成反应，每个试管的反应体系能在一种核苷酸处随机中断链的合成，就可以得到 4 套分子大小不等的片段，每一套片段的末端为相同的核苷酸序列。如新合成的片段序列为—CCATCGTTGA—，在 A 处随机中断链的合成，可得到—CCA—和 CCATCGTA—两种片段，在 G 处中断合成可得到—CCATCG—和—CCATCGTTG—两种片段。在 C 和 T 处中断又可以得到相应的 2 套片段。用同位素或荧光物质标记这 4 套新合成的链，在凝胶中置于 4 个泳道进行电泳，检测这 4 套片段的位置，即可直接读出 DNA 序列。

二、化学降解法

化学降解法测序的最大特点是，一个末端标记的 DNA 片段（可以是 5′或 3′标记，做成一端标记）在 5 组互相独立的化学反应中分别得到部分降解，其中每一组反应特异地针对某一种或某一类碱基。因此生成 5 组放射性标记的 DNA 片段，从共同起点（放射性标记末端）延续到发生化学降解的位点。每组混合物中均含有长短不一的 DNA 分子，其长度取决于该组反应所针对的碱基在原 DNA 全片段上的位置。然后经变性 PAGE 分离、放射自显影后读取 DNA 序列。DNA 片段的降解反应分两步进行：第一步是先对特定碱基（或特定类型碱基）进行化学修饰；第二步是用特定试剂使修饰碱基从糖环上脱落，使 DNA 链在修饰碱基位点断裂。在这种情况下，这些反应要确保每个 DNA 分子平均只有一个靶碱基被修饰，然后用哌啶裂解修饰碱基的 5′和 3′位置，得到一组长度从一至数百个核苷酸不等的末端标记分子。在聚丙烯酰胺凝胶上进行特异性化学反应，建立 G、A + G、C 和 C + T 4 个泳道，比较各个泳道上放射自显影的结果，读取测定的 DNA 序列。

三、高通量测序技术

第二代测序技术，又称新一代测序技术（next-generation sequencing，NGS），相对于以 Sanger 法为代表的第一代测序技术而得名。第二代测序中 3 种主流测序技术分别为 Roche /454 焦磷酸测序、Illumina / Solexa 聚合酶合成测序和 ABI / SOLiD 连接酶测序技术。与 Sanger 法相比，3 种新一代测序技术的共有突出特征是，单次运行可产出大量序列数据，故而又被通称为高通量测序技术。

高通量测序技术一般包括模板准备、测序和成像、序列组装和比对等步骤。3 种二代测序技术的原理各不相同，其数据产出量、数据质量和单次运行成本也不一样。Roche /454 测序序列读长（reads）在 3 种测序技术中最长（600～1000 bp），但其通量最低（0.5～1 Gb/run）；Illumina / Solexa 的测序通量大，其新机型 HiSeq 2000 的单次运行产出量为 600 Gb/run，但读长比 Roche/454 测序短（通常为 100 bp）；ABI/SOLiD 读长最短（50 bp），但其创新之处在于双碱基编码技术的应用，降低了测序的错误率，而且由于其双碱基编码和校正系统的原理与重测序相似，因此 ABI/SOLiD 特别适用于具有高质量参考基因组的物种重测序。

高通量测序技术的出现,使得获得核酸序列数据的单碱基测序费用相对于 Sanger 测序大幅下降,随之也给基因组学研究带来了更多的新方法和新方案。目前,高通量测序技术已广泛应用于动植物全基因组测序、基因组重测序、转录组测序、小 RNA 测序和表观基因组测序等方面。

第五章　目的基因获取技术

DNA 重组技术的基本过程为：①目的基因获取；②限制性核酸内切酶切割目的基因和相应的载体；③酶切后的目的基因与载体连接，形成重组子；④将重组子转入宿主细胞；⑤筛选含有正确重组子的宿主细胞。

目的基因获取有下面几种方式：

（1）染色体 DNA 的限制性核酸内切酶酶解。Ⅱ型限制性核酸内切酶可专一性地识别并切割特定的 DNA 顺序，产生不同类型的黏性末端。当载体与目的 DNA 片段用同一种内切酶消化时，产生匹配的黏性末端，可以直接进行连接。转入不同的宿主细胞大量复制，从中找出含有目的基因的细胞，再用一定的方法把带有目的基因的 DNA 片段分离出来。

（2）人工体外合成。已知目的基因的 DNA 序列，利用 DNA 合成仪合成一些有一定长度、具有特定序列结构的寡核苷酸片段，通过 DNA 连接酶将这些片段按照一定的顺序连接起来，就可以获得完整的目的基因片段。

（3）通过信使 RNA（mRNA）合成互补 DNA（cDNA）。真核生物的基因组 DNA 含有较多非编码区，难以直接克隆完整的基因。通过 mRNA 反转录成 cDNA，再进一步得到完整双链 cDNA。cDNA 有完整的连续编码序列，与载体连接后可在宿主细胞中表达，同时可以构建 cDNA 文库，从文库中筛选目的基因。

（4）聚合酶链式反应（PCR）技术。当目的基因是序列已知的基因，或已知基因片段的两侧序列，可设计引物通过 PCR 反应，直接从基因组 DNA 或 cDNA 上扩增得到目的基因片段。

第六章　基因表达策略——原核表达

　　自20世纪70年代以来，由于分子生物学技术和蛋白组学的迅猛发展，各种外源基因表达的遗传操作技术日趋成熟，利用基因工程技术从体外获取基因表达产物已经成为有效和常用的方法。1977年，Itakura等人应用基因工程技术将肽类激素在大肠杆菌中进行了表达，第一次实现了外源蛋白在原核表达系统中的体外表达，这成为基因工程发展史上的一座里程碑。迄今为止，已构建了多种用于外源基因表达的系统，包括原核表达系统和真核表达系统，不同表达系统具有各自的特点和使用范围。原核表达系统利用原核细胞作为表达宿主进行目的基因重组表达，是最早成功应用于外源基因表达的系统。根据宿主菌的不同可将原核表达系统分为大肠杆菌表达系统、芽孢杆菌表达系统、蓝藻表达系统和链霉菌表达系统。其中，大肠杆菌表达系统是最成熟、应用最广泛的表达系统之一，已有多种异源蛋白被成功表达，近年来市售的大约30%重组蛋白是由大肠杆菌表达系统生产的。尽管后来发展了多种其他表达系统，在表达小分子多肽及翻译后修饰作用不影响特定结构和生物活性的外源蛋白时，大肠杆菌表达系统仍然是首要选择。本章重点介绍外源基因在大肠杆菌表达系统中的表达。

第一节　大肠杆菌表达系统

　　大肠杆菌表达系统主要包括表达载体和表达宿主。此外，特殊的表达系统还可能包括诱导剂、纯化系统等。表达系统通常要根据实验目的来选择，如表达量高低、目标蛋白的活性、表达产物的纯化方式等。

一、大肠杆菌表达宿主

　　大肠杆菌表达系统的宿主菌是大肠杆菌（*Escherichia coli*），它是迄今为止研究最详尽、应用最广泛的原核生物种类之一，也是基因工程研究和应用中最完善和成熟的受体系统。与其他表达系统相比，大肠杆菌作为受体菌表达具有以下的优点：①遗传背景清楚，某些菌株已完成全基因的测序；②代谢途径和基因表达调控机制比较清楚；③有多种类型的表达载体可供选择；④培养周期短、操作简单，遗传稳定，目标蛋白表达水平高。目前，已经利用大肠杆菌工程菌生产多种基因工程产品并且商品化，如人胰岛素、干扰素和生长素等。

　　目前，已开发出多种大肠杆菌菌株，商品化常用的大肠杆菌表达菌株有BL21系列、JM109系列、K802系列等。不同的菌株常搭配相应的表达载体使用，适用于不同目的蛋白的表达，实验者根据实验的需要选择合适的表达载体和表达菌株，才能获得理想的表达产物。外源基因在宿主菌中表达时，常常会被细菌的蛋白酶所降解。因此，实验使用的菌株通常选用经过改造后的蛋白酶缺陷型菌株。此外，还有很多不同功能的菌株供选择，实验者可根据实验目的及要求选用合适的菌株：①BL21（DE3）菌株。该菌株染色体上携带由 lacUV5 启动子控制的 T7 RNA 聚合酶基因，可作为 pET 表达载体的宿主菌，适用于非毒性蛋白的表达。②BL21（DE3）plysS 菌株。该菌株携带 plysS 质粒，可表达 T7 溶菌酶基因，T7 溶菌酶能够降低目的基因的背景表达水平，毒性目的蛋白的表达可选用此菌株。③Rosetta 系列菌株。Rosetta-2 系列菌株含有 pRARE2 质粒，可以补充大肠杆菌缺乏的七种稀有密码子（AUA、AGG、AGA、CUA、CCC、GGA 和 CGG）对应的 tRNA，适用于带有大肠杆菌稀有密码子的真核基因的表达；而 Rosetta-gami™2 既可补充稀有密码子，又能促进二硫键的形成，适用于需要借助二硫键才能正确折叠的真核蛋白的表达。

大肠杆菌表达系统虽然有以上诸多的优点，但是也存在着自身的不足，在大肠杆菌中表达的蛋白由于缺少修饰和糖基化、磷酸化等翻译后加工，重组蛋白易形成包涵体而影响蛋白的生物活性及构象；宿主菌内丰富的内源性蛋白酶会降解空间构象不正确的异源蛋白；另外，大肠杆菌细胞周质内含有种类繁多的内毒素，可引发人体热原反应，使重组蛋白的应用受到限制。针对以上问题，研究人员尝试通过对宿主菌株进行改造和共表达分子伴侣等手段，以提高外源真核基因表达蛋白的活性或减少外源蛋白被降解，不断地完善大肠杆菌表达系统。

二、大肠杆菌表达载体

表达载体是将目的基因导入宿主细胞，并在宿主细胞中实现目的基因表达的运载工具，是表达系统中最重要的组分之一。表达载体应当具有表达量高、稳定性好、适用范围广等优点。大肠杆菌的表达载体比较常用的是质粒，表达载体除了具备克隆载体所有的特性外，还应具备大肠杆菌表达所需要的表达元件。表达载体主要包括以下元件：①复制起始点；②启动子；③终止子；④核糖体结合位点；⑤选择性标记；⑥多克隆位点等（各元件的功能见第三章第七节）。此外，表达载体还可能带有表达标签、信号肽序列及蛋白酶结合位点等。

目前常用于外源表达的大肠杆菌表达载体包括 pET 系列、pQE 系列、pGE 系列载体等。不同的表达载体各具特色，实验者应根据实验需求选择合适的载体。以下是几种类型的大肠杆菌表达载体。

1. 非融合型蛋白表达载体

非融合型蛋白表达载体具有表达载体所需要的控件，表达的外源蛋白不与宿主的任何蛋白或多肽融合。非融合蛋白比较接近真核生物体内蛋白质的结构和功能，但缺点是容易被细菌蛋白酶降解。常用的非融合型蛋白表达载体有 pKK223-3 载体（图1.6.1）等。

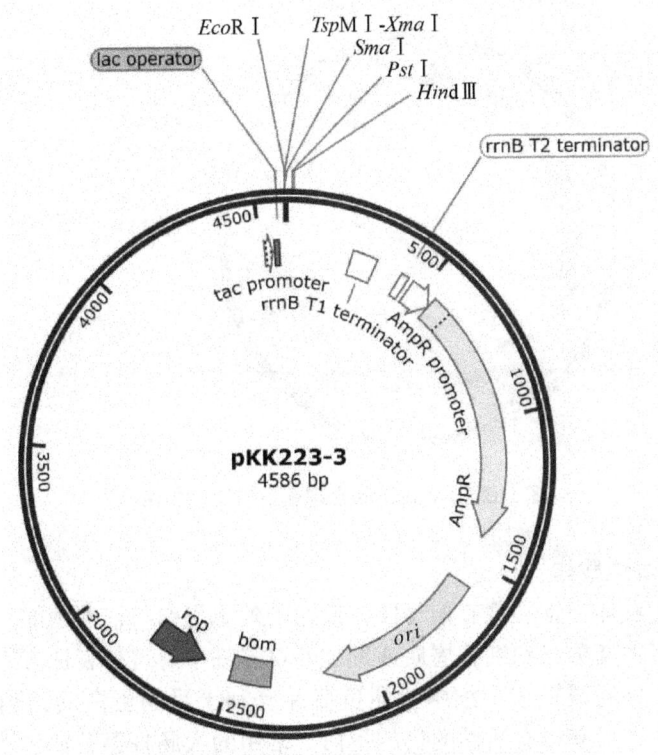

图 1.6.1　pKK223-3 非融合型蛋白表达载体图谱

2. 融合型蛋白表达载体

融合型蛋白表达载体除了有表达载体一般的组件外，还带有融合蛋白标签序列，并且与目的基因构成融合蛋白基因序列进行表达，这为外源蛋白表达后的分离纯化提供了方便。并且有些融合蛋白可增加蛋白的可溶性，使得融合蛋白表达方式成为常用的表达方法。常用的融合表达标签有谷胱甘肽 S 转移酶（glutathione S-transferase，GST）、麦芽糖结合蛋白（maltose-binding protein，MBP）、六聚组氨酸肽（6×His）和绿色荧光蛋白（green fluorescent protein，GFP）等。常见的融合型蛋白表达载体包括 pGEX 系列（图 1.6.2）、pRSET、pET 系列等。

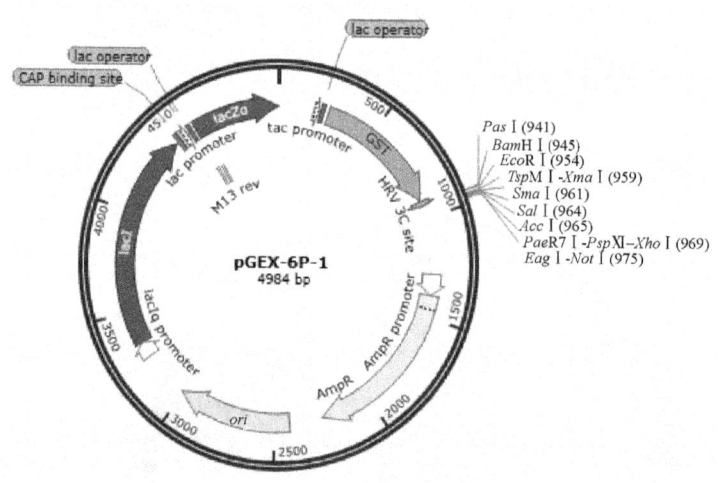

图 1.6.2　pGEX 融合型蛋白表达载体图谱

3. 分泌型表达载体

分泌型表达载体上常装载有信号肽，表达的外源蛋白与宿主菌的分泌信号肽连接在一起，可被宿主菌分泌到细胞周质或细胞外培养基中。这种表达方式可防止细胞内蛋白酶的降解，同时减轻宿主细胞代谢负荷并有利于目的蛋白的正确折叠，去除 N 端的甲硫氨酸后，可获得有活性的目的蛋白。常用的大肠杆菌分泌型表达载体如 pIN Ⅲ系列载体（图 1.6.3），其信号肽系列取自大肠杆菌中分泌蛋白的基因 *ompA*（外膜蛋白基因）。

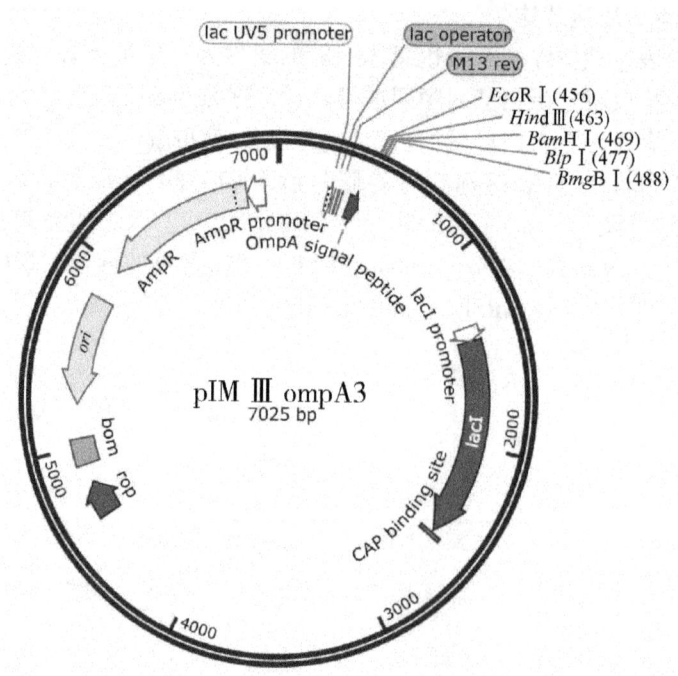

图 1.6.3　pIN Ⅲ ompA3 分泌型表达载体图谱

表达载体的构建是外源蛋白成功表达关键的步骤,在构建表达载体时应注意:①在构建载体前要分析目的基因和载体上的限制性核酸内切酶位点,选择合适的酶切位点。值得注意的是,如果构建的是融合表达载体,且融合标签位于 C 端,设计引物时要去除 3′端的终止密码子,表达的目标蛋白才能带上融合标签;②进行定向克隆,在表达载体上,启动子的方向是固定的,目的基因必须以正确的方向插入到启动子下游,才能获得正确的表达产物;③设计外源基因片段插入时,要保证表达载体正确的阅读框架,以免造成移码突变,无法获得序列正确的基因表达产物。

第二节 pET 表达系统的表达机制

大肠杆菌表达系统的种类很多,但目前应用较为广泛的应属 Novagen 公司的 pET 表达系统,该表达系统功能最为强大,表达外源蛋白高效且可控性强。pET 系列表达载体的组成元件与其他表达载体相似,比较特别的是载体上使用的启动子是噬菌体的 T7 启动子(图 1.6.4),pET-30a(+)为典型的 pET 表达载体。外源基因被克隆到 pET 表达载体上以后,受到噬菌体 T7 启动子的控制。噬菌体 T7 启动子只能被噬菌体 RNA 聚合酶识别,而不能被大肠杆菌 RNA 聚合酶识别,外源基因的转录完全依赖于 T7 RNA 聚合酶。因此,T7 RNA 聚合酶的转录模式决定了该表达系统的调控模式。大肠杆菌 BL21(DE3)是 pET 表达载体常用的宿主菌,该菌的基因组中整合了 λ 噬菌体 DNA,在 λ 噬菌体 DE3 区整合了一段含有 *lacI* 基因、*lac* UV5 启动子和 T7 RNA 聚合酶基因的 DNA 片段。T7 RNA 聚合酶的调控受到 *lac* 操纵子控制。在正常情况下,*lacI* 基因表达阻遏物,阻遏物与 *lac* UV5 启动子结合抑制 T7 RNA 聚合酶基因的表达,使得载体上的外源基因无法表达。当菌体生长到一定程度,加入诱导剂异丙基-β-D-硫代吡喃半乳糖苷(IPTG)时,IPTG 与阻遏物结合,启动 T7 RNA 聚合酶表达,从而启动外源基因的表达。pET/BL21(DE3)表达系统的表达原理如图 1.6.5 所示。T7 RNA 聚合酶合成 mRNA 的效率远高于大肠杆菌 RNA 聚合酶,一经诱导几乎所有的宿主菌的资源都被用于目的基因的表达,表达的重组蛋白含量占总蛋白的 50% 以上,此外,它还可转录某些大肠杆菌 RNA 聚合酶不能有效转录的序列。在 pET 载体中带有多种亲和标签的编码序列,利用该系统获得的融合蛋白可以进行非常简单的纯化。如 pET-30a(+)载体带有组氨酸标签(His-tag),在外源多肽的 N 端或 C 端连接 6 个组氨酸(His)。在大肠杆菌 BL21(DE3)中表达融合蛋白后,经 Ni(镍)亲和层析的方法纯化,纯化后的重组蛋白 His-tag 可以用凝血酶切割去除,得到目标蛋白。

基因工程实验原理

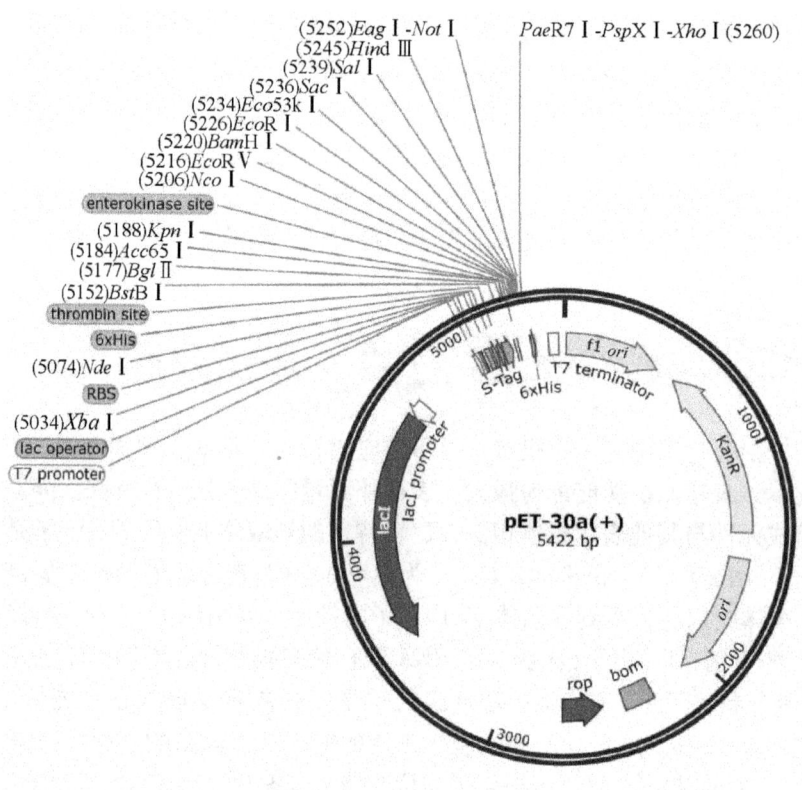

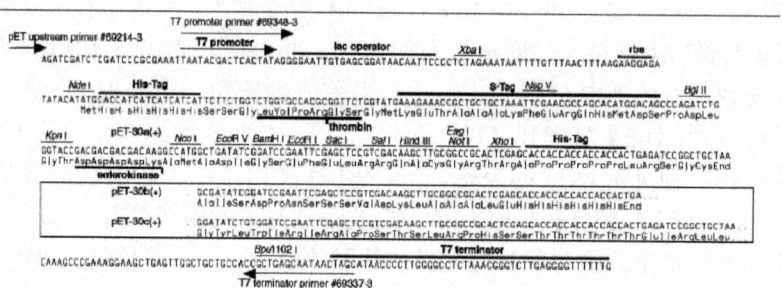

图 1.6.4　大肠杆菌表达载体 pET-30a（+）图谱

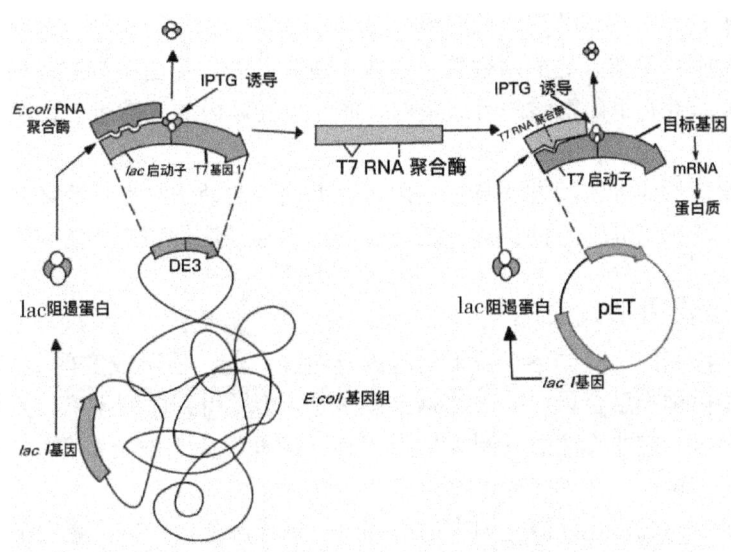

图1.6.5 pET/BL21（DE3）表达系统的表达原理

第三节 外源蛋白的表达形式

大肠杆菌有内膜和外膜组成的双层膜结构，将细胞分隔成细胞质、细胞周质和细胞外三个区域。外源基因在大肠杆菌表达后，重组蛋白可能存在于受体菌的细胞质、细胞周质或细胞外培养基中。根据表达蛋白的溶解度不同，其表达形式包括不溶性和可溶性蛋白两种。根据构建载体时选择的元件序列不同，表达的形式有非融合表达、融合表达和分泌表达。不同外源基因在不同的表达系统中，会产生不同的表达产物形式。应根据实验目的和实验条件，选择合适的表达方式。

一、包涵体蛋白形式表达

外源基因在一定条件下表达，特别是过量表达时，常导致表达产物在胞内积累并密集在一起形成不溶性的包涵体。包涵体主要存在于细胞质中，在某些条件下也可能存在于细胞周质中。包涵体主要组分是重组蛋白，同时含有少量宿主细胞自身的蛋白质，如核糖体蛋白、RNA聚合酶和外膜蛋白等。

包涵体形式表达的优点包括：①可以防止宿主蛋白酶对表达重组蛋白的降解；②有利于产物的分离，往往仅通过简单的差速离心及洗涤等步骤即可获得较高纯度的目的蛋白；③当所表达的重组产物对宿主细胞具有毒性时，使重组目的产物以无活性的包涵体形式表达可能是蛋白表达的最佳方式。

但以包涵体形式表达也存在不利的方面：一是形成包涵体后，表达的蛋白无正确的空间构象，一般不具有生物活性，后续需要对包涵体进行溶解和对表达蛋白进行复性，复性成本高，并且目的蛋白回收效率低、活性低。二是形成包涵体后，负责水解起始密码子编码的甲硫氨酸的水解酶，不能对所有的表达蛋白质都起作用，这样就可能产生 N-末端带有甲硫氨酸的目的蛋白，而非生物体内的天然蛋白，可能影响蛋白质的功能。

减少包涵体形成的常用方法有：使用中强度或弱启动子的表达载体；降低重组菌的生长温度；优化培养基条件；进行融合表达；与分子伴侣和折叠酶共表达等。

二、融合蛋白形式表达

将外源蛋白基因与受体菌自身蛋白基因重组在一起，但不改变两个基因阅读框，这样形成的蛋白称为融合蛋白。表达融合蛋白时，为了得到序列正确的真核蛋白，在插入真核基因时，应非常注意其阅读框架，其阅读框架应与融合的 DNA 片段的阅读框架一致，只有这样，在翻译时才不至于产生移码突变。

以融合蛋白形式表达外源基因有以下优点：①外源蛋白以融合蛋白的方式表达时能以较高的效率进行，因为受体菌自身蛋白基因 SD 序列和碱基组成等有利于基因的表达；②外源蛋白以融合蛋白的方式表达时易于分离纯化，可利用受体菌蛋白的特异性抗体、配体或底物亲和层析等技术分离纯化融合蛋白，然后通过蛋白水解酶或化学法特异性裂解受体蛋白与外源蛋白之间的肽键，获得纯化的外源蛋白产物；③原核细胞多肽的融合蛋白是避免细菌蛋白酶破坏的最好措施；④在某些情况下，融合蛋白还具有较高的水溶性和一定的生物学活性。

三、分泌型蛋白形式表达

分泌型蛋白是指外源基因的表达产物通过运输或分泌的方式穿过细胞的外膜进入培养基中，将编码信号肽（signal peptide）的 DNA 序列插入载体的启动子与目的基因之间，利用信号肽将重组蛋白分泌到细胞周质或胞外培养基中。已发现的大肠杆菌蛋白分泌到周质空间和胞外的跨膜转运相关的一系列 Sec 蛋白顺序结构有 SecA、SecB、SecD、SecE、SecF、SecG 和 SecY。除了 Sec 蛋白，还有 GroES/GroEL、DnaK/DnaJ 等分子伴侣也参与转运。

以分泌型蛋白形式表达外源基因有以下优点：①周质空间和胞外的蛋白酶要比胞内低很多，可以减少外源蛋白在细胞内被蛋白酶降解的概率；②周质空间中的蛋白数量也较胞内少很多，利于外源蛋白的纯化；③通过对分泌表达的设计有利于形成正确的空间构象，获得有较好生物学活性或免疫原性的蛋白质，但只有极少数的小分子多肽才能被分泌表达。

四、外源蛋白表达方式的选择

（1）表达蛋白用于生物化学和分子生物学研究。主要考虑保持蛋白质原有的功能不变，可以采用的策略有融合表达或非融合表达。

（2）表达蛋白用作抗原。主要考虑表达蛋白的快速提纯，表达策略可采用包涵体形式合成目的蛋白或融合表达目标蛋白，表达的融合蛋白可不用去除标签蛋白。

（3）表达蛋白用作结构研究。表达蛋白为天然可溶形式，主要考虑表达蛋白的可溶性，表达策略可采用合适的表达载体和受体菌，通过适当降低表达温度和表达水平，以促进蛋白的可溶性表达。

第四节 提高外源基因在大肠杆菌中表达效率的策略

应用基因工程生产外源蛋白，最终目的是获得大量具有活性的目标蛋白。影响外源基因在大肠杆菌系统表达的表达水平及可溶性的因素包括：目的基因的结构、密码子的选择、载体的选择（如启动子的强度、翻译起始效率）、培养条件等。因此，必须根据目的基因的情况制订合适的表达策略，以提高外源基因的表达效率及可溶性。

一、优化外源基因结构

外源基因是整个表达过程最关键的因素，因为它决定了通过表达系统能否得到目的产物。外源基因的结构具有多样性，要使外源基因在大肠杆菌中获得表达，基因序列中不能含有内含子，因为大肠杆菌缺乏对核内不均一 RNA（nRNA）的剪接修饰系统。从原核生物中提取的原核基因能够直接在大肠杆菌中表达，而真核基因含有内含子，必须将目的基因的 mRNA 转录为 cDNA，然后才能在大肠杆菌中表达。此外，大肠杆菌不能识别真核基因的转录和翻译元件，因此必须提供大肠杆菌能够识别的转录及翻译元件，在设计真核基因时应去除信号肽序列，必要时替换为原核信号肽序列。

外源基因在大肠杆菌中表达时，由于大肠杆菌基因对密码子的使用具有偏好性，对部分稀有密码子利用率很低，重组基因蛋白翻译过程中，如果稀有密码子连续出现，会抑制蛋白质合成。因此，对高含量稀有密码子的外源基因进行表达时，应针对宿主对密码子的偏好性采取合理的措施，一种方法是采用基因合成或定点突变的方法将目的基因 DNA 中稀有密码子替换为大肠杆菌的高频同义密码子，另一种方法是采用能为目的基因提供稀有密码子且可共表达的大肠杆菌菌株，以提高外源蛋白的表达。

二、启动子的选择

表达载体启动子的选择非常重要，启动子的结构影响了它与 RNA 聚合酶的亲和能力，进而影响基因表达的水平。目前，有许多类型的启动子应用于外源基因的表达，启动子的类型分为组成型和诱导型。组成型表达：基因表达不受时期、部位、环境影响，没有时空特异性，不需要其他因子的诱导即可稳定地表达。诱导型表达：有些基因表达极易受环境变化影响，在特定环境信号刺激下，这些基因的表达才开放或者增强。在进行启动子选择时要考虑其启动的强弱及是否受调控，一个理想的启动子应具有强启动性和受严谨调控：①强启动性。启动子的强弱是决定表达量的重要因素之一，强启动子可使外源基因高效转录，以保证目的蛋白的高表达。②受严谨调控。在一定条件下开始诱导表达，可最大限度降低大肠杆菌的代谢负荷和外源蛋白的毒性作用。选择启动子的时候还要考虑诱导方式和成本。目前比较常用的大肠杆菌表达载体启动子是温度诱导型和 IPTG 诱导型。为了获得高效表达的产物，我们通常会选择强启动子的表达载体。但是，RNA 的过量产生会导致翻译装置过饱和，而且表达蛋白来不及折叠还会形成不可溶的包涵体，因此，有时候为了获得更多稳定的、可溶性蛋白，我们可选择较弱的启动子。总而言之，应根据实际应用需要来选择启动子类型。表 1.6.1 为目前在大肠杆菌中表达常用的强启动子。

表 1.6.1　常用的大肠杆菌强启动子及其特性

启动子的类型	强度	来源	调控/诱导物
T7 启动子	极强	T7 噬菌体 RNA 聚合酶	Lac/IPTG
lac 启动子	强	乳糖操纵子	Lac/IPTG
trp 启动子	强	色氨酸操纵子	TrpR/3-β-吲哚丙烯酸
Tac 启动子	强	trp 启动子 -35 区和 lac 启动子 -10 区的杂合体	Lac/IPTG
PL 启动子	强	λ 噬菌体	λcI 阻遏物/加热

三、提高翻译起始区的起始效率

翻译起始是影响外源基因高效表达的另一个很重要的因素，翻译起始区包含核糖体结合位点至基因 5′编码区若干密码子的碱基序列，该序列严重影响 mRNA 翻译起始效率。在构建表达载体时要考虑以下几个方面：①在表达载体 SD 序列（即核糖体结合位点的序列）下游的适当位置必须构建有起始密码子（AUG）；②SD 序列与起始密码子之间的距离对翻译起始效率有很大影响，SD 序列与起始密码子之间的最佳距离一般为 6~9 个核苷酸；③在翻译起始区周围的序列不应形成明显的二级结构，否则会影响翻译起始效率，可以通过突变 mRNA 5′末端翻译区的碱基，减少二级结构的形成以提高翻译的起始效率。

四、优化诱导培养条件

培养条件对于重组蛋白的高效表达同样重要，培养条件包括温度的选择、诱导条件、pH 控制和培养基成分等。

（1）温度的选择。较高温度条件下大肠杆菌生长速度、重组蛋白表达速度快，肽链来不及折叠容易形成无蛋白活性的包涵体。低温条件下，菌体生长速度慢，重组蛋白产量低，但可以提高目的蛋白的可溶性。

(2) 诱导条件。包括诱导剂的选择、诱导剂浓度、诱导时机和诱导时间等，都会影响影响重组蛋白的表达效率，发酵过程中加入诱导剂会显著影响工程菌的生长和目的蛋白表达。诱导剂的加入会显著抑制菌体的生长，在较低的菌体密度下诱导就无法实现高密度发酵，而在过高的菌体密度下进行诱导，由于代谢副产物积累过多或菌体老化，可能会引起表达量偏低甚至菌体自溶，因此需要摸索最合适的诱导条件。

(3) pH 的控制。大肠杆菌最适的生产 pH 范围是 6.7～7.2，而表达阶段的最适 pH 常常有所不同，在菌体生长的不同阶段维持不同的 pH 能显著提高目的蛋白产量。

此外，培养基组分比例及配方、溶氧量和其他培养条件也都可以影响蛋白酶的活性、分泌和表达水平。

五、融合蛋白及分子伴侣的使用

外源蛋白的生产不仅需要高效表达，而且表达的蛋白需要可溶。提高外源蛋白可溶性的方式有两种：一是将分子质量较小的蛋白质以融合蛋白形式表达，外源蛋白融合蛋白不仅作为亲和标签有利于下游纯化操作，有些大分子融合蛋白还能增加蛋白的可溶性表达，如谷胱甘肽-S 转移酶（GST）、麦芽糖结合蛋白（MBP）等亲水性强，有助于提高目的蛋白的可溶性和稳定性。二是可以分子伴侣共表达的方式表达，分子伴侣可促进重组蛋白的翻译后折叠加工，可提高蛋白可溶性和稳定性。大肠杆菌系统中常用分子伴侣有 GroEL/ES、DnaK-DnaJ-GrpE 和 Dsb 家族（二硫键还原酶及异构酶，能够促进二硫键的形成）等。

此外，表达载体终止子的选择、表达宿主菌的选择及外源蛋白的稳定性等因素都会影响外源蛋白的表达效率。

第五节 外源基因在大肠杆菌中的表达实验步骤

一、实验流程

（一）目的基因 DNA 片段的制备

目的基因可以从基因组中进行扩增，也可以通过人工合成的方法获得。值得注意的是，原核细胞中缺乏真核生物转录后加工系统，因此目的基因不能用真核生物的基因组 DNA，而应该用 cDNA。

（二）目的基因与表达载体的连接

表达载体中，在启动子区的下游设计有多克隆位点，目的基因的 DNA 片段通过这些位点插入到启动子的下游，受到相应启动子的调控。目的基因和表达载体可通过酶切连接法或无缝克隆等方式进行连接。

（三）目的菌株的转化

将重组质粒导入到宿主菌中，从而获得相应的基因工程菌株。一般的转化方法包括化学法、电转化法等。

（四）重组蛋白的诱导表达

对重组载体进行发酵培养，并在生长量达到一定水平后诱导目的基因的表达，根据启动子的类型，重组蛋白的诱导表达分为组成型和诱导型。

（五）目的蛋白的检测

检测目的蛋白的表达量及活性，然后进行分离纯化。外源基因在大肠杆菌中的表达实验流程如图 1.6.6 所示。

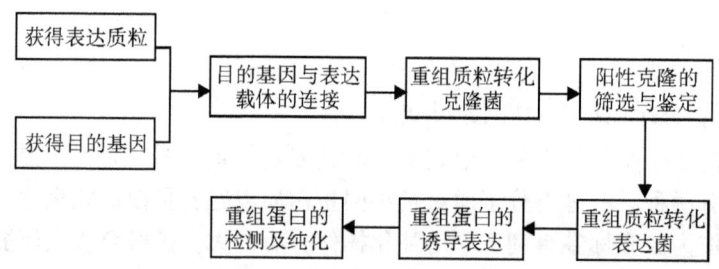

图 1.6.6　外源基因在大肠杆菌中的表达流程

二、实验方法与步骤

以 pET-30a（+）在 BL21（DE3）中表达为例介绍外源基因在大肠杆菌中表达的过程，详细的实验步骤见本书第二部分。

（一）目的基因 DNA 片段的制备

根据已知基因序列，在目的基因两端设计引物，以 PCR 方法扩增目的基因片段，经琼脂糖凝胶电泳检测后进行切胶回收目的基因 DNA 片段。或者通过人工合成的方式获得目的基因，将目的基因构建于克隆质粒中。

（二）pET-30a 表达载体的制备

将保存于 DH5α 中的表达质粒 pET-30a（+）菌株进行活化，用质粒提取试剂盒提取质粒，提取的质粒进行琼脂糖凝胶电泳检测，并用分光光度计检测质粒纯度及浓度。

（三）pET-30a（+）-gene 重组表达载体的构建

将目的基因片段与表达质粒进行双酶切、连接、转化和鉴定：①将扩增得到的目的基因或构建于克隆质粒目的基因和表达质粒 pET-30a（+）分别进行双酶切反应，酶切后进行琼脂糖凝胶电泳鉴定；②将目的基因片段及线性化的 pET-30a（+）进行琼脂糖凝胶回收；③将回收的目的基因片段与线性化的 pET-30a（+）进行连接反应；④连接反应产物转化大肠杆菌 DH5α 感受态细胞；⑤在 kan 抗性平板上筛选鉴定含有 pET-30a（+）-gene 重组表达质粒，提取经菌落 PCR 鉴定阳性的重组表达质粒，进一步酶切鉴定并测序。

(四) 构建的重组表达质粒转化表达菌

经鉴定正确的 pET-30a（+）-gene 重组表达质粒转化大肠杆菌 BL21（DE3）感受态细胞，在 Kan 抗性平板上筛选表达菌。

(五) 重组蛋白的诱导表达、检测及分离纯化

(1) 构建的重组表达菌进行诱导表达，通过 SDS-PAGE、蛋白质印迹法分析目的蛋白的表达情况。

(2) 表达蛋白的性质分析，如酶活力测定、比活力测定等。

(3) 表达蛋白的分离纯化，如融合蛋白纯化、可溶性蛋白纯化等。

第七章 基因表达策略——酵母真核表达

大肠杆菌表达系统是目前应用最广泛、研究最成熟的基因工程表达系统，其最突出的优点是工艺简单、易于操作、产量高、周期短、生产成本低。然而，并不是所有蛋白质都适合通过大肠杆菌表达系统进行表达。首先，许多蛋白质在翻译后，需经过翻译后的修饰加工，如糖基化、磷酸化、酰胺化及蛋白酶水解等过程才能转化成活性形式；而大肠杆菌缺少上述加工机制，不适合用于表达结构复杂的蛋白质。其次，蛋白质的活性还依赖于形成正确的二硫键并折叠成高级结构，而在大肠杆菌中表达的蛋白质往往不能进行正确的折叠，常以包涵体形式存在。包涵体的形成虽然简化了产物的纯化，但不利于产物的活性，为了得到有活性的蛋白，就需要进行变性、溶解及复性等操作。这一过程比较烦琐，同时增加了成本，这也限制了大肠杆菌表达系统的应用。最后，大肠杆菌表达系统背景杂蛋白很多，下游纯化工作量大，这跟一些真核表达系统中的分泌表达相比，下游纯化就不占优势。

为了克服大肠杆菌表达系统的缺点，酵母表达系统自1979年起被逐步开发并应用。最先使用的是酿酒酵母（*Saccharomyces cerevisiae*），因为酿酒酵母在酿酒业和面包业使用有数千年的历史，被认为是安全生物；此外，酵母是单细胞低等真核生物，它既具有原核生物的易于培养、繁殖快、便于基因工程操作等特性，同时又具有真核生物的蛋白质翻译后修饰能力，有适于真核生物基因产物正确折叠的细胞内环境和糖链加工系统，还能分泌外源蛋白质到培养液中，利于纯化，并可减轻宿主细胞的代谢负荷。酿酒酵母在分子遗传学方面最早被认识，也是最先作为外源基因表达的酵母宿主，特别是随着酿酒酵母中的 2 μm 质粒的发现和酵母转化技术的突破，酿酒酵母基因工程表达系统得以建立并应用。1981年，酿酒酵母表达了第一个外源基因——干扰素基因，随后又有一系列外源基因在该系统得到表达。虽然干扰素和胰岛素已经利用酿酒酵母实现大规模生产并广泛应用，但酿酒酵母存在高密度培养困难、分泌效率低等问题，此外，它几乎不分泌分子量大于 30 kD 的外源蛋白质，也不能使所表达的外源蛋白质正确糖基化，而且表达蛋白质的 C 端往往被截短。

为克服酿酒酵母的局限，1983年，美国 Wegner 等人最先发展了以甲基营养型酵母（methylotrophic yeast）为代表的第二代酵母表达系统。甲基营养型酵母包括 *Pichia*、*Candida* 等。以毕赤酵母为宿主的外源基因表达系统近年来发展最为迅速，应用也最为广泛。

经过30多年的发展，毕赤酵母目前已是仅次于大肠杆菌的最常用蛋白表达系统，广泛应用于实验室规模的蛋白质制备、表征及结构解析等方面,迄今已有上千种蛋白在毕赤酵母系统中得到成功地表达。近些年,毕赤酵母被美国 FDA 认定为安全微生物(不产生内毒素),为其在食品和医药上的应用奠定了基础。在医药蛋白领域,已有胰岛素、乙肝表面抗原、人血白蛋白、表皮生长因子等多种蛋白使用毕赤酵母表达实现商品化制备。在工业酶制剂领域,也有许多酶制剂包括植酸酶、脂肪酶、甘露聚糖酶、木聚糖酶等利用毕赤酵母实现了产业化规模的生产。下面从毕赤酵母表达系统的组成元素、机制、实验操作及存在问题等方面进行系统的阐述。

第一节 毕赤酵母表达系统的组成元素

一、酵母表达宿主菌

在毕赤酵母表达系统中,X33、GS115、KM71、SMD116 是常用的表达宿主菌,均为甲基营养型酵母,是一类能够利用甲醇作为唯一碳源和能源的酵母菌。甲醇首先被醇氧化酶氧化为甲醛和过氧化氢,为免除过氧化氢的毒性,甲醇代谢所需的醇氧化酶被分选到一个特殊的细胞器中,即过氧化物酶体中。以葡萄糖作碳源时,菌体中形成非常少的过氧化物酶体,而以甲醇作为唯一碳源时,过氧化物酶体产生量巨大,几乎占整个细胞体积的 80%,醇氧化酶增至酵母细胞总蛋白的 35%~40%。因此,当在醇氧化酶基因前利用同源重组方式插入外源蛋白基因时,可获得大量表达。同时,根据甲基营养型酵母这种可以形成过氧化物酶体的特性,可利用该系统表达一些毒性蛋白和易被降解的酶类。醇氧化酶有两种基因编码,即 *AOX1* 和 *AOX2*。细胞中绝大多数醇氧化酶活力由 *AOX1* 基因提供,菌株利用甲醇的速度主要由 *AOX1* 基因表达的 AOX1 蛋白提供。

甲醇可紧密调节和诱导 *AOX1* 基因的高水平表达,较典型的是占可溶性蛋白的 30% 以上。*AOX1* 基因的表达在转录水平受调控。在甲醇中生长的细胞大约有 5% 的 polyA$^+$RNA 来自 *AOX1* 基因。*AOX1* 基因调控分两步:抑制/去抑制机制加诱导机制。简而言之,在含葡萄糖的培养基中,即使加入甲醇作为诱导物,转录仍受抑制。因此,用甲醇进行诱导表达时,推荐在甘油培养基中培养。即使在甘油中生长(去抑制)时,仍不足以使 *AOX1* 基因达到最低水平的表达,诱导物甲醇是 *AOX1* 基因可辨表达水平所必需的。

当 *AOX1* 基因缺失,只存在 *AOX2* 基因时,大部分的醇氧化酶活力丧失,这种利用甲醇能力低,故而在甲醇培养基上生长缓慢的酵母菌株表现型称为 Mut^s(methanol utilization slow)。当存在 *AOX1* 基因时,能正常利用甲醇,在甲醇培养基上生长较快的酵母菌株表现型称为 Mut$^+$(methanol utilization plus),一般是甲基营养型酵母的野生型。

毕赤酵母一般先在含甘油的培养基中生长,培养至高浓度,再以甲醇为碳源进行诱导表达，这样可以大大提高表达产量。利用甲醇酵母表达外源性蛋白质其产量往往可达克级。毕赤酵母的最适生长温度为28～30 ℃，诱导期间温度超过32 ℃，蛋白表达受阻，并可能导致酵母细胞死亡。Mut$^+$和Mut^{s}菌株在没有甲醇存在时，即在以葡萄糖或者甘油等为碳源的培养基上生长时，*AOX1*基因的表达受到抑制，两种菌株生长速率一样；但存在甲醇或以甲醇为唯一碳源时，*AOX1*基因启动子被强诱导，Mut^{s}因为*AOX1*基因缺失，生长较慢，Mut$^+$菌株生长速度是Mut^{s}的4～5倍。因此，当把外源基因构建在*AOX1*基因启动子下时，外源目的基因大量表达，能够达到细胞总蛋白的30%以上。

X33是野生型菌株，而GS115和KM71两种菌株在组氨酸脱氢酶位点（His4）有突变，不能合成组氨酸，故而不能在组氨酸缺陷的培养基上生长。如果表达载体上带有组氨酸基因，则可以补充宿主菌的组氨酸缺陷，转入表达载体的菌株可以生长，否则不生长，因此可以在组氨酸缺陷的培养基上筛选重组转化子。GS115菌株具有*AOX1*基因，属于Mut$^+$，是甲醇利用正常型；KM71菌株的*AOX1*位点被*ARG4*基因插入，属于Mut^s，为指甲醇利用缓慢型，两种菌株都适用于一般的酵母转化方法。SMD116（His4、Pep4）属于蛋白酶缺失型菌株，它能够表达一些由于蛋白降解而引起的表达产物分布不均的问题。只是由于SMD116（His4、Pep4）菌株生长缓慢，导致表达的外源蛋白质产量低。

与酿酒酵母相比，毕赤酵母翻译后的加工更接近哺乳动物细胞，不会发生超糖基化。

二、酵母表达载体

毕赤酵母菌体内无天然质粒，因此表达载体需与宿主染色体发生同源重组，才能够进行外源蛋白表达。表达载体中含有与酵母染色体中同源的序列，因而比较容易整合入酵母染色体中。毕赤酵母表达载体包含醇氧化酶1（*AOX1*）基因的启动子和转录终止子，它们被多克隆位点（MCS）分开，外源基因可以在此插入，此载体还包含组氨醇脱氢酶（*HIS4*）基因选择标记及3′*AOX1*区。大部分毕赤酵母的表达载体中都含有*AOX1*基因的启动子部分，在该基因的启动子（P$_{AOX1}$）作用下，外源基因得以表达。

1. 载体选择

表达载体都是穿梭质粒，先在大肠杆菌复制扩增，然后被导入宿主酵母细胞。酵母表达产物有胞内表达和分泌到胞外表达两种方式，这取决于表达载体是否带有信号肽，可根据基因表达的定位及目的选择合适的酵母蛋白表达载体。

（1）胞内表达的载体：主要包括pPIC3、pPICZ、pPSC3K、pHIL-D2、pPIC3.5K等。该类载体将目的基因表达在胞内，可避免酵母的糖基化，适合于通常在胞浆表达或不含—S—S—的非糖基化蛋白，较胞外分泌表达水平高，但纯化相对复杂。

（2）分泌到胞外表达的载体：pPIC9K（载体图谱如图1.7.1所示）、pPIC9、pHIL-S1、pYAM75P等。酵母本身分泌的外源蛋白很少，将外源蛋白分泌到胞外，有利于目的蛋白的纯化和积累。常用的分泌信号来自酿酒酵母，由 89 个氨基酸组成 α 交配因子（α-factor）的引导。

PAOX1 and Multiple Cloning Site of pPIC9K

The sequence below shows the detail of the multiple cloning site and surrounding sequences.

```
                                         AOX1 mRNA 5'end (824)                  5' AOX1 primer site (855-875)
                                         TTATCATCAT TATTAGCTTA CTTTCATAAT TGCGACTGGT TCCAATTGAC

                                         AAGCTTTTGA TTTTAACGAC TTTTAACGAC AACTTGAGAA GATCAAAAAA
                                                             Start (949)    α-Factor Signal Sequence
                                         CAACTAATTA TTCGAAGGAT CCAAACG ATG AGA TTT CCT TCA ATT
                                                                         Met Arg Phe Pro Ser Ile

                                         TTT ACT GCA GTT TTA TTC GCA GCA TCC TCC GCA TTA GCT GCT
                                         Phe Thr Ala Val Leu Phe Ala Ala Ser Ser Ala Leu Ala Ala

                                         CCA GTC AAC ACT ACA ACA GAA GAT GAA ACG GCA CAA ATT CCG
                                         Pro Val Asn Thr Thr Thr Glu Asp Glu Thr Ala Gln Ile Pro

                                         GCT GAA GCT GTC ATC GGT TAC TCA GAT TTA GAA GGG GAT TTC
                                         Ala Glu Ala Val Ile Gly Tyr Ser Asp Leu Glu Gly Asp Phe

                                         GAT GTT GCT GTT TTG CCA TTT TCC AAC AGC ACA AAT AAC GGG
                                         Asp Val Ala Val Leu Pro Phe Ser Asn Ser Thr Asn Asn Gly
                                                                         α-Factor primer site (1152-1172)
                                         TTA TTG TTT ATA AAT ACT ACT ATT GCC AGC ATT GCT GCT AAA
                                         Leu Leu Phe Ile Asn Thr Thr Ile Ala Ser Ile Ala Ala Lys
                                                           ▼ Signal cleavage (1203-1204)  SnaB I
                                         GAA GAA GGG GTA TCT CTC GAG AAA AGA GAG GCT GAA GCT TAC
                                         Glu Glu Gly Val Ser Leu Glu Lys Arg Glu Ala Glu Ala Tyr
                                             EcoR I    Avr II    Not I
                                         GTA GAA TTC CCT AGG GCG GCC GCG AAT TAA TTCGCCTTAG
                                         Val Glu Phe Pro Arg Ala Ala Ala Asn  ***

                                         ACATGACTGT TCCTCAGTTC AAGTTGGGCA CTTACGAGAA GACCGGTCTT
                                                                    3' AOX1 primer site (1327-1347)
                                         GCTAGATTCT AATCAAGAGG ATGTCAGAAT GCCATTTGCC TGAGAGATGC

                                         AGGCTTCATT TTGATACTT TTTTATTTGT AACCTATATA GTATAGGATT
                                              ↓ AOX1 mRNA 3' end (1418)
                                         TTTTTTGTCA
```

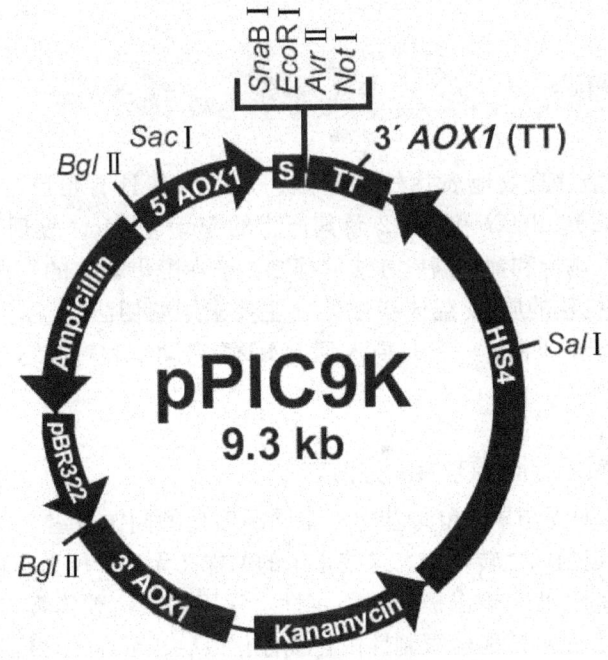

图 1.7.1　载体图谱

（3）多拷贝插入表达载体：pPIC9K、pPIC3.5K。某些情况下，重组基因的多拷贝整合能够增加蛋白的表达量。

如果目的蛋白是细胞溶质型且是无糖基化蛋白，可选择胞内表达蛋白。如果目的蛋白是正常分泌、糖基化蛋白或直接分泌至胞内细胞器内，可尝试分泌表达目的蛋白。

2. 毕赤酵母表达载体的结构元件及优点

毕赤酵母表达载体有以下结构元件，可以使外源基因在毕赤酵母中高效表达。

（1）5′AOX1：含 AOX1 基因启动子的约 1000 bp 片段，载体在毕赤酵母中实现甲醇诱导的高水平表达。

（2）α 交配因子信号序列：编码 α 交配因子信号序列的 269 bp，用于毕赤酵母分泌表达，便于纯化。

（3）MSC：多克隆位点，便于插入目的基因。

（4）TT：AOX1 基因自带的转录终止及 poly（A）信号，可以使 mRNA 有效地终止转录及多聚腺苷酸化。

（5）HIS4：毕赤酵母野生型基因编码组氨酸脱氢酶，用于与毕赤酵母 His4 菌株进行互补，为选择毕赤酵母阳性菌株提供选择标记。

（6）3′AOX1：AOX1 基因序列，用于载体靶向整合进 AOX1 基因。

（7）Amp 和 Kan：Amp 和 Kan 抗性基因用于筛选阳性大肠杆菌，便于构建表达载体。

（8）pBR322 复制起始点：用于在大肠杆菌中复制表达载体，便于表达载体的构建。

第二节 毕赤酵母表达系统的机制

毕赤酵母能够高效地表达外源基因，是因为其具有强启动子醇氧化酶启动子（AOX1 和 AOX2）。AOX1 和 AOX2 及其产生的 Mut^s 和 Mut$^+$ 表现型前文已经叙述过。AOX1 受甲醇的诱导和葡糖糖或甘油的抑制。毕赤酵母表达的外源基因位于酵母染色体上，通过把构建的质粒/载体线性化（主要采用酶切法），以同源重组的方式整合到 AOX1 启动子的下游，一般是插入到 5′AOX1 启动子和转录终止子信号之间的单克隆位点。

一、毕赤酵母同源重组的方式

通过转化 DNA 与毕赤酵母基因组中同源序列的同源重组，毕赤酵母与酿酒酵母一样可产生稳定的阳性转化子。这些重组的菌株在无选择压力条件下，即使其携带的基因是多拷贝的，也表现出极强的稳定性。常用的表达载体都含有 His4 基因，编码组氨酸脱氢酶，这些载体经限制性内切线性化以后，可在 AOX1 或 His4 位点进行同源重组，从而产生 HIS⁺重组子。单交换插入比双交换（替换）要更容易发生，多拷贝事件自发发生的概率只有单交换概率的 1%～10%。

（一）基因插入 AOX1 或 AOX1∷AGR4 位点

GS115 的 AOX1 或 KM71 的 AOX1∷AGR4 位点可以与载体上 AOX1 位点（AOX1 启动子，AOX1 转录终止子 TT 或下游 3′AOX1 三个位点）发生同源重组，这样就在 AOX1 或 AOX1∷AGR4 基因的上游或下游插入一个或多个基因拷贝（图 1.7.2）。因为插入的表达盒没有破坏原有基因组中的 AOX1，所以转化子在 GS115 中为 His⁺ Mut⁺ 表型，在 KM71 中为 His⁺ Mutˢ 表型。

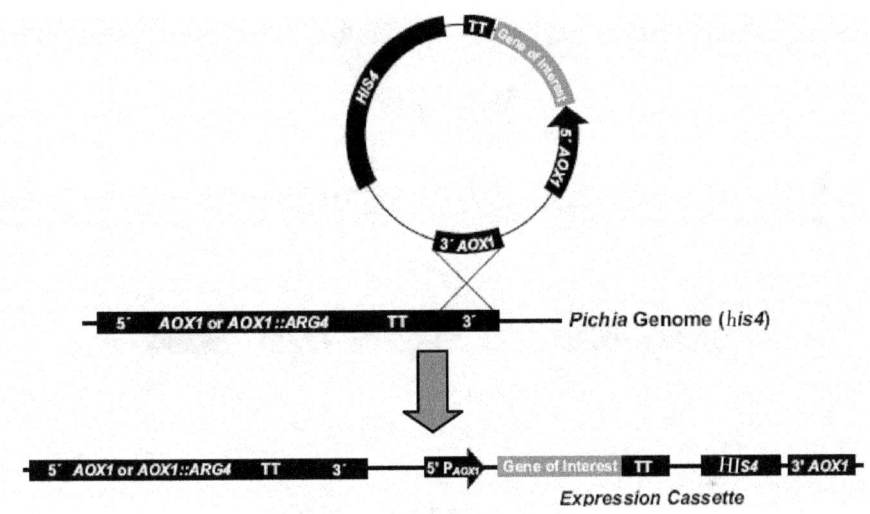

图 1.7.2　基因的插入与拷贝

（二）基因替换 AOX1 位点

在 His4 菌株如 GS115 中，载体及基因组中 AOX1 启动子及 3′AOX1 区的双交换事件（取代），结果 AOX1 编码区全部被取代，产生 His⁺ Mutˢ 表型（图 1.7.3）。以 AOX1 位点由基因替代而产生的 Mutˢ 表型作为指示，可很容易地筛选出 His⁺ 转化子的 Mut 表型。基因取代的结果是缺失了 AOX1 位点（Mutˢ），增加了含有 P_{AOX1}、目的基因、His4 的表达盒。基因取代（双交换事件）不如基因插入（单交换事件）发生得多。

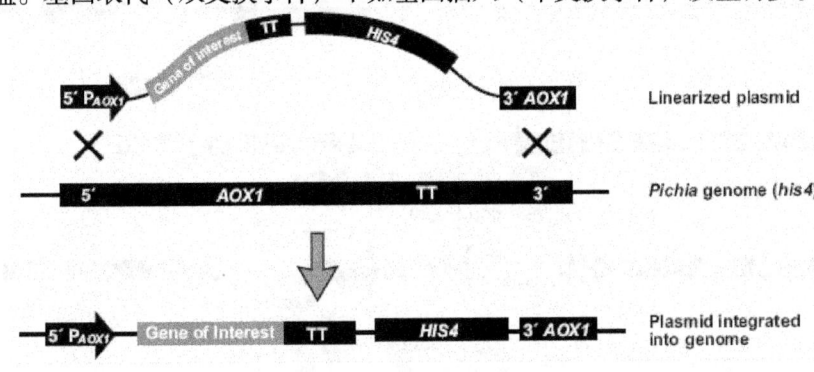

图 1.7.3　基因替换位点（1）

（三）基因插入 His4 位点

GS115（Mut⁺）或 KM71（Mutˢ）中，载体上 *His4* 基因与染色体上 *His4* 位点之间发生单交换事件，结果在 *His4* 位点插入一个或多个基因拷贝（图 1.7.4）。由于基因组上 *AOX1* 或 *AOX1*∷*AGR4* 位点未发生重组，这些 His⁺ 转化子的表型均与亲本菌株相同。

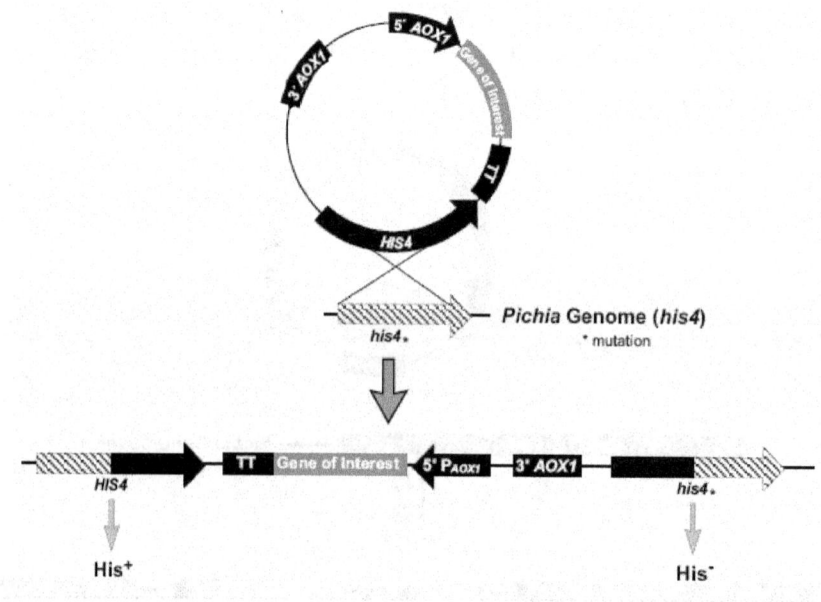

图 1.7.4　基因替换位点（2）

（四）多拷贝插入

尽管多拷贝事件自发发生的概率很低，但是通过在培养基中加入选择性标记，还是很容易在转化子中筛选到插入多拷贝的表达核的转化子（图 1.7.5）。

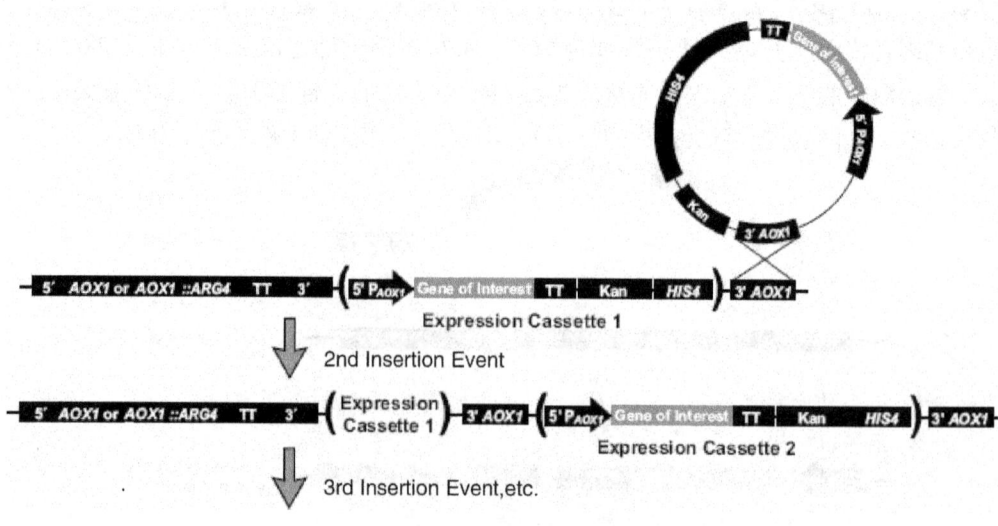

图 1.7.5　多拷贝插入示意

整合可产生两个不同表型的 His⁺ 重组菌株：质粒 DNA 线性化位置不同，转化 GS115 后可产生两种转化子：His⁺Mut⁺ 及 His⁺Mutˢ。KM71 只产生 His⁺Mutˢ，因为该菌株为 Mutˢ 表型。两种重组子 Mut⁺ 及 Mutˢ 都是有用的，因为一个表型可能比另一个表型更有利于蛋白表达。理想条件下，每一个表型应该检测 6～10 个重组子。没有办法预测哪个结构或克隆更利于蛋白表达。强烈推荐用 PCR 分析重组子来证实整合情况。

成功将基因构建至 AOX1 启动子下游后，线性化质粒转化毕赤酵母时激发重组。表 1.7.1 显示用不同酶消化时产生的重组子。

表 1.7.1　不同酶消化时产生的重组子

限制酶	整合类型	GS115 表型	KM71 表型
Sal I	插入 His4	His⁺Mut⁺	His⁺Mutˢ
Sac I	插入 5'AOX1	His⁺Mut⁺	His⁺Mutˢ
Bgl II	取代 AOX1	His⁺Mutˢ（不推荐）	His⁺Mutˢ（不推荐）

二、酵母表达系统转化方法比较

培养好的酵母宿主菌和构建好的质粒进行同源重组的转化方法有原生质体法、电击法和 PEG 诱导转化法，都是基于线性化质粒/载体之后，线性化是转化的第一步，用限制酶酶切。

三、毕赤酵母表达系统的主要优点

（1）拥有目前最强、调控最严格的启动子之一——醇氧化酶基因 AOX1 启动子，可高效调控外源基因表达，实现外源蛋白高水平表达。

（2）高水平分泌表达外源蛋白，有利于后续纯化。毕赤酵母只分泌很少的自身蛋白，加上毕赤酵母最小生长培养基中只有少量的蛋白，这意味着分泌的外源蛋白是培养基中的主要蛋白成分，也可算作蛋白纯化的第一步。注意，如果外源蛋白一级结构中有可识别的糖基化位点（Asn-X-Ser/Thr），则这些位点可能发生糖基化。

（3）具有翻译后的蛋白加工修饰功能，如糖基化、磷酸化等，是一种不可多得的集多种优势于一体的真核表达系统。与酿酒酵母相比，毕赤酵母在分泌蛋白的糖基化方面有优势，因为不会使其过度糖基化。酿酒酵母与毕赤酵母大多数为 N-连接糖基化高甘露糖型，然而毕赤酵母中蛋白转录后所增加的寡糖链长度（平均每个支链 8～14 个甘露糖残基）比酿酒酵母中的（50～150 个甘露糖残基）短得多。另外，酿酒酵母核心寡糖有末端 α-1,3 聚糖连接头，而毕赤酵母则没有。一般认为酿酒酵母中糖基化蛋白的 α-1,3 聚糖接头与蛋白的超抗原性有关，使得这些蛋白不适于治疗用途。虽然未经证明，但这对毕赤酵母产生的糖蛋白不构成问题，因为毕赤酵母表达蛋白与高级真核生物糖蛋白结构相似。

（4）严格的好氧生长偏爱性，可进行细胞高密度培养，发酵罐培养密度可达 120 g/L。

（5）既可以在细胞内表达，又可分泌至细胞外。

（6）外源基因可以单拷贝或者多拷贝的形式在特定的位点整合进毕赤酵母染色体上，伴随着染色体的复制而复制，有较高的遗传稳定性，同酿酒酵母一样可形成稳定的表达菌株。

（7）培养基成本低廉，培养条件简单，生长繁殖速度快。

（8）可以进行大规模发酵，适合高密度培养，非常适合重组真核蛋白的工业化放大生产制备。

四、影响酵母外源蛋白表达的因素

（一）启动子的选择

毕赤酵母表达系统常用的是醇氧化酶基因启动子 P_{AOX1}，具有强诱导性和强启动性。P_{GAP} 启动子是毕赤酵母中克隆得到的一个组成型启动子，在 P_{GAP} 控制下，*lacZ* 基因表达比甲醇诱导下 P_{AOX1} 表达量更高，且不需要甲醇诱导，放大工艺更加简便。

（二）目的基因的优化

目的基因是决定蛋白表达成败的首要因素。由于密码子的简并性，不同的表达系统都有其特定的偏爱密码子。因此，在基因合成时便要进行密码子的优化（可见密码子优化详解），换掉稀有密码子并进行 mRNA 结构优化，提高蛋白表达量，防止蛋白不表达或表达量低。

（三）影响蛋白分泌的因素

如果蛋白本身不易分泌，即不适分泌表达，可尝试用酿酒酵母的 α 交配因子（交配因子）信号肽序列，对胰岛素、凝血因子等小分子有用，在 α 交配因子和目的基因之间插入间隔肽能够提高目的蛋白的表达水平。信号肽会影响蛋白分泌表达的水平。

此外，其他影响因素还包括重组转化子的筛选、遗传背景影响、蛋白的稳定性影响等。

第三节 毕赤酵母表达系统的实验操作

毕赤酵母表达外源蛋白的基本操作流程如图 1.7.6 所示，具体的操作步骤请看后文。本书以 pPIC9K 表达载体在 GS115 菌株中表达为例。

> - 将目的基因插入 pPIC9K 毕赤酵母表达载体上
> - 使用内切酶 *Sac* I 或 *Bgl* II 将质粒线性化
> - 用电转化或者其他的方法将线性化的质粒转化到 GS115 菌株中
> - 将转化产物涂布到 His 缺陷的转化板上
> - 转化子在 5′*AOX1* 位点进行单交换或在 *His4* 位点单交换或双交换替换整合
> - 菌落 PCR 鉴定阳性转化子
> - 筛选高表达菌株进行大量表达

图 1.7.6　毕赤酵母表达外源蛋白质的基本操作流程

一、表达质粒线性化

使用 *Sac* I 或 *Bgl* II 二种内切酶中的一种酶（请确保插入的目的基因不含有此酶切位点）对表达质粒进行线性化酶切，这时内切酶会在表达载体 pPIC9K 的 5′*AOX1* 位点处进行酶切。通常酶切体系为 100 μL（确保酶切的质粒大于 5 μg），酶切完成后，通过电泳验证质粒是否被成功酶切。

二、酚/氯仿抽提质粒

（1）酶切完成后将约 100 μL 体系补至 400 μL。
（2）加入等体积的酚/氯仿（酚/氯仿取下层），混匀，4 ℃静置 10 min。
（3）12000 r/min、4 ℃离心，取上层水样转入新管，加入 400 μL 氯仿，混匀。
（4）12000 r/min、4 ℃离心，取上层水样转入新管，加入 500 μL 预冷无水乙醇，置于 −20 ℃ 1 h，4 ℃离心 20 min，去上清液。
（5）加入 250 μL 70% 乙醇，4 ℃离心 20 min，去上清液。
（6）吹干，加入 20 μL ddH$_2$O。

三、酵母感受态的制备及电转

（1）将 GS115 酵母菌划线后挑单菌落接菌于 5 mL YPD（大概能做 10 支），27 ℃，220 r/min，振摇过夜。
（2）培养至 OD$_{600}$ = 2.0（1.8～2.0），一般摇 12～18 h 不会过度生长，500 r/min，4 ℃离心。
（3）加入 2 mL ddH$_2$O，500 r/min 离心，重复 2 次。
（4）加入 0.5 mL 1 mol/L LiCl，0.5 mL 10 × TE（100 mmol/L Tris 7.5，10 mmol/L EDTA），4 mL ddH$_2$O，27 ℃，220 r/min 摇 1 h。
（5）加入 125 μL DTT（1 mol/L），27 ℃、220 r/min 摇 30 min。
（6）500 r/min 离心，去上清液，加 2 mL ddH$_2$O 洗 2 次。
（7）加入 1 mL 1 mol/L 山梨醇，重悬，冰上静置 5 min。

(8) 取 100 μL + 线性 DNA（大于 5 μg）进行电转化，电转杯金属片对两电极，电转杯侧面突起向外，加入 DNA 后，需在冰上放置 5 min（电穿孔电击条件：电压，1500 V；电阻，400 Ω；电容，25 μF；脉冲时间，10 ms，一次电击）。

(9) 加入 1 mL 1 mol/L 山梨醇，洗出至 1.5 mL EP 管中。

(10) 500 r/min 离心，去上清液，加入 1 mL YPD，27 ℃、220 r/min 摇 3 h。

(11) 500 r/min 离心，加入 0.1 mL YPD，涂布在组氨酸缺陷培养基中。

(12) 置于 27～30 ℃ 培养箱培养 2～3 天后平板上会长出转化子。

四、转化子鉴定及试表达

(1) 使用营养缺陷的培养板筛选转化子，待 YPD 板上长出单菌落，用牙签挑取单菌落，在配置好的 PCR 体系管中涮一下，随后进行 PCR 菌落筛选验证，根据结果，转接入含 50 mL BMGY 的小三角瓶中，30 ℃、200 r/min，培养至 OD_{600} 值为 1.0～1.5。

(2) 将小三角瓶中的培养体系转移入 100 mL 离心管，3000 r/min、5 min 收菌。

(3) 沉淀用 BMMY 重悬至 OD_{600} = 0.3（100～200 mL）。

(4) 转移至 500 mL 的大三角瓶中，30 ℃、200 r/min 开始诱导表达培养，间隔时间取出 1 mL 速冻后保存于 -80 ℃，并补充终浓度 0.5% 的甲醇。取样时间点：0 h、12 h、24 h、48 h、72 h、96 h。

(5) 各个时间点取的样离心 1 min，取上清液，将 10 μL 缓冲液加入 30 μL 上清液煮 10 min，离心（13000 r/min，5 min），取 15 μL 进行 SDS-PAGE。

五、蛋白提取

(1) 将诱导表达一定天数的毕赤酵母离心，收取上清液，真空抽滤机抽滤去除菌体，再依据目的蛋白分子大小采用相应孔径的超滤管进行浓缩和除杂。如果提取效果好，分泌的目的蛋白纯度就会很高。

(2) 如果蛋白纯度不能达到后续使用要求，可以进一步通过亲和层析、离子交换层析及分子筛层析等层析柱分离纯化目的蛋白。

第四节 毕赤酵母表达系统存在的问题

尽管毕赤酵母表达系统被认为是极具发展前景的真核表达系统，许多表达产物已被用于临床治疗及预防，但它同样有其局限性。例如：分泌产物的不均一性，包括聚合体的存在、发酵周期较长、易污染，且长时间的发酵不利于外源蛋白的表达；利用易燃的甲醇作为原料，表达产物的卫生安全性需要考虑；筛选药物价格昂贵也给生产应用带来局限；低表达或不表达的例子也在增多；信号肽加工不完全，修饰功能欠完善及内部降解等现象，给外源蛋白的纯化和工业化带来了困难。而且，与安全可靠、背景清楚的酿酒酵母相比，该系统还有以下缺点：

（1）分子生物学研究基础薄弱，要对其进行遗传学改造难度较大。

（2）不是一种食品微生物，发酵时又要添加甲醇，因此，用它来生产药品或食品还没有被广泛接受。

（3）发酵虽然能达到很高的密度，但是发酵周期一般较长。

（4）最重要的一个缺陷就是分泌表达的蛋白在培养基中被自身分泌的蛋白酶降解。由于毕赤酵母多采用高密度发酵，蛋白酶也会随着细胞密度的增高而增高。

第八章 基因表达策略——哺乳动物细胞表达

利用基因工程生产的外源蛋白大多需要用于后续生产及药物治疗，因此表达的蛋白需要具有生物活性，而生产的真核生物蛋白质往往需要翻译后加工才有活性，如蛋白质的糖基化、磷酸化、寡聚体的形成或者蛋白质分子间或分子内二硫键的形成等。原核表达系统缺乏这些翻译后加工及修饰功能，表达的真核蛋白往往无活性，而酵母、昆虫、植物等真核细胞虽然能糖基化，但糖基化的方式及产物与哺乳动物细胞的不一样，如表达产物寡糖链末端多为甘露糖、N-羟乙酰神经氨酸和半乳糖。它们均容易被肝细胞、巨噬细胞表面的受体识别而清除，特别是表达的N-羟乙酰神经氨酸寡糖链，除在人的胚胎期体内存在外，成人一般都不表达，因此对人体可能有免疫原性。相较于原核细胞、酵母及昆虫细胞等宿主细胞，哺乳动物细胞自身具备蛋白折叠和翻译后修饰的功能，且糖基化的方式跟人源的比较接近，其表达的重组蛋白在分子结构、理化性质和生物学功能方面更接近于人源天然蛋白质分子，在表达复杂高等真核生物蛋白时选择哺乳动物细胞表达系统更为理想。目前，已利用哺乳动物细胞表达系统成功表达多种重要的蛋白，如人组织型血纤蛋白酶原激活因子、凝血因子Ⅷ、干扰素、乙肝表面抗原、促红细胞生成素、人生长激素、人抗凝血酶Ⅲ、集落刺激因子等。此外，哺乳动物细胞表达系统在新基因的发现、蛋白质的结构和功能研究中亦发挥了重要的作用。尽管哺乳动物细胞有其他系统无法比拟的优点，但与其他表达系统相比，哺乳动物细胞仍存在表达水平低、技术复杂、成本相对高等问题。目前，研究者正尝试通过各种生物技术手段提高哺乳动物细胞表达量，以降低生产成本。

第一节 哺乳动物细胞表达系统组成

哺乳动物细胞表达系统主要由表达载体和宿主细胞两部分组成。

一、表达载体的结构元件

哺乳动物基因表达载体包括病毒载体和质粒载体两大类。哺乳动物基因表达载体一般包括以下元件：①原核复制和筛选的元件；②在哺乳动物细胞中进行基因转录的元件，即转录启动子、增强子、终止子、poly（A）信号和内含子剪接信号等；③用于筛选转化子的选择标签；④基因表达的调控元件。

（1）原核 DNA 序列：该序列包括能在大肠杆菌中自身复制的复制子、便于筛选重组菌的抗生素抗性基因，以及便于目的基因插入的限制性酶切位点（MCS）。

（2）启动子（promoter）：启动子包含两个识别序列，即 mRNA 转录起始点和 TATA 盒，为引导 RNA 聚合酶在正确起始点转录所必需。其他上游启动子元件位于 TATA 盒上游 100～200 bp 之间，可调节转录的起始频率和提高转录效率。常用的强启动子有 CMV（巨细胞病毒）、SV40（猿猴空泡病毒 40）、RSV（肉瘤病毒）、ADV（腺病毒）、LTR（逆转录病毒长末端重复序列）。

（3）增强子（enhancer）：增强子位于转录起始点上游，增强子可以大幅度地提高启动子转录水平。常用的增强子有 SV40 增强子、CMV 增强子、RSV 增强子、LTR 增强子。

（4）终止子和 poly（A）信号：真核基因 hnRNA 的加工需要 poly（A）信号。在目的基因的 3′端加上 poly（A），外源基因表达水平提高 10 倍以上。常用的 poly（A）信号有 SV40 早期和晚期 poly（A）、牛生长激素基因 poly（A）、人工合成 poly（A）。

（5）遗传选择标记基因。用于从细胞群中筛选转化的细胞。常用的有二氢叶酸还原酶基因（*dhfr*）、新霉素磷酸转移酶基因（*neo*）、胸腺核苷酸基因（*tk*）和次黄嘌呤-鸟嘌呤磷酸糖基转移酶基因（*hgpt*）等抗性基因，以及 ZsGreen、EGFP、RFP、mCherry 等各种荧光蛋白。

除了必需的元件，表达载体还可能包括后续应用于检测及纯化的标签，如 FLAG 标签、HA 标签、c-Myc 标签、GFP 标签等。

二、哺乳动物细胞表达载体类型

根据进入宿主细胞的方式不同，哺乳动物细胞表达载体可分为病毒载体与质粒载体两大类。

（一）病毒载体

病毒载体是以病毒为基础的基因载体，以病毒颗粒的方式，通过病毒包膜蛋白与宿主细胞膜的相互作用使外源基因进入到细胞内。病毒载体的基本特性：①携带外源基因，并能包装成病毒颗粒；②介导外源基因的转移；③具有强启动子驱动外源基因的表达；④对宿主细胞没有致病性。常用的病毒载体有腺病毒（adenovirus，Ad）、腺相关病毒（adeno-associated virus，AAV）、逆转录病毒（retrovirus，RV）、慢病毒（lentivirus，LV）等。四种不同类型的病毒载体各有其特点（表 1.8.1）。

表 1.8.1　四种病毒载体系统的特点

病毒载体系统	病毒基因组	表达方式	包装容量	感染细胞类型	是否整合靶细胞	免疫原性
腺病毒载体系统	dsDNA	瞬时表达	0～5.5 kb	感染分裂和不分裂细胞	否	高
腺相关病毒载体系统	ssDNA	瞬时或稳定表达	<2 kb	感染分裂和不分裂细胞	否	极低
逆转录病毒载体系统	ssRNA	稳定表达	<3 kb	感染分裂和不分裂细胞	是	中等
慢病毒载体系统	ssRNA	稳定表达	<4 kb	感染分裂和不分裂细胞	是	低

（二）质粒载体

哺乳动物细胞表达质粒载体是一类穿梭质粒载体，能够在细菌（大肠杆菌）和哺乳动物细胞中进行扩增。大多数是通过改造细菌质粒而获得，主要是在原核质粒的基础上，插入了一些病毒或其他物种如人的基因表达调控序列。Invitrogen 公司的 pcDNA3.1/His 表达质粒载体（图 1.8.1）是目前应用最多的哺乳细胞质粒表达载体之一，该载体包含如下结构元件：

（1）CMV 启动子：用于外源基因高水平表达，常用于在多种哺乳动物细胞（如 CHO 细胞、HEK293 细胞、BHK 细胞等）中表达重组蛋白或抗体。

（2）牛生长激素（BGH）多聚腺苷酸化信号和转录终止序列：用于终止翻译表达并增强 mRNA 的稳定性。

（3）新霉素（neomycin，*Neo*）抗性基因：由 SV40 早期启动子启动，用于筛选携带质粒的细胞。

（4）便于基因克隆的操作的多克隆位点（MCS）：可以在表达 SV40T 抗原的细胞内复制并选择重组子。

（5）pUC 质粒的复制原点和 *Amp^r* 基因：用于质粒在大肠杆菌中的选择和维持。

与病毒载体通过病毒包装进入受体细胞的方式不同，使用常规的传染方式即可将质粒载体导入受体细胞，操作过程更简单。哺乳动物培养细胞的载体选择取决于外源基因的导入方式及其调控元件。

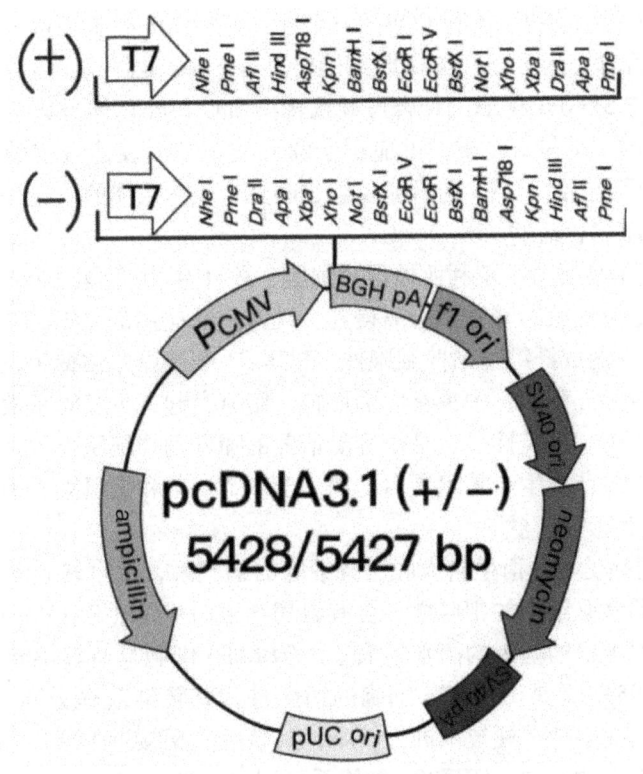

图 1.8.1　pcDNA3.1/His 表达质粒载体图谱

三、哺乳动物细胞基因表达宿主

哺乳动物细胞表达外源蛋白最初是将抗体基因重新导入淋巴细胞中由病毒（如 SV40）或 lgG 的启动子、增强子引导。产生的抗体具有相应的结合能力和效应功能，但表达量很低。现在在常用于基因工程的哺乳动物宿主细胞为非淋巴类细胞，如中国仓鼠卵巢（CHO）细胞、幼仓鼠肾（BHK）细胞、COS 细胞、人胚肾细胞（HEK 293）等。

（一）CHO 细胞

CHO 细胞属于成纤维贴壁细胞，是一种非分泌型细胞，很少分泌内源蛋白，有利于外源蛋白的分离纯化。CHO 细胞可以用于多种复杂重组蛋白的表达，但重组蛋白产量较低，一般仅占细胞蛋白的 2.5%。为提高哺乳动物细胞的蛋白表达量，须选择合适的表达载体和有效的启动子和增强子。目前，重组蛋白生产上通常使用的 CHO 细胞系有 CHO-K1、CHO-DXB11 和 CHO-DG44 三种，以及后续由这三种细胞衍生的细胞系。

（二）COS 细胞

COS 细胞是利用无复制起始点的 SV40 DNA 转染非洲绿猴肾细胞 CV-1 得到的

细胞系，包括 COS-1、COS-3 和 COS-7 三个细胞系。COS 细胞可以和带有 SV40 ori 的表达质粒组成瞬时表达系统。当 COS 细胞转染含 SV40 复制起始位点的质粒后，SV40 复制起始位点与 SV40 T 抗原的结合可导致转染质粒在染色体外大量复制，使外源基因高水平表达 mRNA 和蛋白质。可应用于哺乳动物基因表达调控的研究、快速克隆编码分泌或表面蛋白的 cDNA 的研究及组建的真核表达载体的快速评估等。

（三）BHK-21 细胞

BHK-21 细胞是指幼年叙利亚地鼠肾细胞，1961 年由英国的 Macpherson 等人从 5 只生长 1 天的地鼠幼鼠的肾脏中分离得到。现在广泛应用的 BHK-21 细胞是通过单细胞 13 次克隆建立的成纤维型贴壁细胞株。BHK-21 细胞原始贴壁生长，成纤维细胞胞体呈梭形或不规则三角形，中央有卵圆形核，胞质突起，生长时呈放射状。它具有较强的分裂增殖能力，适应性强，是最容易培养的哺乳动物细胞类型之一。该细胞可用于增殖病毒制作疫苗或生产重组蛋白，如用于口蹄疫苗和重组凝血因子Ⅷ的生产。

（四）HEK293 细胞

HEK293 细胞是一个衍生自人胚胎肾细胞的细胞系，来自转化有人腺病毒（Ad）5 DNA 的人胚胎肾脏细胞的细胞株，含有腺病毒早期基因（*E1A*），可激活带 CMV 启动子的质粒，促进目的基因的高水平表达。HEK293 细胞具有转染效率高、易于培养等特点。HEK293T/17 是 HEK293 细胞的衍生株，其转染效率更高。HEK293 细胞系可通过磷酸钙法等多种常规技术进行转染，其转染效率接近 100%，因此，在基因表达中通常被用作表达宿主。HEK293 细胞系可用于多种研究，如用于研究药物对钠通道的影响、可确定的 RNA 干扰系统和蛋白质中的核输出信号等。

由于不同宿主细胞表达的重组蛋白其稳定性和蛋白糖基化类型不同，在选择表达宿主细胞时，需根据要表达的目的蛋白选择最佳的宿主细胞。

第二节 哺乳动物表达系统的表达方式

外源基因在哺乳动物细胞中表达，根据目的蛋白表达的时空差异，可将哺乳动物细胞表达系统分为瞬时表达（transient gene expression，TGE）系统和稳定表达（stable gene expression，SGE）系统。

一、瞬时表达

瞬时表达即将重组 DNA 导入细胞以使目的基因得到暂时高水平的表达。瞬时表达系统（操作步骤见图 1.8.2）的优点是操作简捷、实验周期短、表达宿主广泛。外源基因转入宿主细胞后不整合到宿主染色体中，因而不随细胞分裂而传代。载体一般在细胞内存在 24～48 h，在这段时间内载体所携带的外源基因在细胞内复制或转录，相应的后续实验也需要在这段时间内完成。瞬时表达多用于启动子和其他调控元件的分析等，在分析结果时，常常用到一些报告系统如荧光蛋白、β-半乳糖苷酶等来辅助检测。此外，瞬时表达系统也可用于少量重组蛋白的生产，受转化效率的影响，瞬时表达系统表达的蛋白一般产量都比较低。应用于瞬时表达的宿主细胞较为广泛，从理论上讲，只要选择正确的转染方法，绝大多数真核细胞，包括细胞株和原代培养细胞，都可被导入外源基因并进行瞬时表达。表达效率高并常用于快速制备少量蛋白质的细胞有 COS 细胞、BHK 细胞和 HEK293 细胞。瞬时表达常用的转染方法有腺病毒转染法、脂质体转染法和电穿孔法等。

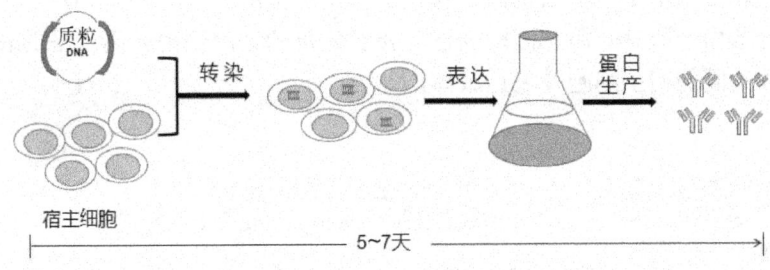

图 1.8.2　瞬时表达步骤

二、稳定表达

稳定表达是指外源 DNA 导入宿主细胞后将外源目的基因整合到宿主染色体上，经过筛选得到稳定表达目的蛋白的细胞株，构建成功的细胞株能够长期稳定地生产大量的目的蛋白。相对于瞬时表达，稳定表达目的蛋白会更持久和稳定，但其操作较为烦琐（操作步骤见图 1.8.3），且需要长时间的筛选，甚至加压扩增，耗时又耗力。构建的稳定表达的外源基因单细胞克隆可用于大规模蛋白质的合成、长期的药理学研究、遗传机制的研究等。适用于稳定表达的细胞系有 CHO 细胞和小鼠骨髓瘤细胞（如 NS0、Sp2/0）、NIH/3T3（小鼠胚胎成纤维细胞）、HEK293 和 HeLa（人宫颈癌细胞）等。稳定转染的高效稳定转染方法主要有反转录病毒转染法、慢病毒转染法、磷酸钙法和电穿孔法等。

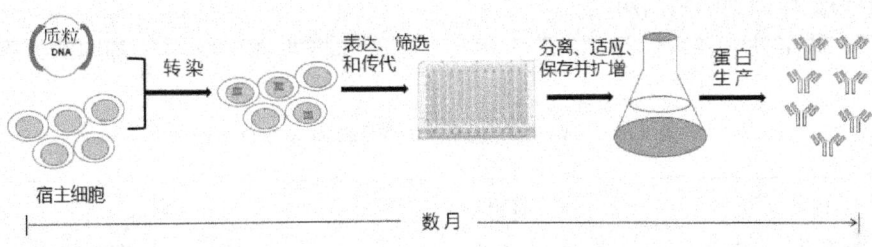

图 1.8.3　稳定表达步骤

三、表达系统的选择

在实验设计时，选择何种表达系统应根据实际需求而定，如根据表达蛋白的需求量、表达蛋白的用途、实验所需时间及对细胞的毒性等。在选定表达系统后，还要选择适配的表达载体和宿主细胞，如选择 BHK/VP16 作为宿主细胞时，表达载体最好选用 HSV 早期启动子驱动目的基因的表达，因为该启动子受 VP16 的转录激活。哺乳动物细胞表达系统中，重组蛋白的表达水平受许多因素的影响。到目前为止，没有一个系统能适用于所有外源基因的表达，要想使目的基因获得较高水平的表达，最好多尝试几种不同的宿主细胞及表达载体。

第三节 哺乳动物细胞转染方法

在哺乳动物细胞表达研究中，将外源基因导入哺乳动物细胞是非常关键的步骤。目前开发了很多转染的新技术和方法，将外源基因导入哺乳动物细胞的方法主要有两大类：一是通过感染性病毒颗粒感染宿主细胞；二是通过非病毒介导的细胞转染方法，如常用的磷酸钙共沉淀法、阳离子脂质体法、DEAE－葡聚糖法、显微注射法及电转法等。下面介绍将外源 DNA 导入细胞的几种方法及优缺点（表 1.8.2）：

（1）磷酸钙共沉淀法：将携带外源基因的质粒与磷酸钙转染液混合，加入宿主细胞培养液中，在磷酸钙介导下使外源基因整合到宿主细胞的基因组中。

（2）阳离子脂质体法：利用阳离子脂质体与带负电的 DNA 依靠静电作用形成脂质体基因复合物，该复合物吸附到细胞表面，再通过与细胞膜融合或胞吞作用进入细胞，最后进入细胞核内进行表达。

（3）DEAE－葡聚糖法：利用带正电的 DEAE（二乙基氨基乙基）－葡聚糖与带负电的 DNA 相互作用形成复合物，通过胞吞作用进入细胞。

（4）显微注射法：利用极细的显微注射针，将外源目的基因片段直接注入细胞中，然后借助宿主基因组序列可能发生的重组、缺失、复制或易位等现象，使外源基因整合到受体细胞的基因组内。

（5）电转法：该方法是在细胞上短暂性地开孔将外源 DNA 导入细胞的过程。

表 1.8.2 哺乳动物细胞非病毒转染方法的比较

转染方法	优点	缺点
磷酸钙共沉淀法	成本低	对实验条件控制要求严格
阳离子脂质体法	简单、有效	对部分细胞不适用
DEAE－葡聚糖法	简单	仅用于瞬时转染

续上表

转染方法	优点	缺点
显微注射法	精确、很有效	成本高、技术难度大
电转法	转化效率高	需要专门的仪器

第四节 提高外源基因在哺乳动物细胞中表达效率的因素

一、构建高效表达载体

构建高效表达载体是提高重组蛋白表达水平的主要手段。外源基因在哺乳动物细胞中的高效表达与表达载体的性质密切相关，表达载体启动子的强度是外源基因高效表达的关键因素之一。一般来说，选择哺乳动物内源性强启动子可获得高效表达，如 CMV、SV40、LTR、ML（金属硫蛋白）等在 CHO 细胞中具有高效的表达效果。还可以通过引入共扩增基因、降低目的基因的位置效应、弱化筛选标记、优化基因排列方式等方法来构建哺乳细胞高效表达载体，从而提高表达效率。

二、改造宿主细胞的特性

高效表达的另一重要因素是宿主细胞，不同宿主细胞特性不同，适用于不同目的基因的表达，因此根据载体和外源蛋白的特性对宿主细胞进行改造或选择新的系统进行表达是非常必要的。目前，在宿主细胞的改造中，过表达抗凋亡基因是一种常用抗凋亡策略，通过提高一种或多种抗凋亡蛋白的表达或活性，可增强细胞在压力环境下的生存能力，提高总活细胞密度，从而增加重组蛋白表达量。

三、提高表达蛋白糖基化水平

哺乳动物蛋白质的一个重要特点是糖基化，而糖基化的方式决定了蛋白质的特性。蛋白质糖基化的方式有两种：N-糖基化和 O-糖基化。一般来说，O-糖基化对蛋白质的特性影响较小，而 N-糖基化对蛋白质影响较大。蛋白质糖基化的方式主要受合成肽链结构、细胞内糖基化酶种类和培养环境等因素的影响。因此，可通过基因工程手段人为地改变肽链结构、增加特定酶基因及改变和控制培养条件等，使表达蛋白的糖基化修饰与天然蛋白尽可能相同。

第五节 哺乳动物表达系统的实验操作

本书以 pEGFP-N1 表达载体在 HEK293T 菌株中表达为例介绍外源基因在哺乳动

物系统中的表达，其实验操作步骤如下。

一、构建穿梭表达载体

首先通过 PCR 或人工合成目的基因，并将目的基因克隆到 pEGFP-N1 表达载体上，构建 pEGFP-N1-gene 重组表达质粒（穿梭表达质粒构建的流程和原核表达载体构建的流程相似）。测定构建好的重组表达质粒浓度，并储存于冰箱 -80 ℃备用。

二、细胞培养及传代

（1）将 HEK293T 菌株复苏培养至对数生长期，弃去培养瓶中的 DMEM 培养基，用 PBS 缓冲液洗涤 2～3 次。

（2）加入 1 mL 0.25% 胰蛋白酶消化细胞，置于 37 ℃、5% CO_2 培养箱中消化 2 min，在倒置显微镜下观察到细胞从培养瓶壁上脱落下来时，用 4 mL 含血清 DMEM 培养基终止反应。

（3）轻轻吹吸使细胞脱离培养瓶底部并完全分散开，将细胞悬液转移至 15 mL 离心管中，1000 r/min 离心 5 min，弃上清液。

（4）用 DMEM 培养基重悬细胞并进行细胞计数，然后调整细胞密度为每毫升 2×10^5 个，混匀细胞后，在 24 孔细胞培养板中接种细胞（每孔 1 mL），放置 37 ℃、5% CO_2 细胞培养箱中培养。

三、细胞转染与检测

（1）细胞铺板。转染前一天进行铺板，细胞培养 24 h 后，待细胞密度为 70%～90% 时进行细胞转染（实验操作流程如图 1.8.4 所示）。转染前，先将 DMEM 培养基更换成无血清培养基 Opti-MEM。

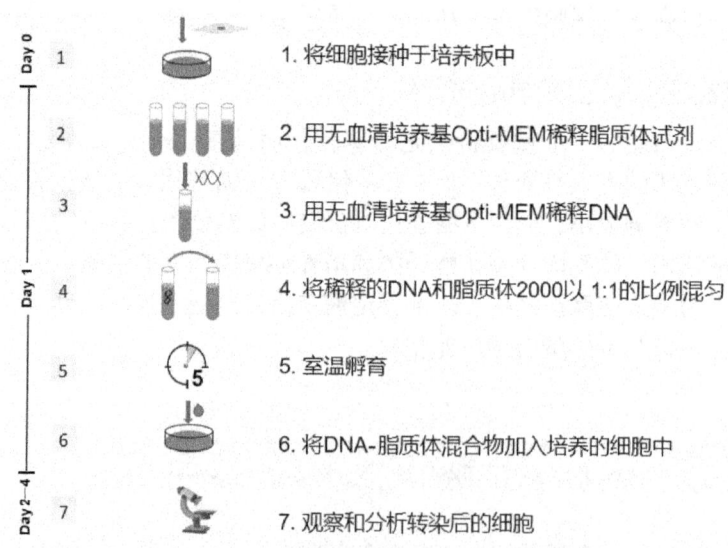

图 1.8.4　Lipofectamine™ 2000 转染步骤流程

(2)质粒 DNA 及脂质体稀释。以 24 孔板一个孔需要用量为例,质粒 DNA 稀释:使用 50 μL 无血清 Opti-MEM 培养基稀释 1.0 μg DNA(根据质粒浓度确定 Opti-MEM 的体积,但要保证总体积为 50 μL);脂质体稀释:使用 50 μL 无血清 Opti-MEM 培养基稀释 1 μL Lipofectamine™ 2000 试剂,脂质体稀释后室温放置 5 min。

(3)将以上的 DNA 稀释液和脂质体稀释液混合,室温放置 20 min。

(4)将以上混合均匀的转染试剂逐滴加入 HEK293T 细胞孔中,轻轻晃动细胞培养板使液体混匀,于 37 ℃、5% 的 CO_2 培养箱中培养,6 h 后将培养基更换成含 10% FBS 的 DMEM 培养基。

(5)在 37 ℃、5% 的 CO_2 培养箱中继续培养 24~48 h。

(6)通过荧光显微镜检测蛋白表达情况、拍照并进行结果分析。

第九章 定点突变

随着基因工程理论和技术的发展，人们已不满足于对天然特异蛋白质的基因克隆、异源表达和分离纯化，逐渐将目光投向对天然蛋白质的改造，希望通过改造获得更多、更稳定、催化效率更高、更具靶向性的工业酶或临床药物。对蛋白质的改造，也称为蛋白质工程，即借助生物信息学分析和计算机辅助设计，在 DNA 分子水平上，通过改变基因的碱基序列对其编码的蛋白质分子进行改造的系统过程。

第一节 体外定点突变

定点突变（site-directed mutagenesis）是蛋白质工程的主要技术之一，指在对一个蛋白质的结构和功能有一定了解的前提下，按预定设计，对其编码基因的特定位点进行碱基替换、删除或插入操作，最终改变该蛋白质的结构与功能的技术。相比于传统化学诱变技术的突变频率低和随机突变，该技术具有特异性高、可重复性高的优势。应用该技术，可帮助我们确定维持蛋白质空间结构和活性的关键氨基酸残基，深化关于蛋白质一级结构—高级结构—功能三者间对应关系的理解。在此基础上，应用定点突变技术对某一蛋白质或酶的编码基因进行特异性改造，使其表达量、结构稳定性或催化效率等性能提升，更适于工业生产或临床应用。体外定点突变主要有以下方法。

一、局部随机掺入法

该方法首先利用限制酶酶切，使待突变基因的上下游形成黏性末端；其次，用大肠杆菌核酸外切酶Ⅲ（ExoⅢ）末端特异性降解 3′ 凹陷末端，在待突变基因上产生单链区域，单链区域大小可通过酶切时间控制；再次，用 Klenow 酶补平单链，并在补平过程中掺入一种脱氧核糖核苷酸结构类似物；最后，在 DNA 体内复制过程中，由于该结构类似物引起的碱基错配，从而导致待突变基因发生位点突变（原理如图 1.9.1 所示）。此方法产生的突变体一般含有几对突变碱基，突变区域取决于 ExoⅢ 降解的程度。另外，由于该方法需要待突变基因上下游紧邻限制酶酶切位点，故一般需要先进行基因克隆。

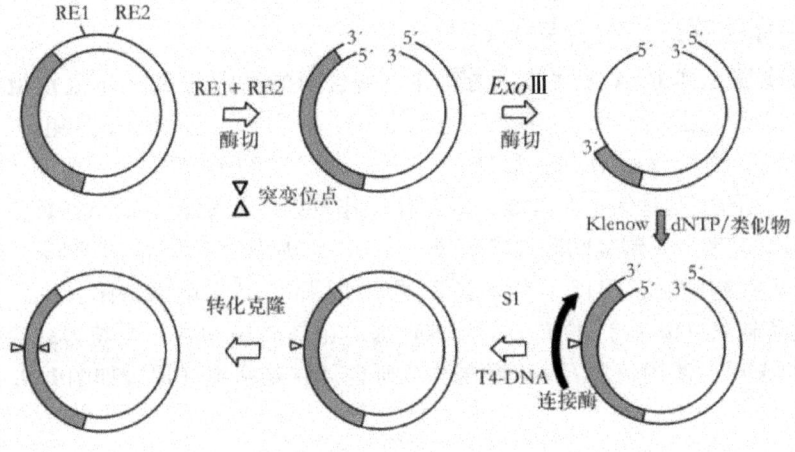

图 1.9.1　局部随机掺入法

二、部分片段合成法

利用一段人工合成的含有突变序列的双链寡核苷酸片段，取代野生型基因中的对应序列（原理如图 1.9.2 所示）。若合成的寡核苷酸链为简并寡核苷酸链，则可获得局部序列或位点高度多样化的突变文库。该方法适用于待突变位点两侧有合适的限制性核酸内切酶识别位点的情况，尤其当多个待突变位点集中分布在某区域时。

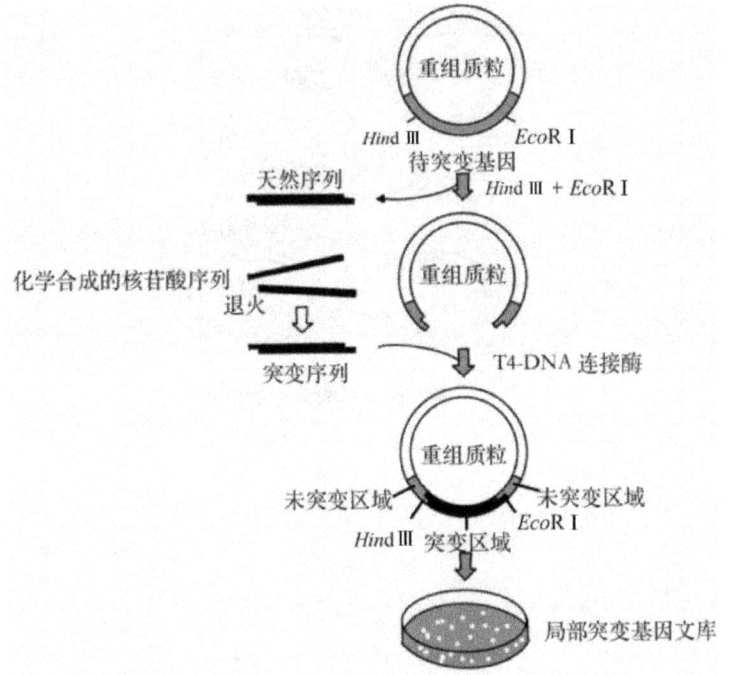

图 1.9.2　部分片段合成法

三、寡核苷酸引物介导的定点突变

以 M13 噬菌体 DNA 为载体，构建并制备含目的基因的 M13 单链重组 DNA；人工合成与待突变区域互补且含突变碱基的寡核苷酸引物，启动单链重组 DNA 复制产生含突变碱基的新双链 DNA；后转染并筛选出成功的突变体（原理如图 1.9.3 所示）。该方法的优点是保真度较高，但存在操作复杂、周期长等缺点。该方法理论上可获得 50% 携带突变碱基的阳性噬菌斑，实际操作中阳性率通常低于 5%。为了提高阳性率，可在构建制备 M13 重组单链阶段，使用 dUTP 水解酶缺陷（dut^-）和尿嘧啶糖基化酶缺陷（ung^-）的 E. coli 菌株作为噬菌体转染宿主；在获得含突变碱基的新双链 DNA 后，使用正常 E. coli 菌株作为噬菌体转染宿主（原理如图 1.9.4 所示）。

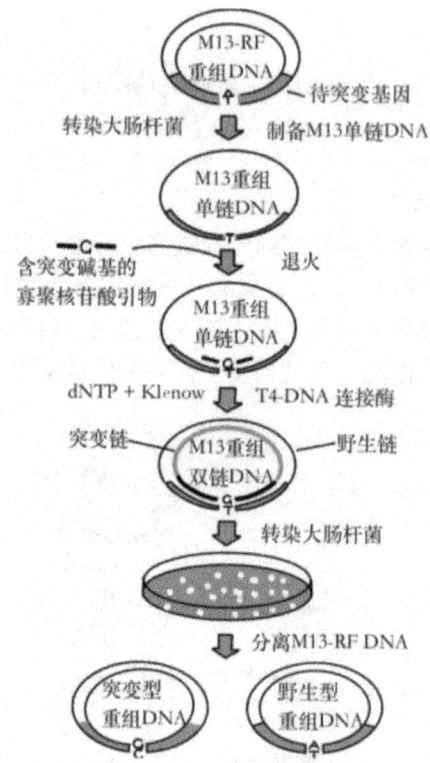

图 1.9.3　寡核苷酸引物介导的定点突变

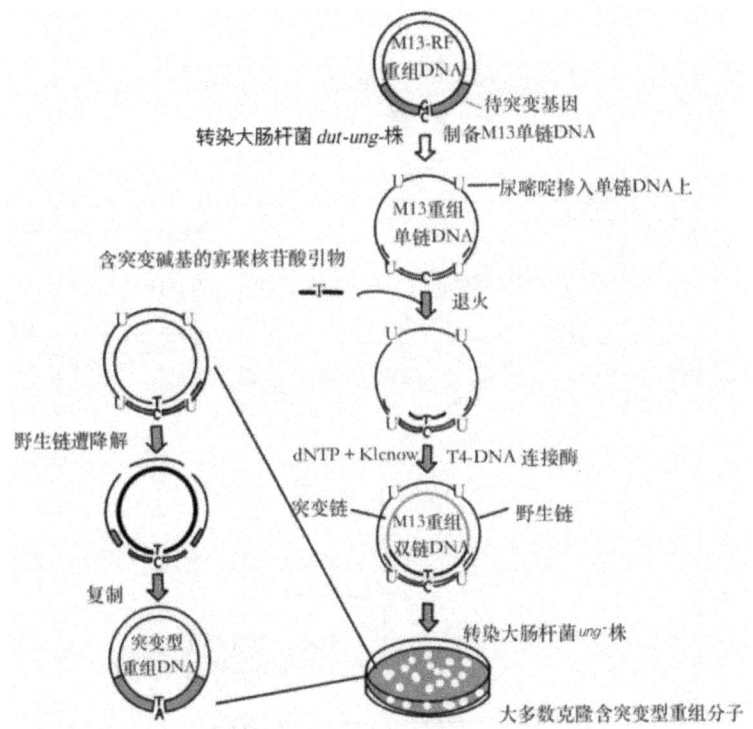

图 1.9.4 寡核苷酸引物介导的突变分子富集

四、PCR 介导的定点突变

根据待突变区域设计含突变碱基的引物,再通过 PCR 扩增将突变碱基引入 PCR 产物中。其具有突变效率高、操作简单、成本低廉等优点,是目前最常用的体外定点突变技术,并衍生出多种方法。

(一) 重叠延伸 PCR (overlap extension PCR, OE-PCR) 法

重叠延伸 PCR 法(原理如图 1.9.5 所示)主要流程为:设计 4 条引物,其中引物 1 和引物 4 为外侧引物,扩增完整目的基因,引物 2 和引物 3 为含突变碱基且部分互补的突变引物;分别用引物 1 和引物 2、引物 3 和引物 4 扩增获得两个含突变碱基且部分重叠的短 PCR 产物;两个 PCR 产物混合后经变性、退火,二者通过末端互补区结合并互为引物,在 DNA 聚合酶作用下延伸得到含突变碱基的完整基因;最后用引物 1 和引物 4 扩增该突变基因。由于完全互补链的竞争,使得两个中间 PCR 产物间通过末端互补形成杂交分子的效率较低;可通过引入不对称 PCR 产生单链中间产物,降低互补链的竞争,提高阳性率。

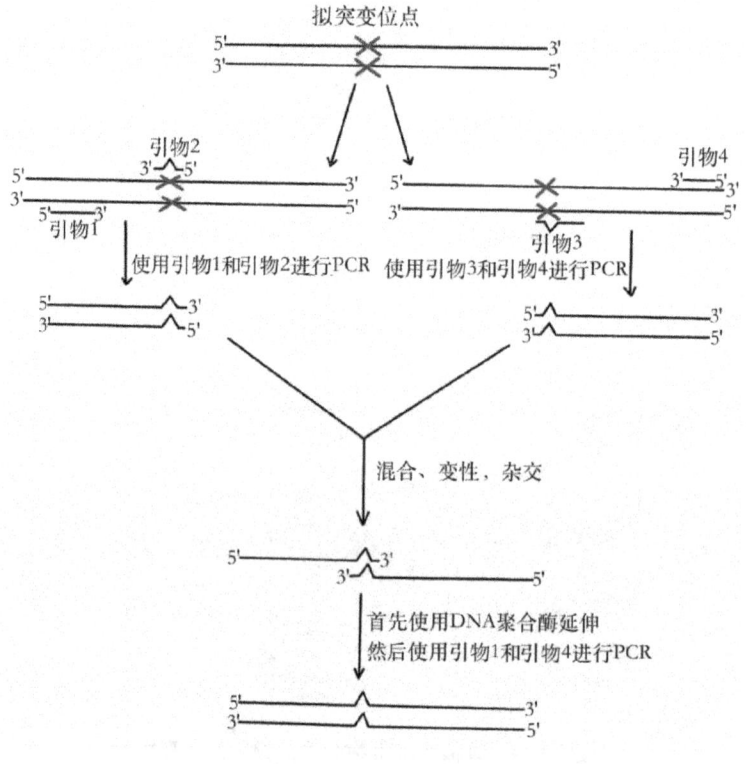

图 1.9.5　重叠延伸 PCR 法

（二）大引物 PCR（megaprimer PCR）法

该法通过 3 条引物进行两轮 PCR 以进行定点突变。3 条引物分别为常规上、下游引物及突变上游引物，第一轮 PCR 用突变上游引物和常规下游引物扩增获得较短的 PCR 产物，第二轮 PCR 以常规上游引物和短 PCR 产物单链扩增得到含突变序列的全长片段。环状质粒扩增法，即利用一对含突变序列的引物，分别反向扩增重组质粒，获得含突变序列的线性 DNA，再将线性 DNA 环化得到突变型重组质粒。此法适用于已完成野生型基因重组质粒构建的情况，可省去定点突变后的基因克隆步骤。

根据引物设计策略的不同，该法又分为以下两种：

（1）一种是设计一对 5′端邻接含突变序列的反向引物，以重组质粒为模板扩增得到线性 PCR 产物，对 PCR 产物进行末端平滑和 5′端磷酸化处理后，在 T4 连接酶作用下自身环化，最后转化并筛选出含突变型重组质粒的阳性克隆（原理如图 1.9.6 所示）。

（2）另一种是 Stratagene 公司开发的 QuikChange 定点突变法，设计一对含突变序列的完全或部分互补的反向引物，以重组质粒为模板扩增得到带缺刻的开环突变质粒，Dpn I 限制性核酸内切酶消化残留的甲基化模板，最后开环突变型重组质粒转化到 E. coli 中缺刻得到修复（原理如图 1.9.7 所示）。

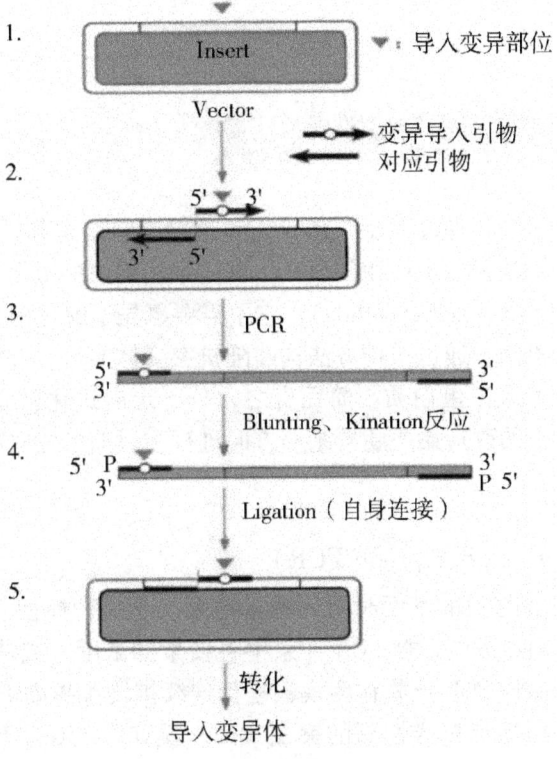

图 1.9.6　大引物 PCR 法之一

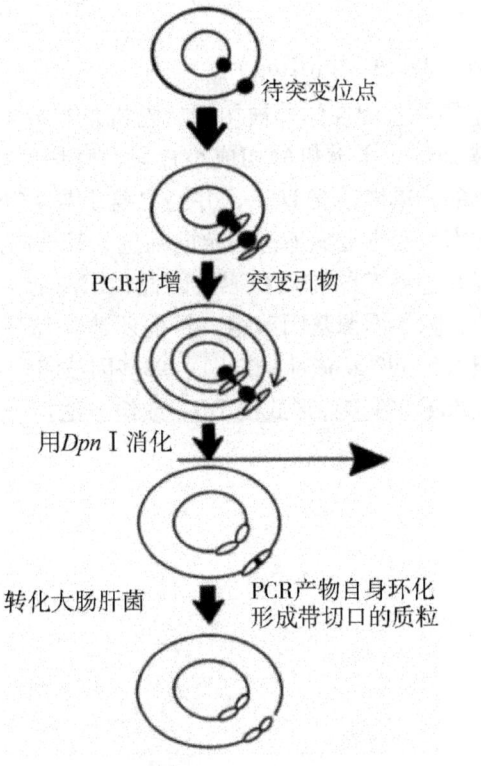

图 1.9.7　大引物 PCR 法之二

 第二节 分子定向进化

体外定点突变是一种理性突变,是研究和改造已知结构和功能的蛋白质的技术。对于结构与功能未知的蛋白质或酶的研究,则应采用另一种蛋白质工程技术,即分子定向进化(molecular directed evolution)。它不需要事先了解蛋白质结构与功能,在实验室模拟自然进化机制,通过多种方法构建随机突变体文库,并根据需求进行筛选以获得具有所需特性的人工蛋白质。简而言之,分子定向进化就是随机突变加定向筛选,使对蛋白质分子的改造始终朝着某一方向进行。目前已建立起多种分子定向进化的方法。

一、易错PCR(error-prone PCR)

易错PCR指在扩增目的基因时引入碱基错配,是一种简便、高效制造随机突变的方法。其原理是通过改变常规PCR体系中各要素的浓度,或使用低保真度的DNA聚合酶,或使用上一轮PCR产物作为模板进行连续扩增等提高PCR过程中碱基错配概率,从而获得基因序列多样性高的突变文库。例如,PCR扩增反应最常用的Taq DNA聚合酶是所有已知DNA聚合酶中掺入错误碱基概率最高的,错误率在$0.1 \times 10^{-4} \sim 2 \times 10^{-4}$之间。

二、DNA改组(DNA shuffling)

DNA改组指一组同源基因在体外被切割后随机重组成新基因(图1.9.8)。其原理是一组同源基因被DNase I随机酶切成小片段,酶切产物经变性、退火后,末端碱基互补的片段形成部分单链杂交DNA,并经自身引导PCR延伸重新组装成各种新的基因,形成突变文库。对突变文库进行定向筛选,筛选出的有益突变体又可参与新一轮改组,由此实现有益突变的有效积累。因此,DNA改组是一种获得性能优异的新蛋白质的有效方法,除了同源基因改组,目前还建立起基因组改组(genome shuffling)、家族基因改组(family gene shuffling)、单基因改组(single gene shuffling)、外显子改组(exon shuffling)等多种形式的DNA改组方法。

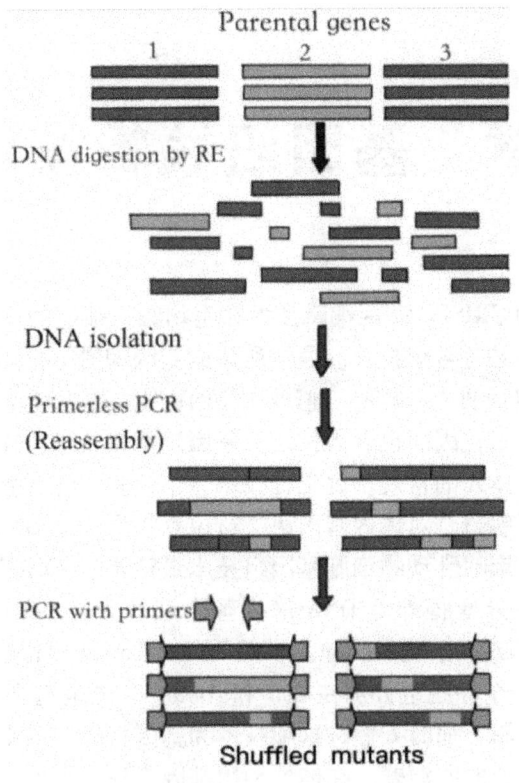

图 1.9.8　DNA 改组

除了上述方法，目前已建立的分子定向进化方法还有体外随机引发重组、交错延伸、过渡模板随机嵌合生长、同源序列非依赖性蛋白质重组等。

分子定向进化的前期工作致力于构建具有多样性 DNA 序列的突变文库，容量巨大的突变文库对后期的定向筛选提出了挑战。因此，针对改造目标建立高通量的筛选模型是分子定向进化成败的关键。除了传统的抗性筛选、营养筛选，近年来还建立了多种高通量、超高通量筛选技术，如基于体外无细胞翻译体系的核糖体展示技术、mRNA 展示技术、细胞表面展示技术和噬菌体表面展示技术等。这些筛选技术结合各种多孔板、多通道、多波长的检测仪器，极大提高了筛选效率。

第十章 基因组编辑技术简介

随着简单易行的 CRISPR 基因编辑技术在生物医药领域的广泛应用,基因编辑技术正在成为实验室的必备常规技术。通常所说的基因编辑是指对体内基因组特定位点进行有目的修饰(包括插入、删除、修改 DNA 序列)的一种基因工程技术,更准确地说应该是编辑基因组,因而也有人称之为基因组编辑技术,在此我们姑且称之为基因编辑技术。不同于体外的常规基因工程技术,也不同于外源基因随机整合到基因组的转基因技术,基因编辑是对体内基因组进行位点特异性改造的技术。

位点特异性的修饰哺乳动物细胞基因组技术最初始于 20 世纪 80 年代,一些科学家利用同源重组来特异地将外源 DNA 序列整合到基因组。代表性的科学家是获得 2007 年诺贝尔生理学或医学奖的犹他大学的 Mario Capecchi 和威斯康星大学的 Oliver Smithies,1987 年,2 个课题组分别在 *Cell* 和 *Nature* 杂志报道在小鼠胚胎干细胞中成功实现小鼠基因组编辑,那时人们称这项技术为基因打靶。通常的方法是在要编辑的序列两侧设计 2 个较长的同源臂,在体外利用基因工程技术构建带有 2 个同源臂的模板质粒 DNA,然后将这个模板 DNA 导入到细胞内,利用体内同源重组修复系统编辑目标区域的 DNA 序列。哺乳动物细胞同源重组的效率极低,为了更好地筛选基因编辑成功的细胞,需要将筛选标记(抗性基因)加入 2 个同源臂之间,以便最后利用抗性来筛选。为了提高同源重组效率,那时的科学家们在同源臂长度、DNA 导入技术等各方面进行优化,然而这些优化并没有显著地改善基因打靶的效率。

在 20 世纪 90 年代,约翰·霍普金斯大学的 Srinivasan Chandrasegaran 课题组在对限制性核酸内切酶 *Fok* I 研究中,发现了其 DNA 结合和核酸内切酶分别属于 2 个独立的结构域,将该酶活性结构域与来自转录因子的 DNA 结合结构域融合后能切割 DNA 结合结构域识别区域的 DNA 序列。既然可以通过重构来改变核酸内切酶识别序列的特异性,那寻找 DNA 结合结构域的目光自然就落到在当时研究较充分的锌指结构域。锌指核酸酶(zinc finger nucleases)可以说是第一代人工设计的基因编辑工具酶(图 1.10.1)。锌指核酸酶在组成上包含人工设计的 DNA 结合结构域——锌指结构域,1 个锌指结构域识别并结合 3 个碱基对;另一部分为核酸内切酶活性结构,来源于限制性核酸内切酶 *Fok* I 的活性结构域。由于 *Fok* I 结构域以二聚体的形式发挥功能,通常需要设计一对锌指核酸酶以尾对尾的形式发挥功能。科学家发现利用人工构建的锌指核酸酶切割靶点 DNA 后,在模板 DNA 存在的情况下能将切割位点附近 DNA 重组效率提高几个数量级。随后,利用锌指核酸酶来提高基因打靶效率在多个物种中得到证实。科学家们在胚胎中仅利用锌指核酸酶就能极其高效地突变靶点位置的

DNA 序列，如果靶点位置位于编码区，这样就可以使编码区发生移码突变而失活基因。锌指核酸酶高效地在多种物种中成功实现基因编辑，然而锌指核酸酶技术的缺点也很明显，就是构建难度较大，而且在体内的基因编辑成功率并不高。即使这样，也必须承认锌指核酸酶的发明及其在基因编辑中的成功应用促进了后续基因编辑工具的开发和应用推广。

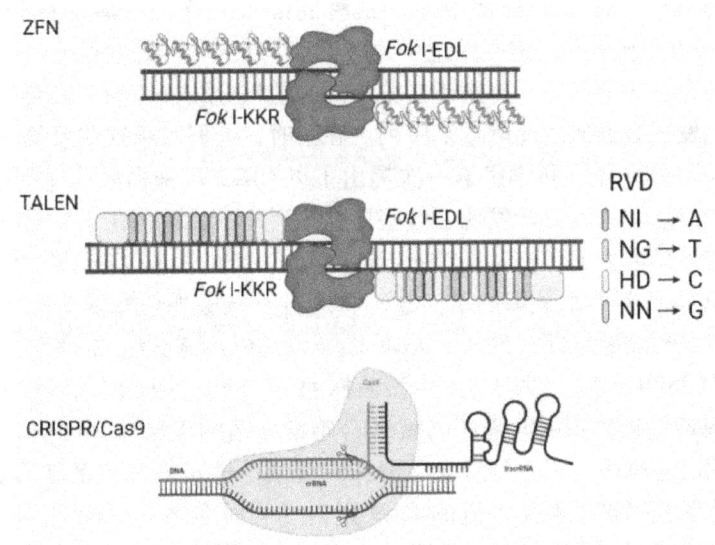

图 1.10.1　几种不同的基因编辑技术

　　类转录活化因子核酸酶可以算是第二代基因编辑工具。类转录活化因子是一类在植物致病菌（黄单胞菌属）中感染宿主时分泌到植物细胞中的蛋白质，具有调节宿主细胞基因表达从而有助于细菌感染的作用。研究发现，这类蛋白质中含有 31～34 个氨基酸为单位的串联重复序列，在每个重复序列的第 12 和第 13 位氨基酸序列具有多态性，因而这 2 个氨基酸也被称为重复序列可变两碱基（repeat variable di-residue，RVD）。2009 年底，发表于同一期 Science 的两篇文章均报道了对类转录活化因子串联重复结构与 DNA 结合之间的关系解析。研究发现串联重复结构由一个序列保守的 34 个氨基酸单元重复组成；串联重复序列 C 端最后一个单元只保留 20 个氨基酸，也称为半个重复单元；1 个重复单元识别 1 个碱基，其中的 RVD 具有碱基识别的偏好性，如 HD 主要识别 C 碱基，NI 主要识别 A 碱基，NG 主要识别 T 碱基，NN 可以识别 G 和 A 碱基；通常识别序列外侧 5′端为一个 T。这样一种碱基识别模块化结构域及其对应关系一经解析，很快被用于人工设计核酸酶构建。与第一代锌指核酸酶类似，类转录因子 DNA 结合结构域同样与 Fok I 限制性内切酶活性结构域融合形成融合蛋白，正常工作需要一对人工设计核酸酶尾对尾来发挥功能。Danial Voytas 课题组构建的 Golden Gate 组装 TALEN，在普通的分子生物学实验室用 1 周左右的时间就能构建好 1 对可用的 TALEN。相比于锌指核酸酶构建的周期长、花费大和技术难度大，TALEN

在各个方面显著的优于锌指核酸酶，在当时，众多实验室转而利用 TALEN 来进行基因编辑。短时间内在包括人的胚胎干细胞在内的多个物种中均有研究利用 TALEN 成功实现基因编辑的报道。2011 年，锌指核酸酶与 TALEN 共同被 *Nature Methods* 评为 2011 年度技术。

CRISPR 英文字面上的意思是有规律的成簇间隔短回文重复序列，早在 20 世纪 80 年代，日本科学家在大肠杆菌中发现这种间隔重复序列。后来在分枝结核杆菌（*Mycobacterium tuberculosis*）的基因组中也发现类似的间隔重复序列，并且发现这些间隔重复序列在进化上保守，可用于区分不同的结核分枝杆菌株。紧接着，科学家们在古细菌中也发现有类似的间隔重复序列。在当时，人们对于这些重复序列能发挥的功能一无所知。2002 年，科学家第一次提出了以 CRISPR 来命名这些间隔重复序列，他们利用生物信息学手段分析发现在这些重复序列临近位置存在 4 个蛋白质的编码基因序列，这些被命名为 *Cas*（CRISPR-associated）基因，根据 *Cas* 基因编码蛋白质结构分析，发现 Cas3 具有解旋酶的结构域，Cas4 具有核酸外切酶的结构域。后来科学家用噬菌体侵染嗜热链球菌（*Streptococcus thermophilus*），获得了抗噬菌体菌株，通过分析其中的 CRISPR 序列，发现与野生型菌株的 CRISPR 序列相比，其中出现了新间隔序列（spacer）。这些新的间隔序列就来自感染细菌的噬菌体基因组。人为地将带有噬菌体序列的间隔序列引入到野生型菌株中可使菌株获得抗噬菌体的抗性。同时，发现这种抗性的获得也依赖于临近的 Cas9 蛋白（当时命名为 Cas5）。对获得的抗噬菌体菌株中的众多间隔序列与噬菌体基因组序列比较发现，噬菌体基因组中与细菌中的间隔序列相同的序列被称为原间隔序列，噬菌体中原间隔序列临近位置的 DNA 序列具有保守性，随后这些序列被命名为原间隔序列临近结构域（proto-spacer adjacent motif, PAM），PAM 也是 CRISPR 系统区分自我和非我的关键因素。Virginijus Siksnys 课题组于 2011 年报道 Cas9 是 CRISPR-Cas 系统切割噬菌体和外源质粒 DNA 的关键蛋白质。同年，Emmanuelle Charpentier 与同事们在研究酿脓链球菌（*Streptococcus pyogene*）中发现了 tracrRNA，其与 crRNA 通过 24 nt 碱基互补配对结合，并指导了 crRNA 的成熟。接着，Emmanuelle Charpentier 课题组联合 Jennifer A. Doudna 课题组报道了可以重编核酸内切酶 CRISPR-Cas9，在 crRNA 与 tracrRNA 的指导下，Cas9 发挥核酸内切酶的活性切割双链 DNA，同时也将 crRNA 与 tracrRNA 工程化连载一起形成有功能的 sgRNA；同时 Virginijus Siksnys 课题组在美国科学院院刊 *PNAS* 发表了相类似的结果，证明 Cas9 与 crRNA 结合，在 crRNA 指导下 Cas9 上的 HNH 和 RuvC 结构域分别切割双链 DNA 中的一条链，切割位点在 PAM 序列上游 3 bp 的位置。这两篇最初的报道都只是在体外的实验室中验证了 CRISPR-Cas9 在体外具有核酸内切酶的活性，只不过 2 个 Cas9 来自两种不同的微生物。至此，CRISPR-Cas9 系统如何发挥作用已经基本明确。2013 年年初，Feng Zhang 和 Geoge Church 两个课题组分别报道了利用 CRISPR-Cas9 在哺乳动物细胞实现高效基因编辑。Feng Zhang 课题组建立哺乳动物细胞表达 CRISPR-Cas9 系统的载体，构建更加简便，可以在几天内顺利拿到所需质粒，这种比 TALEN 更加简便的组装方法更受大家欢迎，也吸引了更多的科学家进入 CRISPR 基因编辑领域，也给这项技术带来许多的革新，如挖掘获得同样具有编辑能力的 Cas12a 和具有 RNA 编辑能力的 Cas13a，基于 CRISPR 技术的碱基编辑器（base editor）、先导编辑（prime editor）等。

总的来说，作为第三代的基因编辑工具酶，CRISPR-Cas9 基因编辑工具主要包含 2 个组分——Cas9 蛋白和其中的 sgRNA，这里的 sgRNA 就是组合了 tracrRNA 和 crRNA 两种组分，其中的 crRNA 通过碱基互补配对识别靶向 DNA 序列。Cas9 蛋白和 sgRNA 形成蛋白核酸复合体在体内通过 PAM 序列打开双链 DNA，当 sgRNA 中的 crRNA 与 DNA 中的反义链互补配对结合后，核酸蛋白复合物中的 Cas9 蛋白发挥核酸内切酶的活性切割双链 DNA，从而造成双链 DNA 的断裂。双链 DNA 的断裂激活体内的 DNA 损伤修复系统，在没有模板 DNA 存在的情况下，高效的非同源重组的末端连接修复（NHEJ）会将断裂的 DNA 重新连接，但是 NHEJ 修复的同时也是易错的修复，容易在断裂位点造成碱基的缺失或者插入突变（InDel）；在供体 DNA 存在的情况下也能激活同源重组修复，以供体 DNA 为模板修复，从而实现基因组有目的的编辑。因此，可单独利用基因编辑工具酶来实现目的基因的靶向失活，将基因编辑工具酶与供体 DNA 一起来敲入，精准编辑基因组 DNA 序列。

随着基因编辑技术的发展及其在生物医药领域的应用，基因编辑技术也渐渐走进了大众的视野，特别在 2019 年基因编辑婴儿的出生激起社会舆论的一片哗然，也引发了人们对新兴科学技术应用伦理的讨论。近年来，基因编辑技术在治疗 β-地中海贫血等疾病的临床试验中成功，激起人们对基因编辑技术用于疾病治疗领域的应用前景的憧憬和期待。

第二部分 | 基因工程基础实验

实验1　真核生物基因组 DNA 的提取

实验目的

掌握蛋白酶 K – 苯酚抽提法提取基因组 DNA 的原理和实验操作。

实验原理

制备基因组 DNA 是研究基因结构和功能、克隆目的基因的必要步骤。真核生物的基因组 DNA 主要存在于细胞核中,与蛋白质结合组装成致密的染色体。基因组 DNA 提取通常包含两个步骤:细胞及细胞核裂解,DNA 释放;DNA 和蛋白质、多糖、RNA 等其他生物大分子及脂类的分离纯化。在提取过程中既要保证 DNA 的纯度,又要保证 DNA 分子的完整性。

细胞裂解的方法有超声裂解、匀浆裂解、均质仪裂解、反复冻融等机械裂解法,溶菌酶、蛋白酶、去污剂等化学法和酶法。实验中,需根据原材料特征选择合适的细胞裂解方法;同时,同一种原材料采用不同裂解法所得到的 DNA 分子大小有所不同,为获得大分子量 DNA,一般采用化学法和酶法温和裂解细胞。DNA 分离纯化的方法有酚/氯仿抽提法、高盐沉淀法、柱式离心法和磁珠吸附法等。酚/氯仿抽提法操作烦琐,对人体有毒副作用和致癌风险,但所得 DNA 纯度较高且稳定;与酚/氯仿抽提法相比,高盐沉淀法试剂对实验者危害小,但所得 DNA 的纯度较低,且不同样品间、不同批次间的纯度差异较大;相比于前两者,柱式离心法操作简便,安全无毒,所得 DNA 纯度高且稳定;磁珠吸附法除了具备柱式离心法的优点,还搭配全自动核酸提取仪,可实现高通量操作,在临床应用、公共卫生领域有着无可比拟的优势。不同的实验,对基因组 DNA 的浓度、纯度和完整性要求不同;因此,我们应在满足实验目的的前提下,尽可能选择高效、成本低、安全无毒的提取方法。

本实验以小鼠肝组织 DNA 提取为例学习 DNA 的提取。动物组织中大量的脂肪和蛋白质为其 DNA 的提取带来了很大的难度,蛋白酶 K – 苯酚抽提法是经典的动物组织 DNA 提取方法。充分分散好的组织细胞,在强阴离子去污剂 SDS 和蛋白酶 K 的共同作用下,细胞膜和核膜的磷脂双层结构被溶解,蛋白质变性水解,基因组 DNA 与结合其上的组蛋白分离而溶于溶液中;再加入酚/氯仿进行抽提,变性蛋白质和脂类溶于有机相中,经离心去除;最后溶于水相的 DNA 经乙醇沉淀回收。提取过程中为避免 DNA 降解,裂解液中应加入 EDTA 等二价阳离子螯合剂抑制 DNase 活性;为提高 DNA 纯度，也常加入 RNase A 去除 RNA 污染。此法所得的 DNA 样品，适用于基因组文库构建、Southern blot 分析、RFLP 分析和 PCR 扩增。

嘌呤和嘧啶含有共轭双键，因此 DNA 和 RNA 在紫外波段有较强的光吸收，中性条件下，最大吸收峰在 260 nm 处。$A_{260} = 1.0$ 时，相当于样品中双链 DNA 浓度为 50 μg/mL，或单链 DNA/RNA 浓度为 40 μg/mL。蛋白质的紫外吸收峰在 280 nm 处，因此，利用 A_{260}/A_{280} 可判断样品的纯度，DNA 样品 A_{260}/A_{280} 应在 1.6～1.8 之间，RNA 样品 A_{260}/A_{280} 应在 1.8～2.0 之间。利用 A_{260}/A_{230} 可判断样品除盐是否干净，合格样品 A_{260}/A_{230} 应大于 2。

实验用品

（一）器材

台式高速离心机、手持电动匀浆器、核酸检测仪、水平电泳系统、凝胶成像仪、微量移液器、通风橱、水浴箱、分析天平、无菌吸头、无菌 EP（Eppendorf）管、制冰机、手术剪、镊子。

（二）试剂

(1) 生理盐水：0.15 mol/L NaCl，121 ℃高压灭菌 20 min。

(2) 裂解缓冲液：10 mmol/L Tris-HCl，0.1 mol/L EDTA，pH 8.0。121 ℃高压灭菌 20 min。

(3) 10% SDS：称取 10 g SDS 粉末于烧杯中，加 80 mL ddH$_2$O 并加热溶解，后定容至 100 mL。

(4) 蛋白酶 K（20 mg/mL）。

(5) Tris 饱和酚-氯仿-异戊醇（25∶24∶1）。

(6) 氯仿-异戊醇（24∶1）。

(7) 3 mol/L 乙酸钠（pH 5.2）。

(8) 冰无水乙醇和 70% 乙醇。

(9) TE 缓冲液：10 mmol/L Tris-HCl，1 mmol/L EDTA，20 μg/mL RNase A，pH 8.0。

(10) 其他试剂：琼脂糖，TBE 电泳缓冲液，分子标记（DNA Marker），核酸染料。

（三）材料

小鼠肝组织。

实验步骤

（一）组织匀浆、细胞裂解

(1) 用生理盐水清洗新鲜肝组织 2 次后，剪碎，称取 50 mg 至无菌 2 mL EP 管中；加入 425 μL 裂解缓冲液。

(2) 置于冰上，用手持电动匀浆器匀浆至无明显组织块（匀浆产热，注意间隔操作，如匀浆 5 s，停 5 s）。

（3）加入 25 μL 10% SDS（终浓度 0.5%）和 2.5 μL 20 mg/mL 蛋白酶 K（终浓度 100 μg/mL），充分混匀后，56 ℃水浴 3 h，其间每隔 30 min 颠倒混匀。

（二）DNA 的分离纯化

（1）溶液冷却至室温，加入等体积酚–氯仿–异戊醇，缓慢颠倒数分钟至形成乳浊液，无明显相分离，5000 r/min 离心 10 min。

（2）吸取上层水相至新 EP 管中，加入等体积氯仿–异戊醇，缓慢颠倒数分钟至形成乳浊液，5000 r/min 离心 10 min。

（3）吸取上层水相至新 EP 管中，加入 1/10 体积的 3 mol/L 醋酸钠和 2 倍体积冰乙醇，上下颠倒 6~8 次混匀，室温放置 20 min。

（4）12000 r/min 离心 10 min，弃上清液。

（5）加入 1 mL 70% 乙醇洗涤沉淀，12000 r/min 离心 1 min，弃上清液。重复 1 次。

（6）室温干燥 5~10 min，此时沉淀变透明（干燥时间不能过长，完全干燥的 DNA 很难溶解）。

（7）加入 50~100 μL TE 缓冲液，充分溶解 DNA。于 –20 ℃储存待用。

（8）DNA 的检测：以 0.6%~0.8% 琼脂糖凝胶电泳检测 DNA 分子的完整性；以核酸检测仪测 DNA 的纯度和浓度。

注意事项

（一）DNA 得率低

（1）组织匀浆或细胞裂解不彻底。提高组织与裂解液的质量体积比，延长 56 ℃水浴时间。

（2）在满足下游实验要求前提下，可减少抽提步骤。

（3）最后得到的 DNA 沉淀未完全溶解。可于 55~60 ℃孵育 5~10 min 促溶。

（二）DNA 降解

（1）DNase 污染。检查裂解液中 EDTA 浓度是否达到有效浓度（0.1 mol/L）。

（2）机械剪切力。细胞裂解后的每一步操作要轻柔，避免振荡造成对 DNA 的机械剪切力；所用移液器吸头最好预先剪掉尖头部。

（三）DNA 纯度低

蛋白质污染。进行有机试剂抽提操作时，小心取上层水相，宁可浪费一点，也绝不能吸到中间层和下层有机相。

实验 2　哺乳动物细胞总 RNA 和 mRNA 的提取

实验目的

（1）掌握 Trizol 法提取总 RNA 的原理和实验操作。
（2）掌握 oligo（dT）-磁珠法分离纯化 mRNA 的原理和实验操作。

实验原理

基因的表达和调控研究、各种非编码 RNA（ncRNA）的生物学功能研究，都需要先从组织或细胞中提取 RNA。所提取 RNA 的质量，是 cDNA 文库构建、逆转录 PCR（reverse transcription PCR，RT-PCR）、实时定量 PCR（real-time quantitative PCR，RT-q-PCR）、RNA 印迹法（Northern blotting）等后续实验成败的关键。总 RNA 提取的方法有多种，包括异硫氰酸胍-氯化铯超速离心法、盐酸胍-有机溶剂法、氯化锂-尿素法、热酚法、Trizol 法等。本实验采用 Trizol 法提取真核细胞总 RNA。

Trizol 试剂是异硫氰酸胍、水饱和酚等试剂的混合液，其中异硫氰酸胍是强变性剂，可裂解细胞，使 RNA 与核蛋白解离并被释放到溶液中；同时，异硫氰酸胍是强 RNase 抑制剂，可保护释放出的 RNA 不被降解。细胞裂解液 pH 约为 5，DNA 分子（pI 为 4～4.5）从液相析出沉淀在酚相与水相的界面；变性蛋白溶于酚相。加入氯仿抽提溶液中的水饱和酚，促进水相与有机相分层，RNA 溶于水相，与留在有机相中的变性蛋白质、位于中间层的 DNA 分离。最后用异丙醇沉淀回收 RNA。该试剂适用于从多种组织和细胞中快速分离总 RNA。

构建 cDNA 文库、蛋白质 cDNA 克隆等研究常需要从总 RNA 中分离 mRNA，mRNA 只占总 RNA 的 1% 左右。大多数真核生物的 mRNA 具有 5′端帽子结构（m^7GpppNpNp）和 3′端 poly（A）尾结构。人们利用 oligo（dT）可与 mRNA 的 3′端 poly（A）尾配对形成杂交分子，并且在某些条件下该杂交分子可变性的分子杂交原理，将 oligo（dT）偶联至固相基质上，捕获溶液中的 mRNA，最后通过改变流动相的离子浓度等将 mRNA 洗脱下来，实现 mRNA 的分离纯化。根据固相基质的不同，可分为 oligo（dT）-纤维素法和 oligo（dT）-磁珠法，前者可通过层析或离心使捕获的 mRNA 与其他 RNA 分离，后者通过磁力分离 mRNA。本实验采用 oligo（dT）-磁珠法分离纯化 mRNA，具体原理见图 2.2.1。

实验 2　哺乳动物细胞总 RNA 和 mRNA 的提取

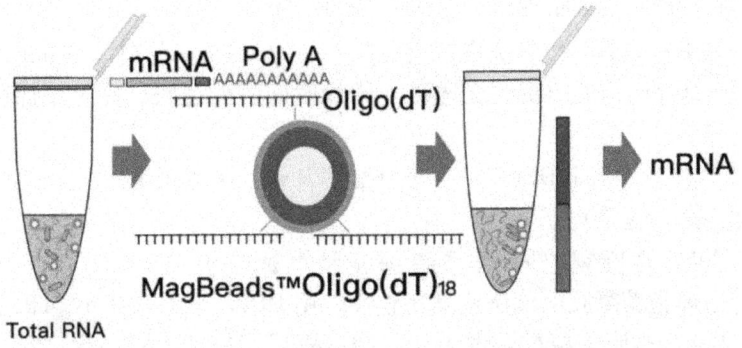

图 2.2.1　Oligo（dT）－磁珠法分离纯化 mRNA

嘌呤和嘧啶含有共轭双键，因此 DNA 和 RNA 在紫外波段有较强的光吸收，中性条件下，最大吸收峰在 260 nm 处。$A_{260}=1.0$ 时，相当于样品中双链 DNA 浓度为 50 μg/mL，或单链 DNA/RNA 浓度为 40 μg/mL。蛋白质的紫外吸收峰在 280 nm 处，因此，利用 A_{260}/A_{280} 可判断样品的纯度，DNA 样品 A_{260}/A_{280} 应在 1.6～1.8 之间，RNA 样品 A_{260}/A_{280} 应在 1.8～2.0 之间。利用 A_{260}/A_{230} 可判断样品除盐是否干净，合格样品 A_{260}/A_{230} 应大于 2。

实验用品

（一）器材

台式低温高速离心机、涡旋振荡器、核酸检测仪、水平电泳系统、凝胶成像仪、微量移液器、通风橱、制冰机、分析天平、无 RNase 吸头、无 RNase EP 管等。

（二）试剂

Total RNA Extractor（Trizol）、mRNA capture beads、氯仿、异丙醇、75% 乙醇（DEPC 水配制）、DEPC 水、琼脂糖、TBE 电泳缓冲液、分子标记、核酸染料。

（三）材料

Hep G2 细胞（人肝癌细胞）。

实验步骤

注：全程戴一次性口罩和手套进行操作。

（一）总 RNA 提取

（1）吸去培养皿中的培养基后，加入 Trizol（每 10 cm² 加 1 mL Trizol），移液器吹吸重悬细胞。

（2）移液器转移裂解后样品至 EP 管中，每管 1 mL。室温放置 5～10 min。每管加入 200 μL 氯仿，剧烈振荡 15 s，室温放置 3 min。4 ℃、12000 r/min 离心 10 min。

（3）吸取上层水相至新 EP 管中，加入等体积异丙醇，上下颠倒 6～8 次混匀，室温放置 20 min。

(4) 4 ℃、12000 r/min 离心 10 min，弃上清液。

(5) 加入 1 mL 75% 乙醇洗涤沉淀，4 ℃、12000 r/min 离心 3 min，弃上清液。室温干燥 5～10 min，此时沉淀变透明（干燥时间不能过长，完全干燥的 RNA 很难溶解）。

(6) 加入 30～50 μL DEPC 水，充分溶解 RNA。提取的 RNA 于 -70 ℃ 储存或立即用于后续实验（建议）。

（二）RNA 的检测（普通琼脂糖凝胶电泳法）

(1) 普通琼脂糖凝胶电泳法检测完整性。用 DEPC 水配制 0.5×TBE 缓冲液，再用此缓冲液制 1% 琼脂糖凝胶；取 1 μL RNA 样品、9 μL DEPC 水、2 μL 缓冲液混匀，上样；120 V 电泳 20 min。

(2) RNA 纯度检测及浓度计算。取 2 μL RNA 样品，用 198 μL DEPC 水稀释；以 DEPC 水为空白对照，用核酸检测仪分别测定样品的 A_{260}、A_{280}、A_{230}；计算 A_{260}/A_{280}、A_{260}/A_{230}、RNA 浓度 [RNA 浓度（μg/μL）=（A_{260}×40×稀释倍数）/1000]。

（三）mRNA 提取（参考 mRNA capture beads 说明书）

(1) 从冰箱取出 mRNA capture beads 试剂盒并平衡至室温。

（冰上操作）移取步骤"（一）（1）"所得总 RNA 样品（0.01～12.5 μg）至新的 PCR 管中，用 DEPC 水补足体积至 50 μL。

(2) 振荡或上下颠倒充分混匀 mRNA capture beads 后，吸取 50 μL 加入稀释的总 RNA 中，移液器吹吸混匀 6～8 次。

(3) 立即置于 PCR 仪上，执行程序：65 ℃ 5 min，25 ℃ 5 min，4 ℃ 保温，使 mRNA 与磁珠上的 oligo (dT) 互补结合。

(4) 取出 PCR 管置于磁力架上 5 min 后，用移液器小心移除上清液。

(5) 从磁力架上取出 PCR 管，加入 200 μL 磁珠清洗缓冲液（Beads Wash buffer），移液器吹吸混匀 6～8 次，磁力架上静置 5 min 后，用移液器小心移除上清液。

(6) 从磁力架上取出 PCR 管，加入 50 μL Tris 缓冲液，移液器吹吸混匀 6～8 次，立即置于 PCR 仪上，执行程序：80 ℃ 2 min，25 ℃ 保温，洗脱 mRNA。

(7) 取出 PCR 管，加入 50 μL 磁珠清洗缓冲液，吹吸混匀 6～8 次，室温静置 5 min，使 mRNA 再次结合到磁珠上。

(8) 磁力架上静置 5 min 后，小心移除上清液。

(9) 从磁力架上取出 PCR 管，加入 200 μL 磁珠清洗缓冲液，移液器吹吸混匀 6～8 次，在磁力架上静置 5 min 后，用移液器小心移除上清液。

(10) 从磁力架上取出 PCR 管，加入 10.5 μL DEPC 水，移液器吹吸混匀 6～8 次，80 ℃ 2 min 后，立即于磁力架上静置 5 min 后，小心移取 8 μL 上清液至新 PCR 管中。

(11) 洗脱样品于 -70 ℃ 储存或立即用于后续实验（建议）。

注意事项

（一）RNA 得率低

（1）样品裂解或匀浆处理不彻底。组织样本应充分剪碎以让细胞与裂解液充分接触。

（2）最后得到的 RNA 沉淀未完全溶解。完全干燥的 RNA 难以溶解，可置于 55～60 ℃孵育 5～10 min 促溶。

（二）RNA 降解

（1）用于 RNA 提取的样本要新鲜，若样本不立即提取 RNA，则应用 RNA 样品保存液进行保存。

（2）全程应戴一次性口罩、手套，操作要迅速；实验所用玻璃器皿和金属器械需 150 ℃以上高温烘烤 4 h 去除 RNase；所用一次性塑料耗材需在 DEPC 水中浸泡过夜后高温高压灭菌，或购买质量可靠的商业化无 RNase/DNase 耗材。

（三）RNA 纯度低

（1）DNA 污染。样品匀浆或裂解时加入的 Trizol 试剂体积太小，可适当提高 Trizol 试剂用量。

（2）蛋白质污染。有机试剂抽提时，小心取上层水相，宁可浪费一点，绝不能吸到中间层和下层有机相。

（3）盐离子污染。75% 乙醇洗涤时，应将 RNA 沉淀振荡悬浮使之与 75% 乙醇充分接触，也可重复该步骤 1 次。

实验 3　质粒 DNA 的提取

实验目的

掌握碱裂解法提取质粒 DNA 的原理和操作。

实验原理

质粒是一种独立于染色体外、具有自主复制能力的环状双链 DNA 分子，主要存在于细菌、放线菌和真菌细胞中，通常以超螺旋状态存在。在基因工程中，人工构建质粒常被用作目的基因的载体。与天然质粒相比，人工质粒载体通常有以下特点：一个多克隆位点供目的基因插入，该位点含有多个限制性酶切位点供选择；一个或一个以上选择性标记基因（如抗生素抗性基因）供后续重组子筛选。作为基因载体，在文库构建、重组蛋白生产中常需要高纯度、高浓度质粒，因此，质粒的提取和纯化是基因工程的基础实验之一。

质粒 DNA 的提取方法有碱裂解法、煮沸裂解法、SDS 裂解法等，本实验采用碱裂解法提取质粒 DNA。

碱裂解法利用强碱破坏细菌细胞壁和细胞膜结构，使细菌基因组 DNA 和质粒 DNA、蛋白质等内容物释放出来，同时使基因组 DNA 和质粒 DNA 发生变性。然后迅速加入酸性试剂使菌体裂解液 pH 恢复至中性，闭合环状的超螺旋质粒 DNA 分子量相对较小且变性后双链不分离，因此能快速复性；细菌染色体 DNA 因分子量大而与十二烷基磺酸钠－蛋白质复合物缠绕在一起，难以复性；最后 SDS－蛋白质－染色体 DNA 复合物中的 SDS 与溶液中的醋酸钾发生离子交换反应，生成几乎不溶于水的十二烷基磺酸钾（potassium dodecyl sulfate, PDS）－蛋白质－染色体 DNA 复合物。通过离心，将可溶性的质粒 DNA 与基因组 DNA、蛋白质等大分子分离。

粗提的质粒 DNA，经过酚－氯仿－异戊醇抽提、乙醇/异丙醇沉淀，或疏水层析/离子交换层析，及 RNase 消化等处理后，纯度和浓度得到进一步提高，可更好地满足后续的 PCR、酶切实验。

实验用品

（一）器材

水平电泳系统、台式高速离心机、超净台、凝胶成像系统、微量移液器、微波炉、高温高压灭菌锅、制冰机、冰箱、分析天平、pH 计、吸头、EP 管、5 mL 注射器、0.22 μm 针筒式过滤器。

（二）试剂

（1）LB 琼脂培养基：胰蛋白胨 10 g/L，酵母提取物 5 g/L，NaCl 10 g/L，琼脂粉 15 g/L，pH 8.0。121 ℃高压灭菌 20 min。

（2）LB 肉汤培养基：胰蛋白胨 10 g/L，酵母提取物 5 g/L，NaCl 10 g/L，pH 8.0。121 ℃高压灭菌 20 min。

（3）卡那霉素：50 mg/mL，用去离子水配制后，过滤除菌，分装至 1.5 mL EP 管中，于 -20 ℃保存待用。

（4）溶液Ⅰ：50 mmol/L 葡萄糖，10 mmol/L EDTA（pH 8.0），25 mmol/L Tris-HCl（pH 8.0）。121 ℃高压灭菌 15 min，4 ℃保存待用。

（5）溶液Ⅱ：0.2 mol/L NaOH，1% SDS。分别配制 0.4 mol/L NaOH（NaOH 溶液易与空气中的 CO_2 反应而使 pH 降低，因此需要新鲜配制）和 2% SDS，临用前等体积混合。

（6）溶液Ⅲ：5 mol/L 乙酸钾 60 mL，冰乙酸 11.5 mL，H_2O 28.5 mL。

（7）TE 缓冲液：10 mmol/L Tris-HCl，1 mmol/L EDTA，20 μg/mL RNase A，pH 8.0。

（8）Tris 饱和酚-氯仿-异戊醇（25∶24∶1）。

（9）氯仿-异戊醇（24∶1）。

（10）70% 乙醇。

（11）其他试剂：异丙醇、琼脂糖、TBE 电泳缓冲液、分子标记、核酸染料。

（三）材料

E. Coli DH5α［含 pET-30a（+）质粒］。

实验步骤

（一）宿主细胞制备

（1）*E. Coli* DH5α［含 pET-30a（+）质粒］甘油管菌种活化。接种环蘸取少量菌液，"Z"字形划线接种至 LB 平板（含 50 μg/mL 卡那霉素）上，37 ℃培养过夜。

（2）扩大培养。用无菌吸头或接种针挑取平板上的单菌落，接种至 5 mL LB 肉汤培养基（含 50 μg/mL 卡那霉素）中，37 ℃摇床 200 r/min 培养 12～16 h。

（3）收集菌体。移取 1.4 mL 菌液至 EP 管中，12000 r/min 离心 1 min，弃上清液。重复该步骤 2 次，即共收集 4.5 mL 菌液中的菌体。

（二）质粒提取

（1）向 EP 管中加入 200 μL 溶液Ⅰ，移液器吹吸重悬菌体。

（2）加入 400 μL 溶液Ⅱ，盖上盖子，轻柔上下颠倒 6～8 次（此时应观察到溶液由浑浊变澄清且黏稠）。注：切勿振荡，静置时间不可超过 5 min。

（3）加入 300 μL 溶液Ⅲ，盖上盖子，轻柔上下颠倒 6～8 次（此时应观察到溶液中出现白色絮状沉淀），冰上静置 10 min。

(4) 12000 r/min 离心 10 min，移取上清液至新 EP 管中。

（三）质粒回收和纯化

(1)（可选做）加入等体积的 Tris 饱和酚 – 氯仿 – 异戊醇，振荡混匀，12000 r/min 离心 10 min。转移上层水相至新 EP 管中，加入等体积的氯仿 – 异戊醇，振荡混匀，12000 r/min 离心 10 min。

(2) 转移上层水相至新 EP 管中，加入 0.6 倍体积预冷异丙醇，上下颠倒 6～8 次，混匀，冰浴 5～10 min。

(3) 12000 r/min 离心 10 min，弃上清液。

(4) 加入 1 mL 70% 乙醇洗涤沉淀，12000 r/min 离心 1 min，弃上清液。重复该步骤 1 次。

(5) EP 管开盖放置于室温约 5 min，使残留的乙醇挥发。

(6) 加入 50 μL TE 缓冲液重新溶解质粒 DNA，-20 ℃保存待用。

（四）琼脂糖凝胶电泳检测质粒

(1) 0.8% 琼脂糖凝胶电泳，取 3～5 μL 上样，120 V 电泳 30 min。

(2) 凝胶成像仪观察结果。样品泳道上，在 5 kb 附近可能观察到 3 个条带，闭合环状超螺旋质粒迁移速度最快；其次为开环质粒，质粒的复制中间体最慢。

(3) 根据与 DNA marker 条带的亮度对比，估算质粒浓度。

注意事项

（一）质粒得率低

(1) 菌种必须划线活化。

(2) 培养基中的抗生素浓度不能过低或过高，过低菌体生长压力不足，易丢失质粒；过高菌体生长缓慢，菌体量少。

(3) 摇床培养时间不能过长或过短，过长菌体老化易发生自溶，过短则菌体量少。

(4) 收集的菌体量不少，但是未充分裂解。使用新鲜配制的 NaOH 溶液，并且适当增加溶液Ⅰ、溶液Ⅱ、溶液Ⅲ用量，但必须保证溶液Ⅰ、溶液Ⅱ、溶液Ⅲ的体积比为 2∶4∶3。

(5) 异丙醇沉淀核酸不彻底。使用预冷异丙醇，并延长沉淀时间至 30 min。

（二）质粒电泳图中，除超螺旋、开环和复制中间体外，还有其他条带

(1) 若条带位于加样孔附近，可判断为基因组 DNA 污染。应注意加入溶液Ⅱ后不可振荡，放置时间不能超过 5 min，振荡或放置时间过长，会导致基因组 DNA 断裂成小片段 DNA，无法与 PDS – 蛋白质复合物缠绕共沉淀。

(2) 若条带长度小于 100 bp，可判断为宿主 RNA 污染。可在加入 TE 溶解后，室温下放置 10～30 min，让 RNase A 充分降解 RNA。

（三）质粒纯度低

（1）若加入溶液Ⅲ离心后所得沉淀不实或白色絮状物漂浮于液体中而没有贴壁，导致转移上清液时易吸入沉淀颗粒，可再次离心 10 min。

（2）酚－氯仿－异戊醇抽提离心后，吸去上层液相时应注意不要刺破白色蛋白质层，若离心后相翻转（液相在下，有机相在上），不易吸取，可再次振荡混匀离心后再吸取。

（3）70% 乙醇洗涤后，室温晾干步骤不能省略，否则影响后续 PCR、酶切效率。

实验 4　PCR 扩增碱性磷酸酶基因

实验目的
（1）掌握从 Genebank 中获取目的基因序列的方法。
（2）掌握 PCR 扩增获得目的基因的原理和操作。
（3）学习引物设计的基本原则和流程。

实验原理

碱性磷酸酶（alkaline phosphatase，ALP）是一类非特异性磷酸单酯酶，催化单酯磷酸水解生成无机磷酸和相应的醇、酚或糖。ALP 广泛分布于微生物和动物体内，直接参与了磷代谢，在钙、磷的消化、吸收、分泌及骨化过程中发挥了重要作用。人体中 ALP 是一组同工酶，根据来源不同至少可分为四种：肠来源的 ALP、胎盘来源的 ALP、胎盘样来源的 ALP 和非组织特异性 ALP（主要分布于肝、肾、骨等组织器官中）。研究发现，ALP 的结构与活性异常、表达水平异常等，与很多疾病的发生、发展有关，如肝损伤、卵巢癌、多种癌症的骨转移、骨骼发育等。因此，研究 ALP 结构与功能的关系、表达水平变化对细胞生理生化的影响等，可为理解疾病发生、发展、诊断、治疗奠定基础。其中，克隆分离 ALP 基因是研究工作的基础。

聚合酶链式反应是一种体外酶促 DNA 扩增的方法。典型的 PCR 由三个基本步骤组成：模板 DNA 高温下解链（变性，denaturation），变性模板与引物低温下复性（退火，annealing），引物沿模板链延伸（extension）。PCR 是分离克隆目的基因最常用的技术之一，如果目的基因全序列或其两端序列已知，通过普通 PCR 就可以有效扩增目的基因；如果目的基因序列未知，则需要特殊的 PCR 策略，如反向 PCR、简并 PCR、锚定 PCR 等。PCR 模板可以是基因组 DNA（gDNA）、cDNA 和质粒 DNA，这些模板可来源于环境样本（如土壤、粪便等）、动植物组织、动物血液、微生物菌体，也可来源于 gDNA 文库或 cDNA 文库、人工合成的 DNA 片段等。

PCR 扩增目的基因的基本步骤包括目的基因序列检索、引物设计、PCR 扩增及产物检测。其中，引物设计是 PCR 成败的关键。引物设计的基本原则如下：①引物须具备特异性，即引物与模板 DNA 结合的序列应是唯一的，不能与其他基因或目的基因的其他位点互补，否则易引发错误的延伸；②引物 3′端是 DNA 聚合的引发端，必须与模板完全互补，不可修饰，且一般不用，避开连续重复碱基和密码子第三位碱基；③避免形成二级结构，即不能有引物自身互补和引物间互补形成的稳定的发夹结构和二聚体,尤其是 3′端;④引物长度一般为 15～30 bp,太短影响特异性,太长影响扩增效率;⑤引物 GC 含量一般为 40%～60%,且上、下游引物不能相差太大;⑥引物的 5′端可修饰,常用来引进酶切位点、报告基因、荧光或酶标记等。在实际实验中,有的模板自身条件较差(如 GC 含量偏高或偏低),或者需要扩增目的基因的编码序列全长用于后续表达时,引物设计的可选择性较低,因此上述条件可放宽。简而言之,实践才是检验引物可用性的唯一标准。

实验用品

(一) 器材

PCR 仪、水平电泳系统、台式高速离心机、超净台、凝胶成像系统、微量移液器、微波炉、高温高压灭菌锅、制冰机、冰箱、吸头、EP 管、PCR 管。

(二) 试剂

Pyrobest™ DNA polymerase、10 × *Pyrobest*™ 缓冲液 II(Mg^{2+} plus,10 mmol/L)、dNTP 混合物(各 2.5 mmol/L)、引物、琼脂糖、TBE 电泳缓冲液、DNA marker、核酸染料、普通琼脂糖凝胶回收试剂盒。

(三) 材料

pX-hALPL(含人 ALPL cDNA 质粒)。

实验步骤

(一) 人 ALPL cDNA 序列检索

在 NCBI 数据库(www.ncbi.nlm.nih.gov)中,选择 "gene" 选项检索 "alkaline phosphatase" 并选择 homo sapiens。检索结果前四条分别为:*ALPL*(非特异性 ALP)、*ALPP*(胎盘来源 ALP)、*ALPI*(肠来源 ALP)和 *ALPG*(胎盘样来源 ALP)。我们选择 ALPL 同工酶的 isoform 2 的编码序列(accession number:NM_001127501)进行克隆。

人 ALPL isoform 2 cDNA 序列如下:

```
ATGTTCCTGGGAGATGGGATGGGTGTCTCCACAGTGACGGCTGCCCGCATCCTCAAG
GGTCAGCTCCACCACAACCCTGGGGAGGAGACCAGGCTGGAGATGGACAAGTTCCCCTT
CGTGGCCCTCTCCAAGACGTACAACACCAATGCCCAGGTCCCTGACAGTGCCGGCACCGC
CACCGCCTACCTGTGTGGGGTGAAGGCCAATGAGGGCACCGTGGGGGTAAGCGCAGCCA
CTGAGCGTTCCCGGTGCAACACCACCCAGGGGAACGAGGTCACCTCCATCCTGCGCTGGG
CCAAGGACGCTGGGAAATCTGTGGGCATTGTGACCACCACGAGAGTGAACCATGCCACC
CCCAGCGCCGCCTACGCCCACTCGGCTGACCGGGACTGGTACTCAGACAACGAGATGCCC
CCTGAGGCCTTGAGCCAGGGCTGTAAGGACATCGCCTACCAGCTCATGCATAACATCAGG
GACATTGACGTGATCATGGGGGGTGGCCGGAAATACATGTACCCCAAGAATAAAACTGA
TGTGGAGTATGAGAGTGACGAGAAAGCCAGGGGCACGAGGCTGGACGGCCTGGACCTCG
TTGACACCTGGAAGAGCTTCAAACCGAGATACAAGCACTCCCACTTCATCTGGAACCGCA
```

CGGAACTCCTGACCCTTGACCCCCACAATGTGGACTACCTATTGGGTCTCTTCGAGCCAG
GGGACATGCAGTACGAGCTGAACAGGAACAACGTGACGGACCCGTCACTCTCCGAGATG
GTGGTGGTGGCCATCCAGATCCTGCGGAAGAACCCCAAAGGCTTCTTCTTGCTGGTGGAA
GGAGGCAGAATTGACCACGGGCACCATGAAGGAAAAGCCAAGCAGGCCCTGCATGAGGC
GGTGGAGATGGACCGGGCCATCGGGCAGGCAGGCAGCTTGACCTCCTCGGAAGACACTC
TGACCGTGGTCACTGCGGACCATTCCCACGTCTTCACATTTGGTGGATACACCCCCGTGG
CAACTCTATCTTTGGTCTGGCCCCATGCTGAGTGACACAGACAAGAAGCCCTTCACTGC
CATCCTGTATGGCAATGGGCCTGGCTACAAGGTGGTGGGCGGTGAACGAGAGAATGTCTC
CATGGTGGACTATGCTCACAACAACTACCAGGCGCAGTCTGCTGTGCCCCTGCGCCACGA
GACCCACGGCGGGGAGGACGTGGCCGTCTTCTCCAAGGGCCCCATGGCGCACCTGCTGCA
CGGCGTCCACGAGCAGAACTACGTCCCCCACGTGATGGCGTATGCAGCCTGCATCGGGGC
CAACCTCGGCCACTGTGCTCCTGCCAGCTCGGCAGGCAGCCTTGCTGCAGGCCCCCTGCT
GCTCGCGCTGGCCCTCTACCCCCTGAGCGTCCTGTTCTG<u>A</u>

（二）引物设计

（1）用 SnapGene 对序列进行分析，cDNA 全长 1410 bp，包含 10 个外显子。

本实验所得 PCR 产物将用于后续的基因克隆和表达，因此，在设计引物时，需要结合重组质粒的构建策略及表达产物的分离纯化策略，综合考虑并进行设计。

（2）我们的构建策略如图 2.4.1 所示。为了得到 ALPL isoform 2 cDNA 全长序列并进行克隆表达，设计引物如下：

hALPL-F：5′ – ggaattcCATATGttcctgggagatgggatgg – 3′（*Nde* I）。

hALPL-R：5′ – ccgCTCGAGgaacaggacgctcaggggtag – 3′（*Xho* I）。

（3）用 DNAMAN 分析引物二级结构。

（4）最后用 NCBI 数据库的子数据库 Primer Blast 检验引物的特异性。

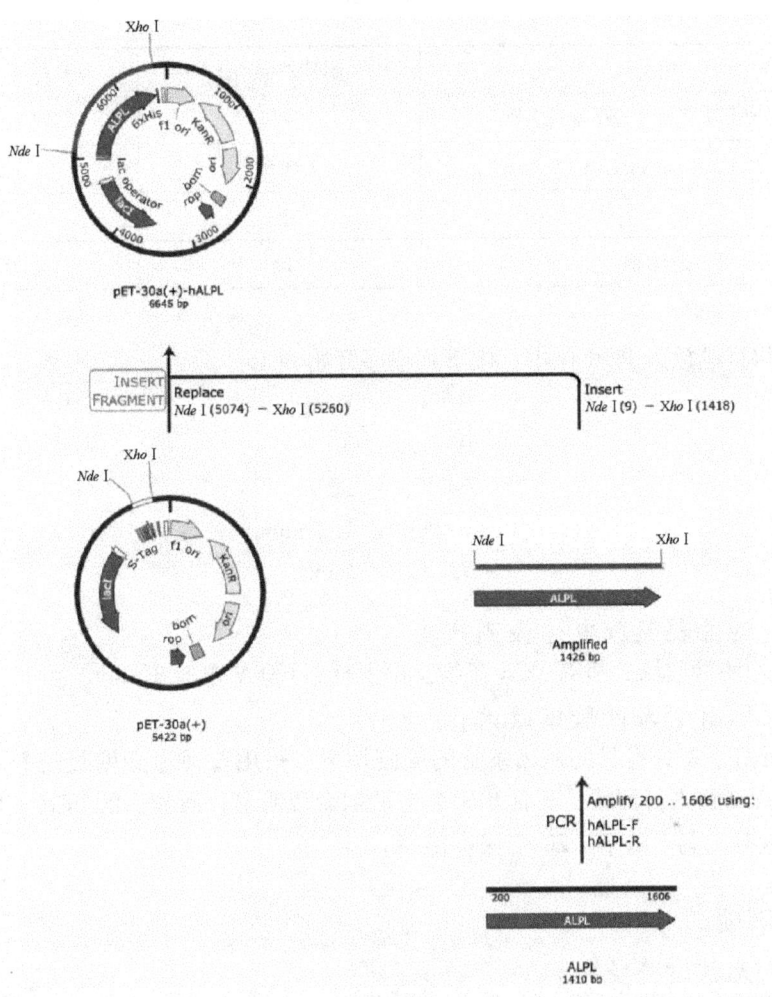

图 2.4.1 重组质粒构建

(三) PCR
(1) 按表 2.4.1 配置 PCR 反应体系,冰上配置。

表 2.4.1 PCR 反应体系

组分	阴性对照/μL	样品/μL
10×$Pyrobest^{TM}$ Buffer Ⅱ	2.5	2.5
2.5 mmol dNTP Mix	2	2
hALPL-F,10 μmol/L	0.5	0.5
hALPL-R,10 μmol/L	0.5	0.5

续上表

组分	阴性对照/μL	样品/μL
pX-hALPL（10～50 ng/μL）	—	1
Pyrobest™ DNA polymerase（5 U/μL）	0.5	0.5
无菌 ddH$_2$O	19	18
总体积	25	25

（2）将样品放入 PCR 仪中，按下列程序开始 PCR：

$$
\begin{array}{ll}
95\ ℃ & 3\ min \\
95\ ℃ & 30\ s \\
64\ ℃ & 30\ s \\
72\ ℃ & 1.5\ min \\
72\ ℃ & 5\ min
\end{array}
$$

（四）琼脂糖凝胶电泳检测产物

0.8% 琼脂糖凝胶，所有 PCR 产物全部上样，120 V 电泳 30 min。

（五）PCR 产物的胶回收纯化

在紫外灯下将含有目的基因条带的凝胶切下，采用普通琼脂糖凝胶 DNA 回收试剂盒对 PCR 产物进行回收，具体步骤参考试剂盒说明书。回收后的 PCR 产物取 5 μL 进行电泳检测，剩下的于 -20 ℃ 保存待用。

注意事项

（一）无扩增产物

（1）检查 PCR 体系中是否"六要素"齐全（模板、引物、酶、dNTPs、Mg^{2+} 和缓冲液）。配制体系时，应做到每次加液前、后检查微量移液器吸头，确保没有残留。

（2）模板纯度低或浓度低，选择合适的 DNA 提取方法。

（3）引物不合适。

（4）退火温度过高。

（二）非特异性扩增

（1）引物与模板有错配，可重新设计引物或适当延长引物。

（2）优化 PCR 体系，适当降低模板、引物、酶或 Mg^{2+} 的浓度。

（3）优化 PCR 扩增条件，适当提高退火温度或采用 touchdown PCR 等。

（三）产物拖尾无主带

（1）所有 PCR 试剂应完全融化并上下颠倒充分混匀后取用；反应液配制完成后，移液器轻柔吹吸充分混匀（量少时），或上下颠倒充分混匀（量多时），并短暂离心后方可上机或分装。

(2) 模板纯度低，选择合适的 DNA 提取方法。

(四) 阴性对照出现扩增条带

存在交叉污染，建议更换除模板外的所有试剂及耗材。

实验 5　限制性核酸内切酶的酶切反应

实验目的

（1）学习和掌握限制性核酸内切酶的特性。
（2）掌握限制性核酸内切酶酶切的原理、条件及方法。
（3）酶切后的产物作为实验 6 凝胶电泳鉴定的样品。

实验原理

限制性核酸内切酶是由细菌产生的，是一类能识别双链 DNA 分子中特定碱基序列的 DNA 水解酶，其作用方式为水解核酸中的磷酸二酯键以切割双链 DNA。根据其性质不同可分为 Ⅰ、Ⅱ 和 Ⅲ 型三种类型。其中 Ⅱ 型在分子克隆和基因操作中应用最为广泛，是分子生物学最为常用的工具酶。它能够在所识别的 DNA 序列内部对 DNA 双链分子进行切割，产生特定的黏性或平末端。其反应过程中需要 Mg^{2+} 作为辅助因子，并要求有一定的盐离子浓度作为条件。酶切之后的 DNA 片段可以通过琼脂糖凝胶电泳进行检测。

根据酶切的目的和要求，有单酶切、双酶切等方式；根据酶切的反应体积，可以分为小量酶切反应和大量酶切反应。小量酶切反应主要用于质粒的酶切鉴定，体积一般为 20 μL，含 0.2～1.0 μg DNA；大量酶切反应用于制备连接载体或目的基因片段，体积一般为 50～100 μL，含 10～30μg DNA。

本实验为 *Xho* Ⅰ 和 *Nde* Ⅰ 两种内切酶对重组质粒进行小量酶切反应。*Xho* Ⅰ 和 *Nde* Ⅰ 的酶切位点如图 2.5.1 和图 2.5.2 所示。

```
C T C G A G
G A G C T C
```

图 2.5.1　*Xho* Ⅰ 酶切位点

```
C A T A T G
G T A T A C
```

图 2.5.2　*Nde* Ⅰ 酶切位点

重组质粒为 T-Vector pMD19（simple）质粒与碱性磷酸酶（ALPL）cDNA 片段经过 T-A 克隆而成，其大小为 4120 bp（图 2.5.3）。在插入片段上下游引物位置分别有 *Nde* I 和 *Xho* I 的位点，同时 T-Vector pMD19（simple）质粒本身带有一个 *Nde* I 位点。

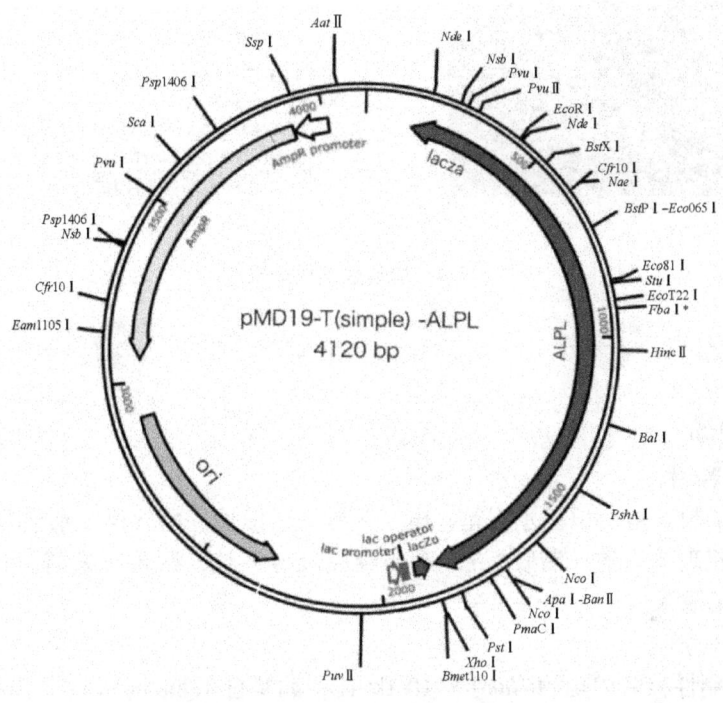

图 2.5.3 T-Vector pMD19（simple）质粒

使用 *Xho* I 单酶切重组质粒，将把重组质粒线性化，大小等于重组质粒大小，为 4120 bp；使用 *Nde* I 单酶切重组质粒，将产生 2 个片段，其大小分别为 3863 bp 和 257 bp；使用 *Nde* I 和 *Xho* I 进行双酶切后，将产生 3 个片段，其大小分别为 2454 bp、1409 bp、257 bp。可以采用琼脂糖凝胶电泳鉴定酶切效果（图 2.5.4）。

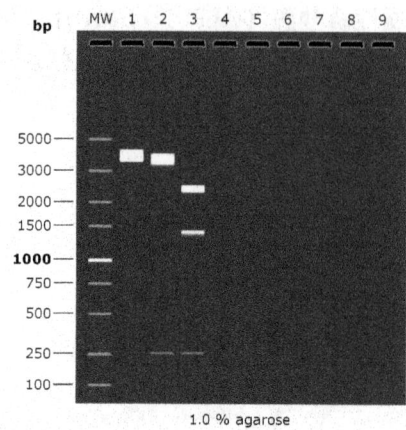

图 2.5.4 酶切效果电泳示意

实验用品

（一）器材

高速离心机，电热恒温水浴箱，电子天平，微波炉，电泳仪，水平电泳槽，样品槽梳子，有机玻璃内槽（制胶板），紫外凝胶成像系统，微量移液器，移液器吸头，离心管，离心管架。

（二）试剂

（1）限制性核酸内切酶 Nde I，10 U/μL，购买自 Takara 公司。

（2）限制性核酸内切酶 Xho I，10 U/μL，购买自 Takara 公司。

（3）10×H buffer（酶切反应缓冲液），购买自 Takara 公司。

（4）ddH_2O。

（5）1×TAE 电泳缓冲液。

（三）材料

（1）实验室提取的纯化质粒 pMD19-T（simple）-ALPL，工作浓度为 0.5 μg/μL。

（2）琼脂粉。

（3）核酸染料 Goldview。

实验步骤

（一）酶切反应体系配制

（1）取 3 支无菌的 0.2 mL 离心管分别编号，并用微量移液器按表 2.5.1 分别加入试剂：

表 2.5.1　酶切反应体系

试剂	管号		
	1	2	3
ddH$_2$O	17 μL	17 μL	85 μL
10×H buffer	1 μL	1 μL	5 μL
Xho I	1 μL	—	2.5 μL
Nde I	—	1 μL	2.5 μL
重组质粒	1 μL	1 μL	5 μL
总体积	20 μL	20 μL	100 μL

（2）盖紧离心管盖，手指轻弹管壁，混匀溶液，经离心机短暂离心 5 s，使溶液集中在管底。

（二）酶切反应

（1）将离心管插入泡沫浮漂中，置于电热恒温水浴箱中 37 ℃反应 2～3 h，使限制性核酸内切酶酶切反应完全。

（2）反应结束后，将离心管放入离心机中短暂离心 5 s，使溶液集中在管底。

（三）琼脂糖凝胶电泳鉴定酶切效果

（1）制备 1% 浓度的琼脂糖凝胶。

（2）分别取各管的酶切产物 10 μL 进行电泳。在相邻的加样孔内加入 5 μL 的 DNA Marker 作为参照，记录样品上样顺序。

（3）调节电压为 3～5 V/cm（按照两级之间的距离计算），至上样缓冲液中的指示剂溴酚蓝迁移至距离凝胶前沿 1～2 cm 时切断电源，停止电泳。

（4）紫外凝胶成像系统下检测电泳效果。

注意事项

（一）酶的保存

大部分酶及相应的 10×H buffer 应储存于 -20 ℃中。在酶切反应加样操作时，10×H buffer 应完全溶解混匀之后再加入，同时应将除酶以外的所有成分都加入后再加入酶，酶从 -20 ℃冰箱中取出后，要放置在冰上。拿取酶时，手要避免接触 EP 管的下部含酶部分，每次加样后，要及时更换移液器吸头，以免污染酶。

（二）酶切反应体系

一般来说，酶切 0.2～1.0 μg DNA 时，反应体积要控制在 20 μL 以内。可根据酶切 DNA 的数量，按比例适当放大体积。所加酶的体积不能超过酶切反应体系的 1/10，否则甘油浓度就会超过 5%，从而抑制酶的活性。如果酶切反应总体积太大，

基因工程实验原理

使 DNA 与限制酶浓度稀释，分子之间接触机会变少，酶切效果就差。提取的 DNA 都需要保存在 TE 缓冲液中。如果 DNA 浓度很低，加入反应的体积就需要加大，这时 EDTA 会与 Mg^{2+} 螯合，影响酶切效果，因此也需要放大酶切反应体积或者将 DNA 重新浓缩。通常在 50 μL 反应液中，37 ℃ 温度下反应 1 h，将 1 μg 的 λDNA 完全分解的酶量定义为 1 个活性单位（U）。在相同时间内，加大酶的用量，可相应缩短反应时间；反之，如果减少酶的用量，对大多数酶来说，相应延长反应时间（<16 h）可进行完全酶切。

（三）干扰因素

在酶切反应中，要求有较高质量的酶，也要排除其他干扰因素，如 EDTA 会抑制酶的活性，DNA 样品中若有蛋白质、RNA 的存在，也会妨碍酶与 DNA 的直接作用，影响酶切效果。当酶切结束，为了去除内切酶（蛋白质），以及终止酶切时加入的 EDTA，需要进一步提纯 DNA，如果直接混合酶切样品进行连接，会产生干扰。

（四）缓冲液

每种酶都有其对应的缓冲液，不同酶在不同缓冲液中的活性不同，最适缓冲液可以保证几乎 100% 的酶活性，使用时缓冲液的终浓度应为 1×。缓冲液使用时如果没有完全融化，造成盐离子浓度失衡，会影响酶切反应效果。

（五）混匀反应体系

加样完成之后，反应液要充分混匀，才能使反应完全，可以用移液器吹吸混匀，或用手指轻弹管壁后短暂离心混匀，切不可振荡。

（六）反应温度

大部分内切酶的反应温度为 37 ℃，从嗜热菌中分离出来的酶则要求更高的反应温度，一般为 50～65 ℃。

（七）终止反应

如果不进行下一步酶切反应，可以用终止液来终止反应，方法如下：加入终止液［50% 甘油 - 50 mmol/L EDTA（pH 8.0）- 0.05% 溴酚蓝］，加入量为 10 μL 终止液/50 μL 反应液。如果是分步酶切，还要进行下一步酶切反应，可以使用热失活法：65 ℃ 或 85 ℃，反应 20 min。也有试剂公司同时配备了 10× 电泳上样缓冲液，酶切反应预设时间到了之后，可以加入电泳上样缓冲液终止酶切反应。

（八）设置酶切对照

如果电泳鉴定发现 DNA 没有被成功切开，可以设置对照实验以查找原因，验证酶切体系是否有问题。具体方法为将加了内切酶的对照 DNA 与不加内切酶的底物 DNA 同时反应，然后进行琼脂糖凝胶电泳检测。结果分析：①若底物降解，考虑在反应体系或 DNA 纯化过程中引入了核酸酶；②若底物 DNA 保存完整，而对照 DNA 被切开，可以排除核酸酶；③将对照 DNA 和待切底物 DNA 混合起来再次进行酶切反应，如果混合物里的对照 DNA 也无法被切开，则说明样品中有其他抑制酶活性的干扰因素存在，如 EDTA、盐等。

（九）双酶切

实验中需要经常使用双酶切来鉴定重组子或获得不同黏性末端的 DNA 片段，因此，进行双酶切有两种途径：①同步酶切法。如果两种酶反应温度相同，并且有相同的最适缓冲液，则可以加入相同的缓冲液在相同温度下同步酶切。如果最适缓冲液不同，则选用每种酶活性都在 50% 以上的缓冲液，如果两种缓冲液离子浓度差异较大，则先用离子浓度低的进行酶切，再用离子浓度高的进行酶切。如果两种酶反应温度不同，则先低温再高温。②分步酶切法。先选择一种酶进行酶切，反应结束之后，将 DNA 回收，再选用第二种酶进行酶切。此方法酶切比较完全，不需考虑两种酶之间的关系，但需要多进行一次 DNA 回收纯化，较为耗时，且在 DNA 回收过程中会有部分损失，因此要求初始酶切时 DNA 的用量较多。

实验6 凝胶电泳法进行 DNA 的分离和纯化

实验目的

(1) 掌握琼脂糖凝胶电泳的原理和方法。

(2) 掌握从琼脂糖凝胶中回收目的 DNA 片段的原理和方法。

(3) 使用琼脂糖凝胶 DNA 回收试剂盒分离和纯化目的片段,以用于下一步实验。

实验原理

琼脂糖凝胶电泳是分离、鉴定和纯化 DNA 片段最常用的方法,通过该方法可检测核酸的完整性、分子大小、浓度及一定程度上的纯净度。这种方法简便易操作,而且琼脂糖可以根据实验需要灌制成不同形状、大小和孔径的凝胶,在不同的装置中进行电泳。

琼脂糖是从红色海藻产物琼脂中提取出来的一种线性多糖聚合物,不含带电荷基团且具有亲水性,是一种很好的电泳支持介质。DNA 在琼脂糖凝胶中迁移时,涉及电泳效应和分子筛效应。DNA 分子在 pH 高于其等电点的溶液中带负电,在电场中向正极移动,其迁移速率受 DNA 分子的大小、琼脂糖浓度、所加电压等因素的影响。在一定的电场强度中,由于一定浓度的琼脂糖凝胶具有一定的孔径,因此不同大小的 DNA 分子在凝胶中迁移时受到的阻力是不同的,分子量大的 DNA 分子其迁移速率较慢,分子量小的 DNA 分子虽然带电量较小,但其受到的阻力也较小,因此迁移速率较快。

为了方便观察,通常在凝胶制备过程中掺入特定的核酸染料。传统的核酸染料是溴化乙啶(ethidium bromide,EB),该分子可嵌入核酸分子碱基之间,在紫外线照射下可发出荧光,灵敏度非常高。但因其具有强致癌性而使用受限,现在广泛使用的新型核酸染料有 GelRed、GelGreen 、Goldview、SYBR Green 等。

通过 PCR 扩增或者限制性酶切获得的 DNA 片段,由于原反应体系中 pH、残余离子影响,如果直接用于酶切或者连接往往效率不高。因此,需要对 DNA 片段进行回收和纯化处理,而从琼脂糖凝胶 DNA 中回收和纯化目的基因片段,是最为常用的方法之一。具体操作方法为在紫外灯下把含有目的基因 DNA 条带的凝胶块切割下来,然后使用商品化的琼脂糖凝胶试剂盒进行回收。目前,市场上众多的琼脂糖凝胶

DNA 回收试剂盒的原理基本都一样，都是通过硅基质树脂吸附柱来回收纯化 DNA 片段。试剂盒中主要试剂有溶胶液、DNA 吸附柱、漂洗液、洗脱液等。溶胶液一般都是 NaI 等盐类的高盐溶液，在加热条件下溶解琼脂糖凝胶，将目的 DNA 从凝胶中释放出来，然后在酸性条件下，经高速离心，目的 DNA 结合在吸附柱的硅基质树脂上，使用含有 80% 左右乙醇的漂洗液去除蛋白质、其他有机化合物、无机盐离子等杂质，最后用洗脱液在低盐状态下将纯净的目的 DNA 从树脂上洗脱下来。

实验用品

（一）器材

电子天平，微波炉，电泳仪，水平电泳槽，样品槽梳子，有机玻璃内槽（制胶板），台式高速离心机，凝胶成像系统，手术刀，微量移液器，移液器吸头，离心管，离心管架。

（二）试剂

(1) $50 \times TAE$ 储存液配置：242 g Tris、37.2 g $Na_2EDTA \cdot 2H_2O$ 溶于 600 mL 去离子水中，充分搅拌溶解后加入 57.1 mL 冰乙酸，定容至 1000 mL。

(2) $1 \times TAE$ 工作液配置：20 mL $50 \times TAE$ 储存液，加去离子水定容至 1000 mL。

(3) $6 \times$ 上样缓冲液：0.25% 溴酚蓝、0.25% 二甲苯青 FF、40% 蔗糖水溶液混匀，4 ℃下长期保存。

（三）材料

(1) 实验5的双酶切产物样品。
(2) 普通琼脂糖胶回收试剂盒。
(3) 琼脂糖。
(4) 核酸染料 Goldview。
(5) DL 5000 DNA Marker。

实验步骤

（一）制备琼脂糖凝胶

(1) 制胶模具的组装：将制胶模板置于一水平位置，根据需要选择适当的制胶板，洗净，晾干，放入制胶模板中。选择合适的梳子，垂直插好（图 2.6.1）。注意，一般制备鉴定胶时选择梳孔较小的梳子，而后续要进行胶回收时则一般选择梳孔较大的梳子。

(2) 琼脂糖凝胶的制备：通常用于检测 PCR 产物和酶切片段的琼脂糖凝胶浓度为 1.0%。称取 0.2 g 琼脂糖于 200 mL 锥形瓶中，加入 20 mL $1 \times TAE$ 缓冲液，摇匀，置于微波炉中加热至琼脂糖全部溶解。由于琼脂糖颗粒难溶，因此用微波炉加热时要注意反复观察溶液中的琼脂糖是否完全溶解，并且防止溶液溢出。

(3) 室温静置，待温度降至 65 ℃左右（手能触摸的温度）时，加入 Goldview 染料 1 μL，摇匀。缓慢地将胶倒在制胶板上，使胶液慢慢展开，至整个制胶板上形成均匀的胶层。室温静置大约 30 min 待凝胶冷却凝固。

（4）小心垂直向上拔出梳子，将制胶板取出，放在电泳槽中备用。向电泳槽内加入电泳缓冲液 1×TAE 至覆盖凝胶 1～2 mm。

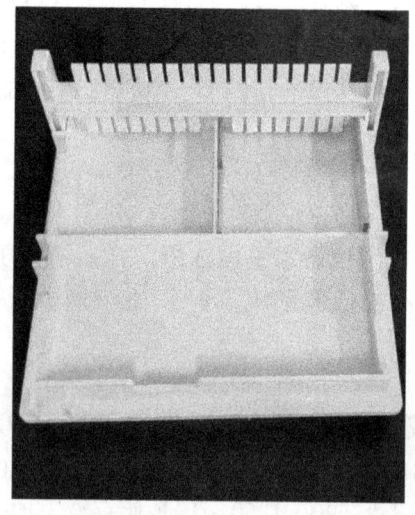

图 2.6.1　制胶模具

（二）电泳上样

（1）取实验 5 双酶切产物样品，分别向样品管中加入 6× 上样缓冲液，使其终浓度为 1×，用移液器混匀。

（2）用微量移液器小心将上述样品分别加入凝胶的样品小孔内，加样时，将微量移液器的吸头垂直于样品孔上方，轻轻插入电泳缓冲液中，注意不要破坏凝胶孔壁。每个样品加样时要更换吸头，以免交叉污染。

（3）在相邻的加样孔内加入 5 μL 的 DNA Marker 作为参照，并记录样品上样顺序。

（三）电泳

盖上电泳槽盖子，接通电泳槽与电泳仪的电泳（注意正负极，一般红色为正极，黑色为负极，DNA 在此条件下带负电，因此加样端要位于负极，样品向正极移动）。调节电压为 3～5 V/cm（按照两级之间的距离计算），至上样缓冲液中的指示剂溴酚蓝迁移至距离凝胶前沿 1～2 cm 时切断电源，停止电泳。

（四）拍照观察

在凝胶成像系统下观察凝胶中各泳道的 DNA 条带，DNA 存在处应显出绿色荧光条带。

（五）切胶回收

（1）在紫外条件下，对照 DNA Marker，把所需要的 DNA 片段切下来，并尽量去除多余的凝胶。注意，本次实验所需要回收纯化的目的 DNA 条带为实验 5 酶切中双酶切下来的 ALPL 片段，大小为 1409 bp。

（2）称取空 1.5 mL 离心管的质量，将切下来的带目的 DNA 的凝胶装入离心管中，称取重量，计算出凝胶块的重量。

（3）向装胶块的离心管中加入 3 倍体积的溶胶液 PN（如果凝胶重为 100 mg，那么体积可视为 100 μL，则加入 300 μL 溶胶液），55 ℃水浴放置 10 min，其间不断温和地上下翻转离心管，以确保胶块充分溶解。

（4）将上一步所得溶液加入附柱（吸附柱套入收集管中），室温放置 2 min，12000 r/min 离心 1min，倒掉收集管中的废液，将吸附柱重新放入收集管中。注意，如果溶胶体系体积大于 700 μL，则分次上柱，保证全部溶液都加到吸附柱中。

（5）向吸附柱中加入 700 μL 漂洗液（使用前先确认是否已加入无水乙醇），12000 r/min 离心 1 min，倒掉收集管中的废液，将吸附柱重新放入收集管中。

（6）向吸附柱中加入 500 μL 漂洗液，12000 r/min 离心 1 min，倒掉收集管中的废液。

（7）将吸附柱放回收集管中，12000 r/min 离心 2 min，尽量除去漂洗液。离心后可将吸附柱盖子打开，室温放置 2 min，有助于彻底挥发漂洗液中的残余乙醇。

（8）将吸附柱放到一个干净的离心管中，向吸附柱中间位置悬空滴加适量的洗脱缓冲液（一般不少于 30 μL），室温放置 2 min。12000 r/min 离心 1 min，收集 DNA 溶液。

（六）电泳鉴定

（1）制备 1% 琼脂糖凝胶。

（2）取 10 μL 回收产物进行电泳。在相邻的加样孔内加入 5 μL 的 DNA Marker 作为参照，记录样品上样顺序。

（3）调节电压为 3～5 V/cm（按照两级之间的距离计算），至上样缓冲液中的指示剂溴酚蓝迁移至距离凝胶前沿 1～2 cm 时切断电源，停止电泳。

（4）紫外凝胶成像系统下检测电泳结果。

注意事项

（1）倒胶时，琼脂糖温度不能太高或太低，否则制胶板会受热变形或凝固不均匀。倒胶速度也不能太快，否则容易出现气泡。

（2）点样时，吸头探入加样孔即可，不要戳伤胶孔凝胶，以免样品发生泄漏。

（3）核酸染料具有毒性，因此配胶和操作时都要戴一次性手套。

（4）涉及电泳的操作都要在固定的电泳区，使用的微量移液器和锥形瓶等都应该是专用，勿与其他区域的器材混用，以免污染。

（5）紫外线会损伤人体皮肤和视力，操作时要用有机玻璃遮挡。

（6）在紫外光下进行凝胶的切割时，要尽量缩短照射时间，以免对 DNA 造成损伤。

（7）切胶回收的电泳时，最好换用新鲜的电泳缓冲液，以免影响电泳和回收效果。

实验 7 DNA 片段的体外连接

实验目的
(1) 掌握 DNA 片段与载体连接的原理和方法。
(2) 通过 TA 克隆的策略将目的 DNA 片段与质粒进行体外连接。
(3) 通过黏性末端连接的方法将目的 DNA 片段与质粒进行体外连接。

实验原理
DNA 重组技术中的核心步骤是目的 DNA 与载体间的体外连接。从原理上，先用限制性核酸内切酶酶切质粒 DNA 和目的 DNA，然后在体外使用连接酶将两者相连接。DNA 体外连接的本质是 DNA 连接酶催化两条双链 DNA 片段相邻的 $5'-PO_4$ 和 $3'-OH$ 之间形成磷酸二酯键的生物化学过程。DNA 连接酶只能结合切口（nick），不能补齐缺口（gap），并且只有当 $5'-PO_4$ 和 $3'-OH$ 相邻且各自的碱基处于配对状态时，DNA 连接酶才能发挥作用。

常用的 DNA 连接酶有两种，来自大肠杆菌的 DNA 连接酶和来自噬菌体的 T4 DNA 连接酶，两者的作用机制类似。区别在于大肠杆菌 DNA 连接酶的辅助因子为 NAD^+，只能催化黏端连接；T4 DNA 连接酶的辅助因子为 ATP，能催化黏端连接和平端连接。因此，基因工程中主要用 T4 DNA 连接酶。T4 DNA 连接酶的作用分三步：首先，T4 DNA 连接酶与辅助因子 ATP 形成酶 – AMP 复合物并释放出焦磷酸；其次，酶 – AMP 复合物上的 AMP 转移到 DNA 的 $5'-PO_4$ 上使其活化并释放出酶；最后，活化的 $5'-PO_4$ 与相邻的 $3'-OH$ 反应生成 1 个新的磷酸二酯键，同时释放出 AMP，完成 DNA 之间的连接。

外源 DNA 片段与质粒载体的连接策略有以下几种：

(1) 黏性末端连接：具体分为两种情况。①带有非互补突出端的片段，即是用两种不同的限制性核酸内切酶消化目的 DNA 与质粒载体，可以产生带有非互补的黏性末端。因此，很容易将外源 DNA 片段定向地克隆到载体上。②带有相同的黏性末端。用相同的限制性核酸内切酶消化可得到这样的末端，因此在连接反应中外源 DNA 片段和质粒载体 DNA 均能自身环化或几个分子串联成寡聚物，而且外源 DNA 片段连接在载体上时方向不固定，正反都有可能。故必须调整连接反应中两种 DNA 的浓度，以便使正确的连接产物的数量达到最大水平。

(2) 平末端连接：是由产生平末端的限制性核酸内切酶消化产生，其连接的效率比黏性末端要低得多。

（3）TA 克隆：利用 Taq DNA 聚合酶会使 PCR 产物的 3′末端上加上一个多余的非模板依赖的碱基 A，而 T 载体是一种 3′末端带有一个碱基 T，在 T4 DNA 连接酶的作用下，PCR 产物就可以高效、快速地连接到质粒的多克隆位点中，操作十分简便。需要注意的是，不是所有的 DNA 聚合酶都会使 PCR 产物末端加碱基 A，例如，高保真酶因具有 3′到 5′外切酶活性就不会产生碱基 A"尾巴"。因此如果是使用高保真酶时，获得 PCR 产物之后，需要使用 Taq DNA 聚合酶在产物末端加碱基 A，才能进行 TA 克隆操作。

本实验设计了黏性末端连接与 TA 克隆两种操作，实验者可以视具体情况选择操作。

实验用品

（一）器材
PCR 仪，台式高速冷冻离心机，微量移液器，移液器吸头，离心管，离心管架。

（二）试剂
（1）T4 DNA Ligase（350 U/μL）。
（2）10×T4 DNA Ligase buffer。
（3）T-Vector pMD19（simple）（50 ng/μL）。
（4）Control insert DNA（50 ng/μL）。
（5）无菌水。

（三）材料
实验 4 获得的 PCR 产物，实验 6 获得的酶切回收产物，自提的 pET-30a（+）质粒，T-Vector pMD19（simple）。

实验步骤

（一）黏性末端连接
（1）制备反应体系（表 2.7.1）。

表 2.7.1　黏性末端连接反应体系

试剂	重组质粒
载体 DNA [pET-30a（+）]	50 ng
目的 DNA（实验 6 回收的 hALPL 片段）	与载体 DNA 的摩尔浓度比约为 3
T4 DNA Ligase（350 U/μL）	1 μL
10×T4 DNA Ligase buffer	2 μL
无菌水	补足总体积至 20 μL

续上表

试剂	重组质粒
总体积	20 μL

（2）移液器吹吸混匀后短暂离心 5 s。
（3）在 PCR 仪上设置 16 ℃ 反应 1～5 h。

（二）TA 克隆
（1）制备反应体系（表 2.7.2）。

表 2.7.2　TA 克隆反应体系

试剂	阳性对照	重组质粒
T-Vector pMD19 (simple)	1 μL	1 μL（约 0.03 pmol）
Control insert DNA	1 μL	—
实验 4 PCR 胶回收产物	—	0.1～0.3 pmol
T4 DNA Ligase (350 U/μL)	1 μL	1 μL
10×T4 DNA Ligase buffer	1 μL	1 μL
无菌水	6 μL	补足总体积至 10 μL
总体积	10 μL	10 μL

（2）移液器吹吸混匀后短暂离心 5 s。
（3）在 PCR 仪上设置 16 ℃ 反应 30 min。
注：插入片段 >2 kb 时，连接时间应延长至数小时，甚至过夜。

注意事项

（1）载体与外源 DNA 分子的摩尔比很重要，其最佳摩尔比根据 DNA 的大小、载体是否去磷酸化、DNA 末端类型的不同而变化，一般建议在 1∶10～1∶2 之间。

（2）连接反应的温度在 37 ℃ 时有利于连接酶活性的发挥，但是在这个温度下黏性末端的氢键结合是不稳定的。因此，采取折中的温度，即 12～16 ℃，连接 12～16 h（过夜），这样既能最大限度发挥连接酶的活性，又能兼顾短暂配对结构的稳定性。

（3）连接反应是否成功，需要通过实验 8，即转化到宿主菌中来检测。

实验 8　大肠杆菌感受态细胞的制备

实验目的
(1) 掌握大肠杆菌感受态细胞制备的方法和操作。
(2) 制备大肠杆菌感受态细胞，为转化实验做准备。

实验原理

细菌处于容易吸收外源 DNA 的状态，称为感受态。受体细胞经过特殊方法（如 $CaCl_2$ 化学转化或电击转化法）处理后，细胞膜的通透性发生改变，易于接受外来 DNA 的进入，这样的细胞称为感受态细胞。研究证明，感受态只发生在细菌生长周期的某一时期。有人认为感受态是细胞的 DNA 合成刚刚完成，而蛋白质合成仍处于活跃时期的状态。用作感受态细胞的细菌，一般是限制-修饰系统缺陷的变异株，即不含限制性核酸内切酶和甲基化酶的变异株，常用 R^-、M^- 符号表示。如果不是 R^-、M^- 缺陷型细菌，转化进入细胞的异源 DNA 分子将被降解消除。

感受态细胞的制备方法有多种，但总体上都是用金属离子处理一定时间。感受态细胞制备的方法有以下几种：①化学法。用 KCl 或 $CaCl_2$ 等处理对数期的细菌，使细胞膜的通透性发生暂时性的改变，成为能允许外源 DNA 分子进入的感受态细胞。KCl 法制备的感受态细胞转换效率较高，但过程较为复杂，不适合实验室常规使用。$CaCl_2$ 法操作简便，且其转化效率完全可以满足一般实验的要求，制备的感受态细胞暂时不用时，可以加入占总体积 15% 的无菌甘油，在 -70 ℃ 条件下保存半年而不影响转化效率，因此 $CaCl_2$ 法是实验室中较为常用的感受态细胞制备方法。②物理法。通过施加一个外来的瞬时高电压使细菌暴露在电荷中，电流会使细胞产生瞬时的"小窝"，然后在细胞膜上形成瞬时的疏水孔隙，于是外来 DNA 分子可以通过该孔隙进入细胞。电击感受态细胞转化效率高、操作简便，但需要电转仪器的支持。

实验用品

（一）器材

超净工作台，台式低温离心机，高压灭菌锅，恒温摇床，紫外分光光度计，制冰机，微量移液器。

（二）试剂

(1) LB 液体培养基：称取胰蛋白胨 10 g、酵母提取物（yeast extract）5 g、NaCl

10 g，溶于 800 mL 去离子水中，用 NaOH 调节 pH 至 7.4，加去离子水至总体积 1 L，高压下蒸气灭菌 20 min。

（2）LB 固体培养基：液体培养基中每升加 15 g 琼脂粉，高压灭菌。

（3）0.1 mol/L $CaCl_2$：14.7 g $CaCl_2 \cdot 2H_2O$，溶解于终体积为 1 L 的蒸馏水中，灭菌后 4 ℃保存。

（4）30% 甘油：量取 30 mL 甘油，加蒸馏水定容到 100 mL，灭菌后 4 ℃保存。

（三）材料

E. coli DH5α 大肠杆菌（R⁻，M⁻），100 mL 三角瓶，1.5 mL EP 管，0.22 μm 滤膜，过滤灭菌器，培养皿，离心管架，移液器吸头，大量冰块等。

实验步骤

（一）制备种子液

（已预先准备好）从新活化的 E. coli DH5α 菌平板上挑取一单菌落（超净工作台上操作），接种于 3～5 mL LB 液体培养中，37 ℃振荡培养 12 h 左右，直至对数生长期。

（二）扩大培养

将该菌悬液以 1:100～1:50 转接于 100 mL LB 液体培养基中，37 ℃振荡扩大培养，当培养液开始出现混浊后，每隔 20～30 min 测一次 A_{600}，至 A_{600} 约为 0.5 时停止培养。

（三）收集菌液

取培养液 1.5 mL 转入微量离心管中，在冰上冷却 10 min，于 4 ℃、5000 r/min 离心 10 min（从这一步开始，所有操作均在冰上进行，速度尽量快而稳）。

（四）$CaCl_2$ 处理菌体

（1）倒净上清液培养液，用 1 mL 冰冷的 0.1 mol/L $CaCl_2$ 溶液轻轻悬浮细胞，冰浴，4 ℃、5000 r/min 离心 10 min。

（2）弃去上清液，加入 100 μL 冰冷的 0.1 mol/L $CaCl_2$ 溶液，小心悬浮细胞，于冰上放置片刻后，即制成了感受态细胞悬液。

（五）分装与保存

制备好的感受态细胞悬液可直接用于转化实验，也可加入占总体积 15% 左右的高压灭菌过的甘油，混匀后在超净工作台分装到 EP 管中，液氮速冻后，置于 -70 ℃ 条件下，可保存半年至一年。

注意事项

（1）须用菌种活化后新鲜长出的单菌落进行接种，不要用经过多次转接或者长时间存放在 4 ℃ 的菌落。

（2）菌液摇至 A_{600} 为 0.45～0.55 后，须即刻进行后续实验，而不能将菌液置于 4 ℃ 冰箱中存放太久，否则感受态细胞质量将下降。

（3）整个操作过程均应在无菌条件下进行，所用器皿及试剂均须保证无菌，避免杂菌污染影响转化效果。

实验9 重组子的转化

实验目的
(1) 掌握重组质粒转化宿主细胞的原理和方法。
(2) 了解感受态细胞及重组质粒转化在分子克隆中的意义。

实验原理
转化是将带有外源 DNA 的重组质粒导入受体细胞，随着细胞的大量复制繁殖，使受体细胞获得新的遗传性状的一种手段。转化过程所用的受体细胞一般是限制修饰系统缺陷的变异株，即不含限制性核酸内切酶和甲基化酶的突变体（R^-、M^-），它可以允许外源 DNA 分子进入体内并稳定地遗传给后代。转化的方法有化学转化法（热击法）和电转化法，受体细胞经过这两种方法的处理后，细胞膜的通透性发生了暂时性的改变，成为能允许外源 DNA 分子进入的感受态细胞，在受体细胞中的重组 DNA 分子通过复制，实现遗传信息的转移，使受体细胞出现新的遗传性状。

最常用的方法是化学转化法中的 $CaCl_2$ 转化法，其原理是当大肠杆菌处于冰浴（0 ℃）预处理的 $CaCl_2$ 低渗溶液中时，菌体细胞膨胀成球形，转化混合物中的 DNA 形成抗 DNA 酶的羟基-钙磷酸复合物，黏附于细胞膜表面，经 42 ℃ 短暂热击处理，促进细胞吸收 DNA 复合物；外源 DNA 分子通过吸附、转入、自稳而进入细胞内，并且开始复制和表达。转化后，细菌会被转移到非选择性培养基上培养一段时间，促使外源基因的表达。最后，将培养物涂布在选择性培养基上，筛选出转化成功的细菌。

实验用品

（一）器材
水浴箱、超净工作台、微量移液器、摇床、生化培养箱、微波炉、离心机、制冰机、培养皿、涂布棒等。

（二）试剂
(1) LB 液体培养基的配制（1 L）：胰蛋白胨 10 g、酵母提取物 5 g、NaCl 10 g。若配置固体培养基，则再加入 15 g 琼脂。高温高压灭菌 20 min 待用。

(2) 卡那霉素（Kana）母液（50 mg/mL）的配制：称取 0.5 g Kana 粉末于 10 mL 去离子水中溶解完全，0.22 μm 针筒过滤器过滤除菌后分装，保存于 -20 ℃ 待用。

(3) 灭菌 ddH$_2$O。

（三）材料

(1) 构建的重组质粒：ALPL + pET-30a（+）。
(2) 阳性样本：pET-30a（+）载体。
(3) DH5α 大肠杆菌感受态细胞。

实验步骤

（一）转化样品的准备

(1) 重组质粒1：10 μL 连接反应体系［PCR 产物（ALPL）+ pET-30a（+）载体］。
(2) 阳性对照：2 μL pET-30a（+）载体。
(3) 阴性对照：100 μL DH5α 大肠杆菌感受态细胞菌液涂布。
(4) 空白对照：100 μL DH5α 大肠杆菌感受态细胞菌液涂布。

（二）平板制备

微波炉加热熔化 LB 固体培养基，室温冷却至不烫手背，倒板（100 mL 培养基大概能倒 5 个直径 90 mm 的培养皿）。

(1) 空白平板（无 Kana 板，1 个/组）。
(2) Kana 板（3 个/组）：加入 Kana（终浓度 50 μg/mL，原液 50 mg/mL）后倒板，待凝固备用。

（三）转化（注：同时转化对照组）

(1) 从 −80 ℃ 冰箱中取出 100 μL DH5α 大肠杆菌感受态细胞悬液放置冰上解冻。
(2) 取 10 μL 连接产物体系加入 100 μL 感受态细胞，轻柔吹吸（或搅拌）混匀，做好标记，冰浴 30 mim。
(3) 将上述混合物 42 ℃ 水浴，热激细胞 90 s（不要摇动离心管）。注：热激时间小于 90 s 或大于 100 s 均会造成转化效率降低。
(4) 热激结束，立即将其置于冰上，冷却 2 min。
(5) 向上述混合物中分别加入 800 μL 无抗生素的 LB 液体培养基（在超净工作台操作，不需要在冰上），于 37 ℃ 摇床（150 r/min）培养约 45 min。
(6) 培养时间结束后取出各样品培养液于 8000 r/min 离心 1 min。
(7) 用移液器小心除去约 800 μL 上清液，剩余上清液和沉淀用移液器吹吸混匀。
(8) 在相应的平板上涂布（表 2.9.1），待菌液完全被培养基吸收后，培养皿倒置于 37 ℃ 培养箱中过夜（12～16 h），待用。

表2.9.1　平板涂布情况表

平板类型	涂布	抗性
空白对照	100 μL DH5α 大肠杆菌感受态细胞菌液涂布	无
阴性对照	100 μL DH5α 大肠杆菌感受态细胞菌液涂布	Kana
阳性对照	2 μL［pET-30a（+）载体］+100 μL DH5α 大肠杆菌感受态细胞悬液（100 μL 涂布）	Kana
重组质粒1	10 μL 连接产物体系［PCR 产物（hALPL）+pET-30a（+）载体］+100 μL DH5α 大肠杆菌感受态细胞悬液（100 μL 涂布）	Kana

注意事项

（1）转化和筛选实验均需无菌操作，所有器具及试剂都需要进行灭菌处理，部分实验操作需要在超净工作台中进行。

（2）连接产物加入感受态细胞悬液后要冰上放置30 min。

（3）42 ℃热激处理很关键，热激处理时间过短或过长均会使转化效率下降。转化的热激反应必须严格控制时间，避免时间过长引起过多细胞膨胀死亡，时间过短进入受体细胞的目的DNA过少。

（4）实验中设计的阴性对照组，如果在选择培养基上有菌落生长，首先要确定是否为抗生素失效（添加抗生素时是否培养基温度过高，导致抗生素失效），其次确定是否在操作过程中有污染。抗生素受热易失活，不能采用高压灭菌的方法除菌，只能用过滤除菌的方法配置抗生素溶液，且加入培养基中时，培养基温度应低于60 ℃。

（5）热激过程中，不要晃动转化混合物，避免转化失败。

（6）热激后加入的是无抗性LB培养基。

（7）涂布转化菌前，应先将使用酒精灯火焰灭菌的涂布棒在培养皿盖上降温，避免温度过高烫死细胞。

实验 10　菌落 PCR 筛选阳性重组子

实验目的

掌握菌落 PCR 鉴定的原理和方法。

实验原理

菌落 PCR（colony PCR）是利用菌落为模板进行 PCR 扩增以检测构建质粒是否为预期重组质粒的技术。在 95 ℃高温条件下，细菌细胞裂解，释放出的细胞内 DNA 暴露并因高温的作用而变性成为单链，此时该 DNA 可作为模板用于 PCR，进而检测该 DNA 中是否含有重组的外源 DNA 序列插入。由于外源 DNA 片段通常是利用一对特异性引物进行 PCR 扩增获得并插入到载体上的，因此可以利用该特异性引物或者载体上的通用引物扩增目的基因片段，然后通过电泳鉴定 PCR 产物，根据是否有 PCR 产物和产物的大小可以判断细菌是否含有插入目的基因的质粒。

由于细菌的基因组比较复杂，有可能会获得与预期大小一致的非目的基因片段，因此，在做菌落 PCR 时，最好设置一个阴性对照，即以转化前的宿主菌做 PCR 的模板，以排除假阳性结果。

实验用品

（一）器材

PCR 仪、离心机、超净工作台、微量移液器、电泳仪、水平电泳槽、制胶架、制胶板、凝胶成像系统、电子天平、灭菌 PCR 管、灭菌 200 μL 吸头和灭菌 1.5 mL EP 管等。

（二）试剂

（1）扩增 λALPL 珠蛋白基因的引物：

hALPL-F：5′-ggaattcCATATGttcctgggagatgggatgg-3′。

hALPL-R：5′-ccgCTCGAGgaacaggacgctcaggggtag-3′。

（2）$10 \times$ PCR 缓冲液 Mg^{2+} plus。

（3）dNTP 混合物（2.5 mmol/L）。

（4）Taq 酶：1 U/μL。

（5）灭菌 ddH_2O。

（6）琼脂糖。

（7）TAE 缓冲液。
（8）6×loading buffer。
（9）核酸染料。
（10）DNA marker。

（三）材料

含有菌落的 LB 琼脂糖平板。

实验步骤

（1）在 PCR 管中加入表 2.10.1 中所列试剂，混匀（25 μL/管）。

表 2.10.1 PCR 反应体系

试剂名称	加入量/μL	终浓度
10×PCR buffer	2.5	—
2.5 mmol dNTP 混合物	2	200 μmol/L
hALPL-F（10 μmol/L）	1	0.4 μmol/L
hALPL-R（10 μmol/L）	1	0.4 μmol/L
Taq 酶（1 U/μL）	1	1 U/μL
ddH$_2$O	17.5	—
总体积	25	—

（2）常温下用灭菌的牙签或枪头随机挑取 LB 琼脂糖平板的少量菌体，然后将沾有菌体的牙签或枪头置于相应的装有 PCR 混合物的 PCR 管中洗涤数次，盖紧管子。

（3）将混有菌体的 PCR 混合物置于 PCR 仪中，扩增程序如图 2.10.1 所示。

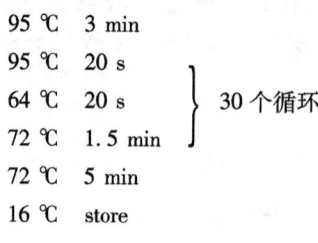

图 2.10.1 PCR 扩增程序

（4）制备 1.0% 的琼脂糖凝胶，取 PCR 产物进行电泳，然后用凝胶成像系统观察 DNA 条带，分析实验结果，筛选出阳性克隆（图 2.10.2）。

实验 10　菌落 PCR 筛选阳性重组子

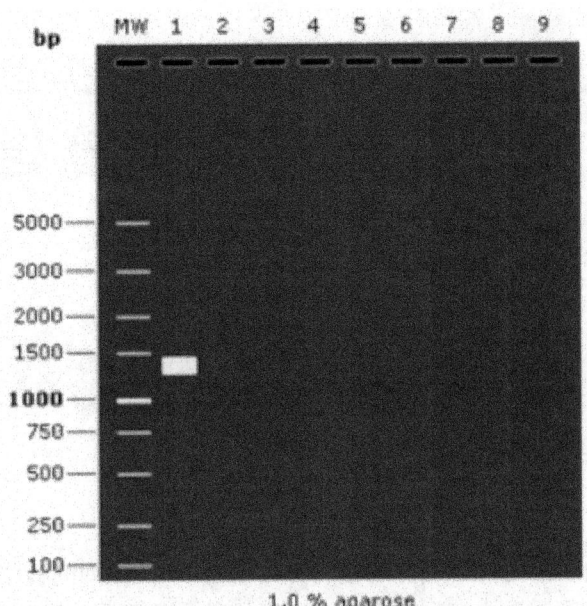

MW:DNA marker；1：样本；2：阴性对照；3：空白对照。

图 2.10.2　实验对比

注意事项

（1）PCR 反应菌液的体积不能过大，否则会影响 PCR 体系，导致扩增无产物。

（2）由于菌落 PCR 容易出现假阳性结果，因此得到的阳性克隆需要用酶切法进一步验证，或者进行测序验证。

（3）PCR 只能检测阳性克隆是否有基因插入，不能检测是否有突变，故仍需要测序确认。

（4）PCR 反应的引物，可以选用载体上的通用引物，也可以使用克隆目的基因的引物。

（5）PCR 反应体系都是微量取样，为了避免取不到样，模板除外，先配置剩余试剂的样本数量的反应体积后再分装。

实验 11　重组质粒的酶切鉴定

实验目的
（1）掌握限制性核酸内切酶酶切质粒 DNA 的原理和方法。
（2）了解限制性核酸内切酶的作用特点。

实验原理

限制性核酸内切酶是能识别并切割特异的双链 DNA 序列的核酸酶，是 DNA 重组技术中重要的关键工具酶之一，分子克隆中常用的为 II 型限制酶。

在分子克隆实验中，目的基因片段和质粒不能直接进行连接，需要通过限制性核酸内切酶切割，并将酶切产物纯化后才能进行连接。在设计 PCR 引物扩增目的基因片段时，往往需要在引物 5′末端引入一对限制酶的酶切位点，便于目的基因克隆到目标载体中。限制性核酸内切酶能特异性识别和切割双链 DNA 分子中的特定核苷酸序列，切割后产生的切口有黏性末端和平末端。黏性末端是 DNA 分子在限制性核酸内切酶的作用下形成的具有互补碱基的单链延伸末端结构，能够通过互补碱基的配对而重新连接起来，但具有平末端的 DNA 片段其重新连接效率没有黏性末端高。在构建重组 DNA 分子时，由于黏性末端连接有很高的重组效率，在实验中作为首选方法。通过了解目的基因和载体的酶切图谱，选用合适的限制性核酸内切酶，所选的内切酶只能在目的基因的两端有酶切位点，而不能切割目的基因的内部，载体上也只能有单一的酶切位点。常用的限制性核酸内切酶的切割方法有单酶切、双酶切和部分酶切等。在重组 DNA 实验中，为了避免载体自连和目的基因定向克隆到载体上，提高实验的成功率，常选用双酶切法，即用两种不同的限制性核酸内切酶切割载体和目的基因产生两种不同的黏性末端，再用 DNA 连接酶共价连接时，目的基因片段只能以一个方向插入载体中（图 2.11.1）。

限制性核酸内切酶对环状质粒 DNA 有多少切口，就能产生多少酶切片段，鉴定酶切后的片段在电泳凝胶的区带数，就可以推断酶切切口的数目，从片段的迁移率可以大致判断酶切片段的大小。用已知分子量的线状 DNA 为对照，通过电泳迁移率的比较，就可以粗略推测分子形状相同的未知 DNA 的分子量。限制性核酸内切酶进行双酶切后借助凝胶电泳检测，若发现被切下片段中有与插入片段大小一致者，则说明该克隆为包含目的基因的阳性克隆。本次实验使用 *Nde* I 和 *Xho* I 进行酶切鉴定，目的基因片段大小为 1409 bp，结果如图 2.11.2 所示。

实验 11 重组质粒的酶切鉴定

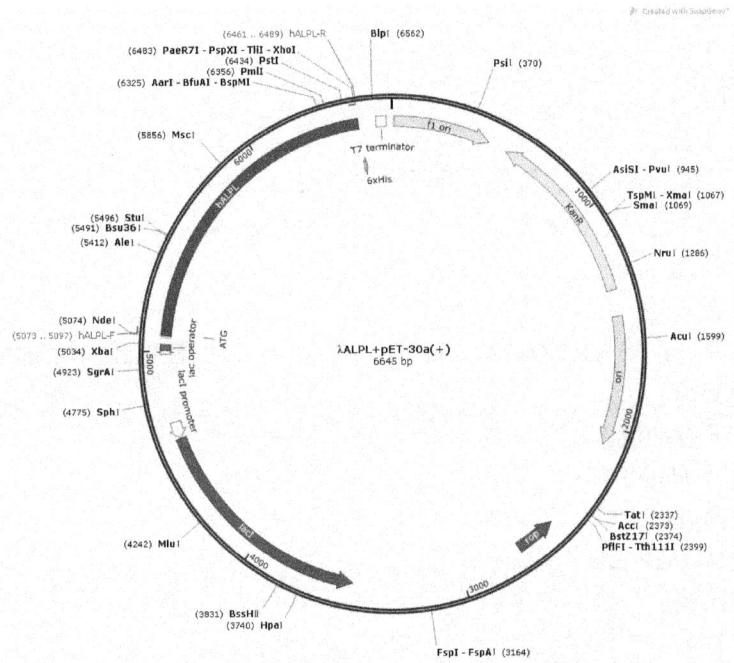

图 2.11.1 λALPL+pET-30a（+）质粒示意

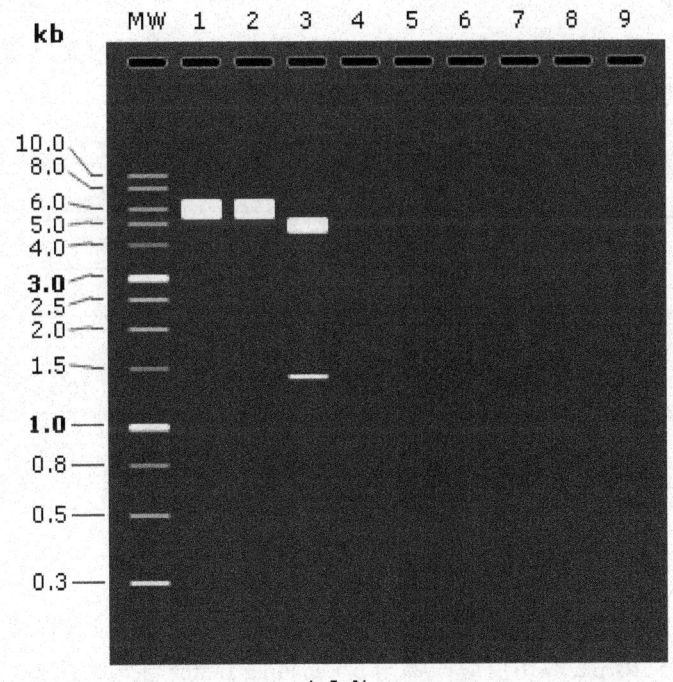

MW：1 kb DNA Ladder。1：hALPL+pET-30a（+），*Xho* I；1.6645 bp。2：hALPL+pET-30a（+），*Nde* I；1.6645 bp。3：hALPL+pET-30a（+），*Nde* I + *Xho* I；1.5236 bp；2.1409 bp。

图 2.11.2 酶切效果电泳示意

实验用品

(一) 器材

恒温水浴箱、离心机、微量移液器、电泳仪、水平电泳槽、制胶架、制胶板、凝胶成像系统、电子天平、灭菌 PCR 管、灭菌 200 μL 吸头、灭菌 10 μL 吸头和灭菌 1.5 mL EP 管等。

(二) 试剂

(1) 限制性核酸内切酶试剂：*Nde* I、*Xho* I、限制性核酸内切酶缓冲液。
(2) 琼脂糖。
(3) TAE 缓冲液。
(4) 6×loading buffer。
(5) 核酸染料。
(6) DNA Marker。
(7) ddH$_2$O。

(三) 材料

提取的菌落 PCR 鉴定为阳性的重组质粒。

实验步骤

(1) 在一个洁净的 1.5 mL 离心管中混匀表 2.11.1 中所列反应物（具体的体系组成需要参考所购买的酶浓度及质粒的浓度进行调整）。

表 2.11.1 酶切反应体系

反应物	体积/μL
ddH$_2$O	6
10×buffer	2
质粒 DNA	10
Nde I	1
Xho I	1
总计	20

(2) 将各成分加入后，体系混匀置于 37 ℃ 水浴中进行酶切反应 2～3 h。

(3) 取 5～10 μL 酶切反应产物与 6×loading buffer 混匀，用 1% 的琼脂糖凝胶电泳鉴定，将未酶切的重组质粒作为对照，根据凝胶成像分析酶切反应。如果酶切成功，则在凝胶上会出现一条与预期相对分子质量大小一致的 DNA 条带。

(4) 观察结果，记录阳性克隆，−20 ℃ 保存，用于后续表达使用。

注意事项

（1）加入反应的酶体积不超过反应总体积的 1/10，避免限制酶活性受到甘油的影响。

（2）大多数限制酶贮存在 50% 甘油溶液中，以避免在 -20 ℃ 条件下结冰。当最终反应液中甘油浓度大于 12% 时，某些限制酶的识别特异性降低，从而产生星活性，更高浓度的甘油会抑制酶活性。

（3）多种因素可诱发星活性：高甘油浓度、Mg^{2+} 存在、DMSO 存在、低离子强度条件下，识别序列会发生变化。

（4）反应混合物中 DNA 底物的浓度不宜太大，小体积中过高浓度的 DNA 会形成黏稠 DNA 溶液，抑制酶的扩散，并降低酶活性。建议酶切反应的 DNA 浓度为 $0.1 \sim 0.4\ \mu g/\mu L$。

（5）当要用两种或两种以上限制酶切割 DNA 时，如果这些酶可以在同种缓冲液中作用良好，则可同时切割，如果这些酶所要求的缓冲液有所不同，则可采用以下两种替代方法：

A. 先用在低离子强度的缓冲液中活性高的酶切割 DNA，然后加入适量 NaCl 及第二种酶，继续反应。

B. 使用能够使多数内切酶均表现较高活性的单种缓冲液。

（6）酶切底物 DNA 应具备一定的纯度，其溶液中不能含有少量酚、氯仿、乙醚，大于 10 mmol/L 的 EDTA，去污剂 SDS 及过量的盐离子浓度，否则会不同程度地影响限制酶的活性。

（7）要保证酶作用时的最佳反应条件（pH、温度）和底物用量，酶反应才能有效地进行。

（8）反应取酶时应使用无菌吸头，以免污染酶液，同时应尽量缩短酶在室温的放置时间。

（9）反应混合物混匀时，应避免剧烈振荡以防止内切酶变性及 DNA 大分子断裂。

（10）反应前的低速离心是必要的，这可使因混匀吸附于管壁上的液滴全部沉至管底。

（11）试剂使用前，一定充分解冻并混匀。

实验 12　外源基因在大肠杆菌中的诱导表达

实验目的

(1) 了解外源基因在原核细胞中的表达特点及检测方法。
(2) 掌握原核细胞中表达外源基因的原理和方法。

实验原理

含有外源基因的表达载体可以在不同的原核系统中表达，目前最常用的是大肠杆菌表达系统。

大肠杆菌（*E. coli*）的乳糖（lactose，简称 lac）操纵子含 Z、Y 及 A 3 个结构基因，3 个结构基因分别编码 β-半乳糖苷酶、透酶和乙酰基转移酶。除此之外还有 1 个操纵序列 O、1 个启动序列 P 及 1 个调节基因 I。I 基因编码一种阻遏蛋白。在没有乳糖存在时，表达的阻遏蛋白与操纵基因 O 结合，阻碍 RNA 聚合酶与 P 序列结合，*lac* 操纵子处于阻遏状态，阻遏转录的启动。当有乳糖存在时，*lac* 操纵子即可被诱导。在这个操纵子体系中，真正的诱导剂不是乳糖本身，而是乳糖通过透酶的作用进入细胞。经 β-半乳糖苷酶催化为半乳糖，后者作为一种诱导剂分子结合阻遏蛋白，使蛋白质构象变化，导致阻遏蛋白与 O 序列解离，发生转录。半乳糖类似物异丙基硫代半乳糖苷（IPTG）是一种作用极强的诱导剂，不被细菌代谢且十分稳定，常在分子生物学实验中被广泛应用。

将外源基因插入表达载体的 *lac* 启动子下游，构成新的重组子，通过 $CaCl_2$ 法转化导入受体大肠杆菌细胞内进行培养。当细菌增殖到一定密度时（OD_{600} 为 0.4～0.6），向培养基中加入诱导剂 IPTG，阻遏蛋白不能与操纵基因结合，外源基因大量转录并高效表达。表达的蛋白可通过 SDS-PAGE 和蛋白质印迹法进行鉴定。

实验用品

（一）器材

超净工作台、生化培养箱、恒温摇床、微量移液器。

（二）试剂

(1) LB 培养基。
(2) 50 mg/mL 卡那霉素。

(3) 24 mg/mL 异丙基硫代 - β - D - 半乳糖（IPTG）。

（三）材料

菌种：含有外源基因的表达菌株。

实验步骤

(1) 从 LB 平板上挑取含外源基因的表达菌株 BL21（DE3）和不含外源基因的表达载体（空载体）的表达菌株 BL21（DE3）。

(2) 分别在 5 mL LB 培养基（含 50 μg/mL Kan$^+$）中培养过夜。

(3) 将上述培养液按 2% 比例接种于 100 mL LB 培养基。LB 培养基加入 100 μL 50 mg/mL 卡那霉素，使终浓度达 50 μg/mL。37 ℃、220 r/min，振荡培养 2～3 h，使 OD_{600} 值达 0.4～0.6。

(4) 收集菌体：取 40 mL 菌液至 50 mL 离心管，作为表达起始（诱导前）对照，标记为"0"（诱导前），同时测 OD_{600}，4 ℃ 冰箱保存。

(5) 余下 60 mL 菌液，加入 600 μL 的 IPTG（24 mg/mL 或 100 mmol/L）诱导表达，使其终浓度为 1 mmol/L。37 ℃、220 r/min 振荡诱导表达。

(6) 诱导表达约 3 h 停止，并测 OD_{600}，收集菌体，标记为"3 h"。以 LB 培养基为空白对照，在波长为 600 nm 处测 OD 需要用稀释的 LB 培养基进行。

(7) 表达检测：以 1/OD mL 的量取样，12000 r/min 离心 2 min，弃上清液，菌体沉淀以 50 μL 生理盐水重悬，取 100 μL 菌体悬液与 2×SDS 上样缓冲液重悬混匀，于 100 ℃ 煮沸 10 min，12000 r/min 离心 2 min，将菌体置于 -20 ℃ 保存，以备 SDS-PAGE 检测确定外源基因是否成功表达。

注意事项

(1) 需要无菌操作的实验环节一定要在超净工作台内进行（超净工作台使用前后应注意灭菌处理）。

(2) IPTG 的浓度、诱导温度、诱导时间对外源蛋白的表达都有影响。

实验 13　基因表达产物的检测分析：SDS-PAGE

实验目的
(1) 掌握 SDS-PAGE 的基本原理及操作。
(2) 掌握 SDS-PAGE 检测分析基因表达产物的方法。

实验原理
生物大分子在混合样品中各组分在电泳中的迁移率主要取决于分子大小、形状及其所带电荷量。十二烷基硫酸钠（SDS，阴离子表面活性剂）能打开蛋白质的氢键和疏水键，使蛋白质分子呈棒状，长度与分子量大小正相关；SDS 能与蛋白质分子相结合（一般 SDS 与蛋白质结合比为 1.4∶1），蛋白质－SDS 复合物带上相同密度的负电荷，其带电荷量也与分子量大小呈正相关。因此，蛋白质分子的电泳迁移率主要取决于其分子量大小。

收集诱导表达后的菌液，经 SDS-PAGE 电泳分离不同大小的蛋白。通过蛋白分子量标准找出目的蛋白，通过凝胶成像系统分析计算目的蛋白条带的相对含量，分析诱导表达的结果。

实验用品
（一）器材
VE-180 垂直电泳系统、凝胶图像分析系统、直流稳压电源、移液器、金属加热器、水平脱色摇床。

（二）试剂
(1) 分离胶缓冲液（1.5 mol/L Tris-HCl，pH 8.8）：称取 Tris 碱 18.17 g，加约 80 mL 蒸馏水，用浓盐酸调 pH 至 8.8，蒸馏水定容至 100 mL，4 ℃保存。
(2) 浓缩胶缓冲液（1.0 mol/L Tris-HCl，pH 6.8）：称取 Tris 碱 12.11 g，加约 60 mL 蒸馏水，用浓盐酸调 pH 至 6.8，蒸馏水定容至 100 mL，4 ℃保存。
(3) 30% 丙烯酰胺贮液：称取丙烯酰胺（Acr）29.0 g 及 N，N′－甲叉双丙烯酰胺（Bis）1.0 g，蒸馏水定容至 100 mL，置棕色试剂瓶于 4 ℃保存。
(4) 10% SDS 溶液：称取 10 g SDS，加 80 mL 蒸馏水加热溶解后定容至 100 mL，室温保存。

(5) TEMED（四甲基乙二胺）。

(6) 10%过硫酸铵（APS）：称取 1 g 过硫酸铵溶解于 10 mL 蒸馏水中，分装后 -20 ℃保存。

(7) 5× Tris-Gly 电泳缓冲液贮液（pH 8.3）：称取 Tris 碱 15.1 g、甘氨酸 94.0 g、SDS 5.0 g，加入 800 mL 蒸馏水溶解后定容至 1 L，使用时稀释至 1×电泳缓冲液。

(8) 考马斯亮蓝 R-250 染色液：称取 1.0 g 考马斯亮蓝 R-250，加入 250 mL 异丙醇和 100 mL 冰乙酸，搅拌溶解，蒸馏水定容至 1 L。

(9) 考马斯亮蓝脱色液：100 mL 冰乙酸，50 mL 乙醇，蒸馏水定容至 1 L。

(10) 考马斯亮蓝快速蛋白染液。

(11) 2× SDS 上样缓冲液。

（三）材料

收集的 pET-30a（+）-λALPL 表达菌液。

实验步骤

（1）安装夹心式垂直板电泳槽：将方形及凹形玻璃板对齐并夹紧，固定于制胶架上，用水检查是否漏液。

（2）制备分离胶（10 mL）：按表 2.13.1 配制 10%分离胶，混匀后用移液器快速加到制胶板中，液面高度离制胶板短玻璃板上沿 1.5～2.0 cm，立即用水封胶。静置 30 min，凝胶与水封层间出现明显界线，则表示凝胶完全聚合。倒去水封层，用滤纸条吸干残余水分。

表 2.13.1 分离胶配制体系

试剂	10%分离胶/mL
H_2O	3.3
30%丙烯酰胺贮液	4.0
1.5 mol/L Tris-HCl (pH 8.8)	2.5
10% SDS	0.1
10% AP	0.1
TEMED	0.004

（3）制备浓缩胶（5 mL）：按表 2.13.2 配制 5%浓缩胶，混匀后立即用移液器加到分离胶上，加满。将梳子插入浓缩胶内，避免带入气泡。

表 2.13.2 浓缩胶配制体系

试剂	5%浓缩胶/mL
H_2O	3.4
30%丙烯酰胺贮液	0.83
1.0 mol/L Tris-HCl (pH 6.8)	0.63
10% SDS	0.05
10% AP	0.05
TEMED	0.005

(4) 凝胶凝固后,将玻璃板从制胶架取出,安装电泳槽,倒入电泳缓冲液,应没过短板 0.5 cm 以上,使正负极成功桥接,小心拔去样品梳。

(5) 将收集的菌体用 $1/OD_{600}$ 体积的 ddH_2O 重悬,与 2×上样缓冲液等体积混匀,沸水浴或 100 ℃金属浴 5 min,用移液器取相同体积的样品加到样品孔中。

(6) 恒压 80 V 电泳,溴酚蓝指示带至分离胶界面时,将电压调至 120 V,待溴酚蓝指示带至凝胶底部时关闭电源。

(7) 取出玻璃板,用起胶器将胶剥离并移至染色液中,染色 1 h 左右,用蒸馏水漂洗数次,再置于脱色液中,平缓摇动脱色 4 ~ 8 h,其间更换脱色液 3 ~ 4 次,直到蛋白区带清晰(如果是蛋白快速染液,用去离子水漂洗)。

(8) 凝胶成像系统观察电泳结果,分析基因产物的表达情况,计算目的蛋白条带的相对含量。

注意事项

(一) 凝胶时间过长

凝胶时间通常在 30 ~ 60 min,如果凝胶时间太长,可能是 TEMED、APS 剂量不够或者失效造成。APS 应该现配现用,TEMED 不稳定,易被氧化成黄色。

(二) 电泳的条带较粗

主要是条带未浓缩好所致。可适当增加浓缩胶的长度,确定浓缩胶缓冲液的 pH 正确(6.8),适当降低电压。

(三) "微笑"(两边翘起中间凹下)条带形成

主要是凝胶的中间部分凝固不均匀所致,多出现于较厚的凝胶中。

(四) "皱眉"(两边向下中间鼓起)条带形成

一般是由于两板之间的底部间隙气泡未排除干净,可在两板间加入适量缓冲液,以排出气泡。

（五）条带出现拖尾现象

一般是因为样品上样量过大，可在保证实验结果的前提下减少上样量；或因为样品溶解不充分，应待样品完全溶解后再上样。

实验 14　蛋白质印迹法

实验目的
（1）掌握蛋白质印迹法实验的基本原理及操作。
（2）掌握蛋白质印迹法检测分析特定蛋白的方法。

实验原理
蛋白质印迹技术是一种检测在固相基质上蛋白质的免疫化学方法，可以分析特定蛋白质在细胞或组织中的表达情况。其基本原理是将经 SDS-PAGE 分离的蛋白转移至 PVDF 膜或其他固相载体，然后用特异性抗体与膜上的目的蛋白（抗原）结合，再与酶或同位素标记的第二抗体进行反应，经过底物显色或放射自显影以检测电泳分离的特异性目的基因表达的蛋白成分。整个实验过程分为蛋白质样品制备、SDS-PAGE、转移电泳和免疫显色四个部分。

实验用品
（一）器材
VE-180 垂直电泳系统、VE-186 转印系统、化学发光图像分析系统、直流稳压电源、移液器、组织匀浆器、金属加热器、水平脱色摇床。

（二）试剂
（1）0.9% NaCl。
（2）RIPA 裂解液，100 mmol/L PMSF。
（3）2×SDS 上样缓冲液。
（4）制备分离胶和浓缩胶的试剂（见实验 13）。
（5）5×Tris-Gly 电泳缓冲液贮液（pH 8.3）：取 Tris 碱 15.1 g、甘氨酸 94.0 g、SDS 5.0 g，加入 800 mL 蒸馏水溶解后定容至 1 L，使用时稀释至 1×电泳缓冲液。
（6）1×转移缓冲液：取 Tris 碱 5.8 g、甘氨酸 2.9 g、SDS 0.37 g，用 600 mL 蒸馏水溶解后定容至 800 mL，再加入 200 mL 甲醇定容至 1 L。
（7）1×TBS（WB 杂交膜清洗液）：取 1 mol/L Tris-HCl（pH 8.0）20 mL、8.8 g NaCl，加入 800 mL 蒸馏水溶解后定容至 1 L。
（8）甲醇。

(9) 1×TBST 缓冲液：1 L 1×TBS 加入 0.05%～0.1% 吐温 20，摇匀可用。

(10) 封闭缓冲液（1×TBST 配制）：5% 脱脂奶粉或 BSA。

(11) 抗体：p38、β-tubulin、兔二抗。

(12) 一抗稀释液：封闭液或商品化一抗稀释液。

(13) 二抗稀释液：封闭液。

(14) 丽春红染色液，ECL 发光液（按说明书配制）。

实验步骤

(1) 按照说明书配制蛋白裂解液，用适量裂解液处理样品，此步骤应在冰上进行。

A. 若样品是细胞，将裂解液加到培养皿或培养板上，用细胞刮刮取。

B. 若样品是组织，先将组织剪碎，加入裂解液后用匀浆器裂解完全。

(2) 充分裂解后，4 ℃、12000 r/min 离心 5 min，取上清液。

(3) 选取合适的蛋白定量方法进行样品的浓度测定，按相同质量计算上样体积。

(4) 取一定体积样品蛋白加入等体积 2×SDS 上样缓冲液，100 ℃ 金属浴 5 min。

(5) 12000 r/min 离心 5 min，取上清液。按步骤（3）计算的体积上样。

(6) 电泳分离（制胶和电泳过程参考实验 13）。

(7) 电泳等待的时间，准备转膜用的膜和滤纸。依据胶的大小剪取 PVDF 膜和 6 片滤纸，PVDF 膜须用纯甲醇浸泡 5～10 min，然后和滤纸一起放入转移缓冲液中平衡 10 min。

(8) 电泳结束后，将胶取出浸于转移缓冲液中，装配转移三明治：夹板黑色面朝下，按照海绵—3 层滤纸—胶—膜—3 层滤纸—海绵的顺序依次摆放，每层放好后，用滚轮除去气泡。装好之后小心合上夹板。切记：胶放于负极面（黑色面）。

(9) 把夹板放入转移槽（黑色面相对），放冰盒，加入转移缓冲液至没过夹板，将整个转移槽置于冰浴中，插上电极，恒流 250 mA，1.5 h。

(10) 转膜结束后，切断电源，小心打开夹板，取出杂交膜，在左上角剪角以区分正反面。

(11) 将膜浸泡于丽春红染色液中 30 min，用蒸馏水冲洗至蛋白条带可见，分析转膜效果。

(12) 将膜置于 25 mL 封闭缓冲液中，于水平摇床上室温孵育 2 h 或 4 ℃过夜，缓慢摇动。

(13) 一抗孵育前，应根据检测蛋白的分子量，对照蛋白 maker 将膜分开，一张膜孵育一个抗体。

(14) 按照抗体说明书推荐的稀释倍数配制目的蛋白和内参的一抗孵育液，加到对应的膜上，于水平摇床上室温孵育 2 h 或 4 ℃过夜，缓慢摇动。

(15) 回收一抗，用 1×TBST 洗膜 3 次，每次 5 min。

(16) 加入合适稀释度的辣根过氧化酶（HRP）标记的二抗，于水平摇床上室温孵育 1 h，缓慢摇动。

（17）回收二抗，用 1×TBST 洗膜 3 次，每次 5 min。

（18）配制发光液，滴加到膜上反应 10～60 s，用化学发光图像分析系统检测蛋白。

注意事项

（一）膜上无目的条带

（1）样品中不含靶蛋白或靶蛋白含量太低。可增加上样量并设置阳性对照。

（2）蛋白未转到膜上。可在转膜后用考马斯亮蓝染胶和用丽春红染膜，对比结果判断转膜效果，并优化转膜条件。

（3）蛋白未完全结合到膜上。与注意事项（2）相比，主要是指小分子蛋白可能会穿过转印膜，因此大于 20 kD 的蛋白可用 0.45 μm 的膜，小于 20 kD 的蛋白用 0.2 μm 的膜。

（4）抗体浓度低或抗体失效。可增加抗体浓度，延长抗体孵育时间，选用有效期内的抗体，抗体工作液应现配现用。

（5）发光液灵敏度不足或曝光时间不够。选择超敏发光液，现配现用；延长曝光时间。

（二）目的条带信号弱

（1）抗体结合不足。可增加抗体浓度或延长抗体孵育时间。

（2）洗膜过度。洗膜液加入的去垢剂不宜过强或过多，减少洗膜次数和洗膜时间。

（3）曝光时间不足。延长曝光时间。

（4）蛋白转移不充分。对于高分子量蛋白需要延长转移时间；对于小分子量蛋白除了缩短时间，还需用小孔径的膜；膜要完全均匀湿润。

（三）图像背景高

（1）封闭不充分。可增加封闭液孵育时间，或者提高温度，选择合适的封闭试剂（脱脂奶粉、BSA、酪蛋白等）。

（2）洗膜不充分。增加洗膜液用量、洗膜时间和洗膜次数。

（3）抗体浓度较高。提高一抗、二抗的稀释度。

（4）曝光过度。缩短曝光时间。

（5）抗体与封闭蛋白有交叉反应。检测抗体与封闭蛋白的交叉反应性，选择无交叉反应的封闭剂；洗膜液中加入吐温 20 可减少交叉反应。

（四）非特异性条带多

（1）抗体与蛋白非特异性结合。更换抗体，尽量使用单克隆或亲和层析纯化后的抗体。

（2）抗体浓度太高。可降低上样量或提高抗体稀释度。

（3）封闭不完全。增加封闭液中的蛋白浓度。

（4）细胞传代过多导致蛋白变异。使用原代或者传代少的细胞株，和现在的细胞株一起做参照。

实验 15　DNA 印迹实验

实验目的
（1）了解 DNA 印迹法的基本原理。
（2）掌握 DNA 印迹法的实验操作。

实验原理
DNA 印迹技术是分子生物学中的一项经典技术，可以用来显示 DNA 特征、大小和丰度的信息。其基本原理是首先将限制性核酸内切酶消化的基因组 DNA 片段经凝胶电泳分离，然后使凝胶上的 DNA 变性，并在相同位置将单链 DNA 片段转移至硝酸纤维素膜或其他固相支持物上。通过用放射性同位素标记特异的 DNA 探针，与单链 DNA 片段进行杂交反应，经放射自显影，分析杂交信号，确定与探针互补的每条 DNA 带的位置，从而可以确定在众多酶切产物中含某一特定序列的 DNA 片段的位置和大小。

实验用品
（一）器材
HE-120 水平电泳系统、凝胶成像系统、直流稳压电源、玻璃板、托盘、玻璃平皿、紫外分光光度计、紫外交联仪、离心机、恒温水浴箱、真空烤箱、硝酸纤维素膜、Whatman 3 MM 滤纸（厚度 0.34 mm）、吸水纸、封口膜、杂交袋、杂交箱、微量移液器、放射自显影盒、X 线胶片。
（二）试剂
（1）基因组 DNA、已标记好的探针。
（2）限制性核酸内切酶及缓冲液。
（3）DNA 分子质量标准（Marker，1 kb 梯度）、6×loading buffer。
（4）琼脂糖。
（5）10×TBE 缓冲液：800 mL 去离子水溶解 108.0 g Tris、55 g 硼酸、7.44 g Na_2-EDTA，再用去离子水定容至 1 L。
（6）GoldviewⅡ核酸染料（5000×）。
（7）20×SSC：800 mL 去离子水溶解 175.3 g NaCl、88.2 g 柠檬酸钠，用 14 mol/L HCl 调节 pH 至 7.0，用去离子水定容至 1 L，高压灭菌后室温保存。

（8）6×SSC、2×SSC 和 0.1×SSC：用 20×SSC 稀释。

（9）50×Denhardt's 溶液：1% 聚蔗糖（Ficoll-400）、1% 聚乙烯吡咯烷酮（PVP）、1%BSA，充分混匀，过滤除菌后于 −20 ℃ 储存。

（10）变性溶液：800 mL 去离子水溶解 87.7 g NaCl、20 g NaOH，定容至 1 L 后室温保存。

（11）中和溶液：800 mL 去离子水溶解 60.6 g Tris、87.7 g NaCl，用浓盐酸调节 pH 至 7.4，定容至 1 L。

（12）预杂交溶液：30 mL 20×SSC、10 mL 50×Denhardt's 溶液、5 mL 10% SDS，1 mL 10 mg/ml 鲑鱼精 DNA，用去离子水补足至 100 mL，过滤除菌后使用。

（13）10% SDS、100 mg/ml 鲑鱼精 DNA。

（14）无水乙醇、TE 缓冲液。

实验步骤

（一）基因组 DNA 的消化

（1）按下列方法准备一个 50 μL 的反应体系：基因组 DNA 20 μg，限制性核酸内切酶缓冲液适量，ddH$_2$O 适量，置于 4 ℃ 数小时，其间温和地搅动 DNA 溶液数次，加入限制性核酸内切酶（5 U/μg，以 DNA 计），补足 50 μL 体积。

（2）4 ℃ 温和地搅动溶液 2～3 min，37 ℃ 水浴孵育 8～12 h。

（3）酶切结束后用乙醇沉淀法浓缩 DNA 片段，将 DNA 溶于 10 μL TE 缓冲液中，测定其 OD 值。

（二）电泳检测

（1）用 0.5×TBE 缓冲液配制 0.7% 的琼脂糖凝胶，凝胶厚度在 3～5 mm 之间。

（2）将 DNA 酶切产物（每个加样孔不少于 10 μg）与 6×loading buffer 混合，用移液器加到样品孔中。10 μL Marker 加在凝胶的最外侧样品孔中。

（3）开始电泳，溴酚蓝跑到距凝胶底部 1/3 位置时停止电泳。

（4）用凝胶成像系统观察 DNA 电泳条带，拍照记录。

（三）转移和固定

（1）将凝胶在加样孔一侧切去一角，做凝胶方位标记。再放进装有变性缓冲液的玻璃皿中轻轻摇动，处理 2 次，每次 15 min。

（2）用去离子水清洗凝胶 2 次，再将凝胶转移到中和缓冲液中处理 2 次，每次 15 min。

（3）用去离子水清洗凝胶 2 次，将凝胶用 20×SSC 平衡 10 min。

（4）准备 1 张硝酸纤维素膜，2～4 张 3 MM 滤纸和一些吸水纸（可用卫生纸代替），都与胶的大小相同。硝酸纤维素膜剪下一角做方向标记，然后先用无菌水完全湿透，再用 20×SSC 浸泡。

（5）在托盘中放一块平板，上面铺一张 3 MM 滤纸，滤纸两边浸泡在 20×SSC

缓冲液中，做滤纸桥，去除滤纸与平板之间的气泡。

（6）将凝胶放置在滤纸上，加样孔的一面朝下，然后将浸湿的硝酸纤维素膜铺在胶上，去除气泡。

（7）再用3张浸湿的滤纸覆盖在硝酸纤维素膜上，去除气泡。用封口膜将胶的四周封上。再把一叠干的吸水纸放置在滤纸上，纸上再放一块玻璃板，加压约500 g重物。

（8）上述步骤完毕，即开始转移。根据DNA复杂程度，转移2～24 h。

（9）转移结束后，小心取出硝酸纤维素膜，在6×SSC溶液中浸泡5 min。空气干燥膜片，在真空烤箱内80 ℃烘烤2 h。烘过的膜可在室温下干燥保存，待杂交。

（四）杂交

（1）预杂交：将硝酸纤维素膜放入杂交袋内，加入预杂交液（约200 μL/cm^2），去除袋中多余空气，封口，于42 ℃杂交箱中孵育2～4 h，弃去预杂交液。

（2）向杂交袋中加入杂交液（预杂交液加入标记好的探针即为杂交液），然后置于42 ℃杂交箱中杂交16～24 h。

（五）洗膜

（1）弃去杂交液，取出硝酸纤维素膜，在室温下，用2×SSC/0.1% SDS溶液漂洗2次，每次15 min。

（2）室温下，用0.1×SSC/0.1% SDS溶液漂洗2次，每次15 min。

（3）55 ℃，用0.1×SSC/0.1% SDS溶液漂洗2次，每次30 min。

（六）放射自显影

（1）在暗室中，于胶片盒内在膜两侧各压上2张X线胶片，-70 ℃放射自显影。

（2）曝光1～2天后先取一张显影，若没结果则增加曝光时间。

（七）实验结果及分析

（1）电泳结束后，应在紫外线下仔细观察DNA酶切是否完全、电泳分离效果是否良好、DNA样品有无降解、DNA带型是否清晰、有无拖尾及边缘是否模糊等现象，确认一切正常后再做转移及杂交。

（2）放射自显影后，观察X线片上曝光显示条带的分子质量大小及亮度。

（3）对照电泳图和X线片，确定被杂交分子的位置，通过凝胶电泳回收获得，并进行下一步研究。

注意事项

（一）大片段DNA的转移时间长且转移不完全

大于15 kb的DNA片段转移，可先用0.2 mol/L HCl处理15 min，脱嘌呤。但处理时间须严格掌握，过长会使DNA降解为小片段，影响转移及杂交。

（二）电泳后DNA条带扩散，影响结果

（1）电泳时上样可隔孔加样，电泳后应及时处理凝胶使其干燥。

（2）选择质量好的琼脂糖。

（三）杂交后条带转移不均匀

（1）硝酸纤维素膜上的滤纸不能接触到凝胶下的滤纸，否则容易形成短路。

（2）硝酸纤维素膜和吸水纸不能比胶大，否则易形成旁路。

（3）硝酸纤维素膜一旦与凝胶接触即不可再移动，因为从接触的一刻起，转移就已经开始。

（四）检测结果为阴性

（1）待测样品确实为阴性。

（2）基因组中目的基因表达很低，低于DNA印迹杂交的检测下限。可加大基因组的用量和探针的浓度。

（3）基因组提取的质量不高，可选用高得率的试剂盒。

（4）酶切位点没选好，更换其他酶切位点，同时保证酶切产物的质量。

（五）探针背景高

（1）探针浓度很关键，太高会非特异结合到膜上，太低则敏感性不够。因此需通过预实验选择最优的杂交条件。

（2）适当延长梯度洗膜的时间，提高洗膜的温度。

实验 16　全长 cDNA 文库的构建

实验目的

(1) 了解 SMART (switching mechanism at 5′ end of the RNA transcript) 技术构建全长 cDNA 文库的基本原理。

(2) 掌握 SMART 技术构建人正常肝组织全长 cDNA 文库的实验操作。

(3) 了解全长 cDNA 文库构建的应用。

实验原理

全长 cDNA 是由 mRNA 反转录，通过逆转录酶以 mRNA 为模板合成第一链，再通过 DNA 聚合酶合成第二链。全长 cDNA 不仅包含完整的阅读框架而且还包括 5′和 3′ UTR 区（非翻译区）。SMART 法在合成 cDNA 的反应中事先加入的 3′末端带 oligo (dG) 的 SMART 引物，由于逆转录酶以 mRNA 为模板合成 cDNA，在到达 mRNA 的 5′末端碰到甲基化的 G 时会连续在合成的 cDNA 末端加上几个（dC），SMART 引物的 oligo（dG）与合成 cDNA 末端突出的几个 C 配对后形成 cDNA 的延伸模板，逆转录酶会自动转换模板，以 SMART 引物作为延伸模板继续延伸 cDNA 单链直到引物的末端，这样得到的所有 cDNA 第一链的一端有含 oligo（dT）的起始引物序列，另一端有已知的 SMART 引物序列，合成第二链后可以利用通用引物进行扩增。由于有 5′帽子结构的 mRNA 才能利用这个反应合成 cDNA，因此扩增得到的 cDNA 就是全长 cDNA。

实验用品

（一）器材

HE-120 水平电泳系统、凝胶成像系统、直流稳压电源、紫外分光光度计、离心机、恒温水浴箱、超净工作台、PCR 仪、生化培养箱、摇床、微量移液器、无菌培养皿、无菌离心管（0.2/0.5/1.5/15/50 mL）、锥形瓶、色谱柱。

（二）试剂

(1) Trizol、氯仿、异丙醇、乙醇。

(2) 试剂盒：SMART® cDNA Library Construction Kit、Advantage 2 PCR Kit、Taq、MaxPlax Lambda Packaging Extracts。

(3) 1 kb DNA Ladder、琼脂糖、1%二甲苯青。

(4) 卡那霉素（50 mg/mL）：0.5 g 卡那霉素溶于 10 mL 水，过滤除菌，−20 ℃

保存；四环素（15 mg/mL）和氯霉素（34 mg/mL）的配制与卡那霉素一致。

（5）100 mmol/L IPTG、100 mmol/L X-gal。

（6）1 mol/L $MgSO_4$：24.65 g $MgSO_4 \cdot 7H_2O$ 溶于 100 mL ddH_2O，过滤除菌。

（7）20% 麦芽糖：80 mL ddH_2O 溶解 20 g 麦芽糖，再定容至 100 mL，过滤除菌后 4 ℃ 保存。

（8）LB（琼脂/液体）培养基、DMSO、甘油。

（9）LB/$MgSO_4$ 琼脂培养基：1.5 g 琼脂、1 mL 1 mol/L $MgSO_4$ 溶于 100 mL LB 液体培养基，高压灭菌，4 ℃ 保存。

（10）LB/$MgSO_4$ 肉汤培养基：1 mL 1 mol/L $MgSO_4$ 溶于 100 mL LB 液体培养基，高压灭菌。

（11）LB/$MgSO_4$/麦芽糖肉汤培养基：准备 1 L LB/$MgSO_4$ 肉汤培养基，高压灭菌后待冷却至 50 ℃，加入 10 mL 20% 麦芽糖混匀。

（12）LB/$MgSO_4$ 软顶琼脂培养基：0.72 g 琼脂、1 mL 1 mol/L $MgSO_4$ 溶于 100 mL LB 液体培养基，高压灭菌，4 ℃ 保存。

（13）10×Lambda 缓冲液：58.3 g NaCl、24.65 g $MgSO_4 \cdot 7H_2O$、350 mL 1 mol/L Tris-HCl（pH 7.5），加水溶解后定容至 1 L，高压灭菌，4 ℃ 保存。

（14）1×Lambda 缓冲液：100 mL 10×Lambda 缓冲液、5 mL 2% 明胶，加水定容至 1 L，高压灭菌，4 ℃ 保存。

实验步骤

（一）总 RNA 或 mRNA 的提取

（1）样本为人正常肝组织，按照常规 Trizol 法提取 RNA，具体操作见实验 2 和实验 18。

（2）琼脂糖凝胶电泳检测 RNA 质量，紫外分光光度计测定浓度。

（二）合成 cDNA 第一链

（1）按表 2.16.1 配制反应体系。

表 2.16.1 合成 cDMA 第一链反应体系

试剂	样品/μL	阳性对照/μL
mRNA（0.5 μg）或总 RNA（1.0 μg）	1	—
Control Poly A + RNA（1.0 μg）	—	1
SMART Ⅳ Oligonucleotide	1	1
CDS Ⅲ/3′ PCR Primer	1	1
ddH_2O	2	2
总体积	5	5

(2) 用移液器混匀，瞬时离心。

(3) 72 ℃孵育 2 min，冰上孵育 2 min。

(4) 瞬时离心。

(5) 每管加入以下试剂，终体积为 10 μL：2 μL 5×first-strand buffer、1 μL DTT (20 mmol)、1 μL dNTP Mix (10 mmol)、1 μL SMARTScribe MMLV Reverse Transcriptase。

(6) 用移液器混匀，瞬时离心。

(7) 在 PCR 仪中 42 ℃孵育 1 h，放冰上终止反应。

（三）LD PCR（long distance PCR）合成双链 cDNA

(1) PCR 仪预热至 95 ℃。

(2) 按表 2.16.2 配制反应体系。

表 2.16.2　LD PCR 反应体系

试剂	体积/μL
10× Advantage 2 PCR buffer	10
50× dNTP Mix	2
5′ PCR Primer	2
CDS Ⅲ/3′ PCR Primer	2
50× Advantage 2 Polymerase Mix	2
cDNA 第一链	2
ddH$_2$O	80
总体积	100

(3) 用移液器混匀，瞬时离心。

(4) 按以下程序进行 PCR 扩增。

$$95\ ℃\quad 20\ s$$
$$\left.\begin{array}{ll}95\ ℃ & 5\ s\\ 68\ ℃ & 6\ min\end{array}\right\}20\ 个循环$$

(5) 反应结束，取 5 μL PCR 产物用 1.1% 的琼脂糖凝胶检测。

（四）cDNA 的纯化

(1) 取新的 EP 管，加入 50 μL 扩增好的双链 cDNA（2~3 μg）和 2 μL 蛋白酶 K（20 μg/μL）。

(2) 45 ℃孵育 20 min，加 50 μL ddH$_2$O。

(3) 加 100 μL 酚∶氯仿∶异戊醇（25∶24∶1），温和颠倒混匀 1~2 min。

(4) 14000 r/min 离心 5 min，吸取上层液体至新的 EP 管。

(5) 加等体积氯仿：异戊醇（24∶1），温和颠倒混匀 1～2 min。
(6) 14000 r/min 离心 5 min，吸取上层液体至新的 EP 管。
(7) 加 1/10 体积 3 mol/L 醋酸钠、1.3 μL 糖原（20 μg/μL）、2.5 倍体积 95% 乙醇（室温）混匀，立即以 14000 r/min 离心 20 min。
(8) 去上清液，加入 100 μL 80% 乙醇洗涤沉淀。
(9) 空气干燥沉淀 10 min，加 79 μL ddH$_2$O 重悬沉淀。

（五）*Sfi* I 酶切

(1) 取一个新的 EP 管，配制表 2.16.3 所列酶切体系。

表 2.16.3　*Sfi* I 酶切体系

试剂	体积/μL
10× *Sfi* I 缓冲液	10
Sfi I 酶	10
100× BSA	1
纯化后的 cDNA	79
总体积	100

(2) 50 ℃ 孵育 2 h，加 2 μL 1% 二甲苯青终止反应。

（六）cDNA 的分级分离

(1) 准备 16 个 1.5 mL EP 管，标记 1～16。
(2) 准备 CHROMA SPIN-400 色谱柱，用蝴蝶夹固定。
(3) 打开柱开关，待储存液流尽，沿柱内壁缓慢加入 700 μL 缓冲液。
(4) 待缓冲液流尽，在柱中间缓慢加入 100 μL *Sfi* I 酶切产物。
(5) 待液体完全进入柱面，用 100 μL 缓冲液冲洗原 EP 管，加入柱中。
(6) 待液体完全进入柱面，加入 600 μL 缓冲液，立即用标记好的 EP 管收集流出的液滴，每管接 1 滴（约 35 μL）。
(7) 每管取 3 μL 用于 1.1% 琼脂糖凝胶电泳检测，150 V，电泳 10 min。
(8) 合并能看到条带的 4 管，加入 1/10 体积 3 mol/L 醋酸钠、1.3 μL 糖原（20 μg/μL）、2.5 倍体积 95% 乙醇（-20 ℃）混匀，-20 ℃ 过夜。
(9) 14000 r/min 室温离心 20 min，去上清液。
(10) 空气干燥 10 min，加 7 μL ddH$_2$O 重悬沉淀。

（七）cDNA 与 λTriplEx2 载体的连接和 XL1-Blue 感受态细胞的制备

(1) 按表 2.16.4 配制连接体系（3 个平行实验）。

表 2.16.4　cDNA 与载体连接体系

试剂	连接体系 1/μL	连接体系 2/μL	连接体系 3/μL	阳性对照/μL
cDNA	0.5	1	1.5	—
Control Insert (50 ng/μL)	—	—	—	1
Vector (500 ng/μL)	1	1	1	1
10 × Ligation buffer	0.5	0.5	0.5	0.5
ATP (10 mmol/L)	0.5	0.5	0.5	0.5
T4 DNA Ligase	0.5	0.5	0.5	0.5
ddH$_2$O	2	1.5	1	1.5
总体积	5	5	5	5

（2）用移液器混匀，避免产生气泡，瞬时离心。

（3）16 ℃连接过夜。

（4）解冻 XL1-Blue 甘油菌，取 5 μL 于一个 LB/MgSO$_4$/Tet (15 μg/mL) 平板上划线，37 ℃过夜培养。

（5）从平板上挑取单菌落，在另一个 LB/MgSO$_4$/Tet 平板上划线，37 ℃过夜培养，4 ℃可保存 2 周。

（6）从 LB/MgSO$_4$/Tet 平板挑取 XL1-Blue 单菌落，放入 15 mL LB/MgSO$_4$/麦芽糖肉汤培养基，140 r/min、37 ℃摇床过夜培养，OD$_{600}$ 为 2.0 时停止，5000 r/min 离心 5 min，去上清液，用 7.5 mL 10 mmol/L MgSO$_4$ 重悬即可得感受态细胞。

（八）噬菌体体外包装和文库滴度的测定

（1）按照 MaxPlax Lambda Packaging Extracts 试剂盒说明书操作，一个连接体系对应一个包装。

（2）室温解冻噬菌体包装提取物，取 25 μL 与 5 μL 连接产物混匀并短暂离心。

（3）30 ℃孵育 90 min。

（4）再加入 25 μL 提取物，30 ℃孵育 90 min。

（5）加入 500 μL 噬菌体稀释缓冲液和 25 μL 氯仿，轻柔混匀，4 ℃保存。

（九）文库滴度和重组率的测定

（1）取 10 μL 包装后的噬菌体颗粒，用噬菌体稀释缓冲液做连续梯度稀释（10^{-2}、10^{-3}、10^{-4}、10^{-5}、10^{-6}）。

（2）每个稀释度取 100 μL 加到 100 μL 准备好的大肠杆菌 XL1-Blue 感受态细胞中，37 ℃培养 15 min（对照实验取 10^{-5}、10^{-6} 的稀释度，宿主细胞为试剂盒提供的 LE392MP）。

（3）加入 3 mL 融化的 LB/MgSO$_4$ 软顶琼脂培养基（已冷却至 45 ℃），轻柔混匀，铺在预热（37 ℃）的 LB/MgSO$_4$ 平板上，待顶层琼脂凝固，37 ℃ 倒置培养过夜。

（4）计数噬菌斑，计算噬菌体文库滴度（pfu/mL）和包装效率：

$$文库滴度 = \frac{噬菌斑数目 \times 稀释倍数 \times 1000\ \mu L/mL}{稀释噬菌体的体积}$$

$$包装效率 = \frac{噬菌斑数目 \times 稀释倍数 \times 总反应体积}{稀释噬菌体的体积 \times 包装 cDNA 的总量}$$

将上述第三步的噬菌体、XL1-Blue 和 LB/MgSO$_4$ 软琼脂的混合物，以 2 mL 液体中有 50 μL 100 mmol/L IPTG、50 μL 100 mmol/L X-gal 的比例加入 IPTG 和 X-Gal，混匀后铺板，待顶层琼脂凝固，37 ℃ 倒置培养过夜。

计数蓝色和白色噬菌斑，计算百分比。挑选文库滴度最高的做下一步的扩增。

（十）cDNA 文库的扩增

（1）准备 20 个 15 mL 离心管，加入噬菌体颗粒（以产生 6×10^4 个克隆计算稀释体积）和 500 μL XL1-Blue 感受态细胞，37 ℃ 水浴 15 min。

（2）每管加入 4.5 mL 融化的 LB/MgSO$_4$ 软琼脂（45 ℃），混匀后铺板。

（3）待软琼脂凝固后，37 ℃ 倒置培养至噬菌斑生长融合。

（4）每个平板加入 12 mL 1×Lambda 缓冲液，4 ℃ 过夜。

（5）50 r/min 摇床室温孵育 1 h，收集裂解液于 50 mL 离心管。

（6）加入 10 mL 氯仿，振荡 2 min。

（7）7000 r/min 离心 10 min，吸取上清液至新的无菌 50 mL 离心管，即为扩增的 cDNA 文库，4 ℃ 可保存半年，加入 DMSO（1 mL 文库中终浓度为 7%）放置 -70 ℃ 可长期保存。

（十一）扩增后的 cDNA 文库质量鉴定

（1）滴度测定。方法详见"（九）"中步骤（1）至（4），无对照实验。

（2）随机挑选 20 个噬菌斑，以 λTriplEx2 载体克隆位点两端序列设计引物，用 Taq 酶体系进行 PCR 扩增。

（3）1% 琼脂糖凝胶电泳检测 PCR 产物。

注意事项

（1）实验应全程佩戴手套。

（2）提取 RNA 过程中使用的吸头、EP 管和其他容器应保证无 RNA 酶。

（3）配制体系时应轻柔混匀，避免 cDNA 断裂。

（4）所有涉及酶的体系配制应在冰上操作，并最后加酶。

实验17 大鼠脂肪干细胞的提取鉴定及外泌体的提取

实验目的

从大鼠脂肪组织中提取脂肪干细胞。在体外培养鉴定后获得稳定的脂肪干细胞系，经超速离心法提取外泌体并鉴定。

实验原理

干细胞是一类具有自我更新能力和分化潜能的细胞。在分化的过程中，细胞往往因为高度分化而失夫了再分裂的能力，最终走向衰老死亡。在发育过程中，机体还保留了一部分未分化的原始细胞，也就是干细胞。一旦生理需要，这些干细胞可以按照发育途径分化为相应的细胞。大鼠的脂肪中含有脂肪干细胞，脂肪干细胞具有多向分化的潜能。外泌体是细胞主动向外分泌的具有膜结构的纳米囊泡，脂肪干细胞来源的外泌体具有脂肪干细胞的功能。

实验用品

（一）实验器械

超净台、细胞培养箱、低速离心机、低温高速离心机、超高速离心机、摇床、流式细胞仪、纳米粒子颗粒分析仪、透射电镜。

（二）实验材料

原代手术器械、Sprague-Dawley（SD）大鼠、水合氯醛、15 mL EP 管、1.5 mL EP 管、I 型胶原酶、75% 乙醇、体视显微镜、细胞培养皿、PBS、DMEM 低糖培养基、70 μm 滤器、青链双抗、胰酶，以及抗体 CD19、CD105、CD44 和 CD11b。异丁基甲基黄嘌呤（IBMX）、地塞米松、胰岛素、吲哚美辛、多聚甲醛、茜素红、TGF-β1、抗坏血酸、阿利新蓝冰醋酸染液、油红 O 染液、锡箔纸、0.22 μm 过滤器、macrosep 超滤管、铜网、磷钨酸。

实验步骤

（一）大鼠脂肪干细胞的原代提取

（1）提前将所需的手术器械准备并进行器械消毒，烘干后备用。

（2）成年健康 SD 大鼠称重，每 100 g 腹腔注射 0.3 mL 的 10% 水合氯醛，8～

15 min进入昏迷状态。

（3）备皮：剔除大鼠腹股沟区的毛发。

（4）常规皮肤消毒：用碘伏消毒备皮的手术区。

（5）手术：切开皮肤全层，长度约2.5 cm，钝性分离皮肤，拨开肌肉组织直至看见乳白偏黄色的脂肪组织，用眼科剪取下脂肪组织。

（6）将取出的脂肪组织放置于含有PBS的15 mL离心管中。

（7）用1-0丝线缝合腹股沟区切口后再次常规消毒。

（8）使用PBS洗涤脂肪3次，将培养基加入平皿中，再将脂肪转移入平皿。

（9）在体视显微镜下用显微镊剔除其他组织：筋膜、血管、毛发。

（10）将处理后的脂肪转移进含有600 μL PBS的平皿，用显微剪将皿中脂肪剪碎。

（11）将其转至含200 μL 1%胶原酶量的15 mL离心管中，设置37 ℃恒温摇床，115 r/min，振荡孵育60 min，可见组织成糜状即可。

（12）加入培养基且混合均匀后，设置1300 r/min离心10 min，除去上层液体，加适量培养基对底部沉淀进行重悬。

（13）再次设置1300 r/min离心5 min，除去上层液体，加2 mL培养基对底部沉淀进行重悬。

（14）用70 μm滤器过滤。

（15）将滤过后将2 mL细胞液接种到T25细胞培养瓶中并加入2 mL培养基，置于培养箱中。

（16）培养24 h后细胞贴壁，换液，待密度长至80%传代至P1。待细胞长满后继续传代，直至P5。

（二）流式细胞术检测脂肪干细胞表面标志物

（1）取T25瓶P3代ADMSCs，待密度长至80%，胰酶消化收集细胞。

（2）加2 mL培养基制备成细胞悬液，进行细胞计数，取2个2 mL EP管，分别标记为A管和B管，每管加入5×10^4个细胞。

（3）1200 r/min离心5 min，弃上清液，加入PBS重悬，重复2次。

（4）A管加入抗体CD19和CD105，B管加入抗体CD44和CD11b，37 ℃孵育1 h。

（5）1200 r/min离心5 min，弃上清液，每管加入300 μL PBS重悬，用流式细胞仪检测细胞表面蛋白。

（三）脂肪干细胞的三系分化

1. 成骨诱导分化

取P3代细胞，调整细胞密度至每孔2×10^4个，接种于六孔板中。处理组和对照组各6孔，加入完全培养基，待细胞贴壁生长融合至80%时，处理组改用成骨诱导培养基［90% LG-DMEM + 10% FBS + 0.5 mmol/L 异丁基甲基黄嘌呤（IBMX）+ 1 μmol/L 地塞米松 + 10 μmol/L 胰岛素 + 200 μmol/L 吲哚美辛 + 1% P/S］培养，对照组用完全培养基培养，每2天换液1次。培养21天后，吸出培养基，用1×PBS冲洗3次，室温下用4%多聚甲醛固定30 min，用1×PBS冲洗3次，室温下用2%茜素红染色30 min，用1×PBS冲洗3次，倒置显微镜下观察细胞内钙沉积情况。

2. 成软骨分化

取P3代细胞，调整细胞密度至每孔$2×10^4$个，接种于六孔板中。处理组和对照组各6孔，加入完全培养基，待细胞贴壁生长融合至80%时，处理组改用成软骨诱导培养基（90% HG-DMEM + 10% FBS + 6.25 μg/mL 胰岛素 + 10ng/mL TGF-β1 + 50 nmol/L 抗坏血酸 + 1% P/S）培养，对照组用完全培养基培养，每2天换液1次。培养14天后，吸出培养基，用1×PBS冲洗3次，室温下用4%多聚甲醛固定30 min，用1×PBS冲洗3次，室温下用阿利新蓝冰醋酸染液染色30 min，用1×PBS冲洗3次，倒置显微镜下观察细胞中黏性多糖的积累。

3. 成脂诱导分化

取P3代细胞，调整细胞密度至每孔$2×10^4$个，接种于六孔板中。处理组和对照组各6孔，加入完全培养基，待细胞贴壁生长融合至80%时，处理组改用成脂诱导培养基［90% LG-DMEM + 10% FBS + 0.5 mmol/L 异丁基甲基黄嘌呤（IBMX）+ 1 μmol/L 地塞米松 + 10 μmol/L 胰岛素 + 200 μmol/L 吲哚美辛 + 1% P/S］培养，对照组用完全培养基培养，每2天换液1次。培养14天后，吸出培养基，PBS冲洗3次，室温下加入4%多聚甲醛溶液固定20 min，PBS冲洗3次，加入油红O染液，锡箔纸包被避光染色20 min，PBS冲洗3次，倒置显微镜下观察脂滴的积累情况。

（四）脂肪干细胞来源外泌体的提取及纯化

(1) 继续培养第5代ADSC直至80%聚合后，将培养基更换为无血清培养基，再次培养72 h。

(2) 收集无血清培养基上清液。

(3) 离心机设置4 ℃，300 r/min离心10 min，去除活细胞，提取上清液。

(4) 离心机设置4 ℃，2000 r/min离心10 min，去除死细胞，再次提取上清液。

(5) 离心机设置4 ℃，10000 r/min离心30 min，去除细胞碎片后保留上清液。

(6) 用0.22 μm过滤器过滤上清液浓缩液。使用macrosep超滤管使上层上清液浓缩至2～3 mL。

(7) 离心机设置：4 ℃、5000 r/min继续离心30 min，提取上清液，重复3次。

(8) 将浓缩上清液加入超高速离心管，超高速离心机设置为4 ℃、100000 r/min，时间为70 min。

(9) 将离心好的管中液体倒掉，用巴氏管吸取PBS 200 μL，在离心管中反复吹打管壁重悬，最终获得外泌体，-80 ℃保存备用。

（五）外泌体的鉴定

1. 纳米颗粒跟踪分析检测

纳米颗粒跟踪分析（nanoparticle tracking analysis，NTA）可以用来检测所需物质（如外泌体）浓度及粒径大小，本实验使用的Zetaview对每个颗粒的布朗运动都将进行追踪及一定分析，同时也含有微电泳技术。

（1）配置标准液：添加 1 μL 100 nm 聚苯乙烯微球溶液到 1 mL 无颗粒纯水中，形成比例为 1∶1000 聚苯乙烯微球稀释液，添加 100 μL 该稀释液到 25 mL 无颗粒纯水中。最终得到所需的 100 nm 校准溶液，比例为 1∶250000。

（2）按照操作步骤校准仪器。

（3）进行上样检测，最终得出结果。

2. 透射电镜鉴定

（1）取备用外泌体，将其配置成 1∶5000 的外泌体稀释液，正滴覆盖铜网，将其置于烤灯下烤至半干。

（2）1% 磷钨酸染色 70 s。

（3）滤纸吸取染液后，将铜网继续置于滤纸，烤灯烤 5 min。

（4）染色完毕，电镜观察检测，电压设置为 60 kV。

注意事项

（1）实验选取体质量大于 300 g 的大鼠，体内脂肪含量更高。

（2）提取细胞原代时，应快速且尽可能完全挑取筋膜和血管，以保证细胞的活性。

（3）原代细胞贴壁较慢，注意不要经常移动细胞。

（4）流式细胞仪检测时，加入抗体后应 2 h 内完成实验，避免细胞之间粘连，上机前应过 70 μm 滤器。

（5）外泌体提取后应分装储存于 −80 ℃ 冰箱，避免反复冻融。

实验 18　Trizol 法提取 DNA、RNA 和蛋白质

实验目的
提取组织中的 DNA、RNA 和蛋白质，在分子层面检测基因的表达。

实验原理
细胞内大部分 RNA 均与蛋白质结合在一起，并且多以核蛋白的形式存在。因此，分离制备 RNA 时，首先使 RNA 与蛋白质分离，并去除蛋白质。由于 RNA 的种类来源和存在形式不同，所用的制备方法各异，一般常用的方法有盐酸胍法、去污剂法和苯酚法。其中，以苯酚法使用较为广泛，该法提取所得产品纯度高，适合小规模生产。

动物组织经组织匀浆用苯酚处理并离心后，RNA 溶于上层的水相中，DNA 则留在中间层，蛋白质留在最下层的有机相中，向水相中加入乙醇后，RNA 即以白色絮状沉淀析出。此法能较好地去除 DNA 和蛋白质。上述方法提取的 RNA 具有生物活性。

（1）Trizol。Trizol 的主要有效成分是苯酚，可快速破坏细胞，使其内容物释放。苯酚可以使蛋白质变性，但不能完全抑制 RNA 酶活性，因此 Trizol 中还加入了 8 - 羟基喹啉、异硫氰酸胍、β - 巯基乙醇等来抑制内源和外源 RNA 酶。

（2）氯仿。作为有机溶剂，除去匀浆中的蛋白质、脂溶性杂质和苯酚（苯酚对核酸有一定的损伤作用），可以抑制 RNA 酶活性。

（3）异丙醇/乙醇。能与任意比例的水混合，使核酸失水聚合，沉淀 RNA。

实验用品
（一）器材
通风橱、电泳仪、微量分光光度计。

（二）试剂和耗材
吸头、吸头盒、微量移液器、离心管、手术剪、镊子、研杵、研钵和药匙等。Trizol、氯仿、异丙醇、无 RNA 酶水（RNase-free H_2O）、琼脂糖、盐酸胍、柠檬酸钠、8 mmol/L 的 NaOH、95% 乙醇等。

实验步骤

（一）RNA 提取

1. 收集样本

（1）组织。每 50～100 mg 组织加入 1 mL Trizol 到样品中,使用匀浆机破碎组织。

（2）贴壁单层细胞。去除培养基,每 $1×10^6$ 个细胞加入 1 mL Trizol,直接加入 3.5 cm 培养皿中裂解细胞,上下摇晃数次使裂解液均匀。

（3）悬浮培养细胞。离心收集细胞,丢弃上清液,每 0.25 mL 样品（动物、植物或酵母来源的 $10×10^6$ 个细胞或细菌来源的 $1×10^7$ 个细胞）加入 1 mL Trizol。注意：在加入 Trizol 之前不要清洗细胞,以避免 mRNA 降解。上下摇晃数次使裂解液均匀。

2. 抽取

将 EP 管置于预冷的离心机,4 ℃、12000 r/min 离心 5 min,取上清液于干净的 EP 管中加入 0.2 mL 氯仿,摇晃混匀 3 min 左右（或涡旋振荡 15 s）,溶液呈现乳状后,静置 5 min。12000 r/min 离心 15 min,此时溶液分为 3 层,上层为无色水相（包含 RNA 和少量 DNA）,中间层为白色沉淀（包含蛋白质和 DNA）,下层为有机相（包含蛋白质和氯仿、苯酚）。

3. 小心吸取上层水相于新的 EP 管里（略）

4. 沉淀

向处理好的 EP 管中加入等体积异丙醇,上下颠倒充分混匀后静置 15 min。4 ℃、12000 r/min 高速离心 15 min,倒去上层溶液,留下白色沉淀。

5. 洗涤

加入 1 mL 已预冷的 75% 乙醇（参照加入的 Trizol 体积 1∶1 使用）,缓慢摇晃沉淀。4 ℃、10000 r/min 离心 5 min,弃上清液,留沉淀。重复前述操作两次,室温晾干 10 min,至沉淀干燥。

6. 收集

沉淀晾干后加入 30 μL 无 RNase 无菌水溶解 RNA。将收集的总 RNA 取适量体积用 1% 琼脂糖凝胶电泳检测其完整性,剩下的 RNA 超低温保存备用。

7. RNA 纯度及浓度检测

（1）完整性：RNA 可用普通琼脂糖凝胶电泳（电泳条件：胶浓度 1%；150 V,8 min）检测完整性。由于细胞中 70%～80% 的 RNA 为 rRNA,电泳后 UV 下应能看到非常明显的 rRNA 条带。rRNA 大小分别约为 5 kb 和 2 kb,分别相当于 28S 和 18S rRNA。RNA 样品中最大 rRNA 亮度应为次大 rRNA 亮度的 1.5～2.0 倍,否则表示 RNA 样品的降解。出现弥散片状或条带消失表明样品严重降解。

（2）纯度：OD_{260}/OD_{280} 比值是衡量蛋白质污染程度的指标。高质量的 RNA,OD_{260}/OD_{280} 读数在 1.8～2.1 之间,读数为 2.0 是高质量 RNA 的标志,OD_{260}/OD_{280}

读数受测定所用溶液的 pH 影响。同一个 RNA 样品,假定在 10 mmol/L Tris、pH 7.5 溶液中测出的 OD_{260}/OD_{280} 读数在 1.8～2.1 之间,在水溶液中所测读数则可能在 1.5～1.9 之间,但这并不表示 RNA 不纯。

(3) 浓度:取一定量的 RNA 提取物,用无 RNase 的 ddH_2O 稀释 n 倍,用无 RNase 的 ddH_2O 将分光光度计调零,取稀释液进行 OD_{260}、OD_{280} 测定,按照以下公式进行 RNA 浓度的计算:

终浓度 (ng/μL) = (OD_{260}) × (稀释倍数 n) × 40

(二) DNA 提取

1. DNA 的沉淀

按照前文所述 RNA 提取步骤,离心分层后移除中间层上残余的水样层,用乙醇从中间层和苯酚层中沉淀 DNA。按最初匀浆时每 1 mL Trizol 加 0.3 mL 的无水乙醇,反复颠倒混匀样品。然后将样品置于室温下 2～3 min,4 ℃、2000 r/min 离心 5 min 以沉淀 DNA。小心移除水样层对抽提的 DNA 的质量至关重要。

2. DNA 的洗脱

移除离心后苯酚-乙醇层中的上清液,用 0.1 mol/L 柠檬酸钠洗涤 DNA 沉淀 2 次。按最初匀浆化时每 1 mL Trizol 加 1 mL 柠檬酸钠溶液。每次洗涤时洗涤液要和 DNA 沉淀在 20～30 ℃下作用 30 min（周期性混匀）,再 4 ℃、2000 r/min 离心 5 min。在两次洗涤完成后,用 75% 的乙醇重悬 DNA 沉淀（每 1 mL Trizol 加 1.5～2 mL 75% 乙醇）,在室温下放置 10～20 min（周期性混匀）然后再 4 ℃、2000 r/min 离心 5 min。对于较大的 DNA 沉淀（> 200 μg）或样品中含有较多的非 DNA 物质需要用 0.1 mol 柠檬酸钠溶液再洗涤一次。

3. DNA 的再溶解

在开口的试管中空气干燥 DNA 5～10 min。用 8 mmol/L 的 NaOH 溶解 DNA,大致的比例为 0.2～0.3 μg DNA 加入 1 μL NaOH。一般来说,每 1×10^7 个细胞或每 50～70 mg 组织要加 300～600 μL 的 8 mmol/L 的 NaOH。因为抽提的 DNA 在水或是 Tris 缓冲液中都不能很好再溶解,8 mmol/L 的 NaOH 的 pH 只有 9,可以溶解 DNA,一旦 DNA 溶于其中后可以很容易用 TE 缓冲液或 HEPES 再调整其 pH。在本步骤中,DNA 样品（尤其是来自组织的样品）可能含有一些不溶解的胶样物质（如细胞膜碎片等）。12000 r/min 离心 10 min 可去除那些不溶的物质。将含有 DNA 的上清液转移到新的试管中。溶于 8 mmol/L NaOH 中的 DNA 可以在 4 ℃下放置过夜;如果是长期保存,样品应该用 hepes 缓冲液将 pH 调到 7～8,并加入 1 mmol/L 的 EDTA。pH 调整好后,DNA 可以保存于 4 ℃或 -20 ℃。

4. DNA 的定量及预期的产量

取 10 μL DNA 样品,以适当比例和水混合并测量混合液 A_{260},以双链 DNA 的 A_{260} 计算 DNA 含量。每一 A_{260} 单位相当于双链 DNA 50 μg/mL。若以细胞数分析其相应的 DNA 产量,大致遵循以下比例:每 1×10^6 个分别来源于人、大鼠、小鼠的二倍体细胞分别对应于 7.1 μg、6.5 μg 和 5.8 μg DNA。

(三) 蛋白质提取

（1）按照上述 DNA 提取步骤，至 DNA 沉淀后，将苯酚-乙醇上清液转移到新管中。每 1 mL Trizol 加入 1.5 mL 异丙醇到苯酚-乙醇上清液中用于裂解。孵育 10 min。

（2）在 4 ℃下 12000 r/min 离心 10 min，使蛋白质成球，弃上清液。

（3）配制由 0.3 mol/L 盐酸胍和 95% 乙醇组成的洗涤液用以沉淀蛋白质。每 1 mL Trizol 用 2 mL 洗涤液重悬小球，孵育 20 min。（注：蛋白质可在 4 ℃的洗涤液中保存至少 1 个月或在 −20 ℃的洗涤液中保存至少 1 年）4 ℃、7500 r/min 离心 5 min，弃上清液。

（4）重复步骤（3）2 次。

（5）加入 2 mL 100% 乙醇，然后短暂涡旋混合。孵育 20 min。4 ℃、7500 r/min 离心 5 min，弃上清液。

（6）将蛋白质颗粒自然晾干 5～10 min。使用 200 μL 1% SDS 重悬蛋白质，并确保完全重悬。4 ℃、10000 r/min 离心 10 min，去除不溶性物质，将上清液转移到新管中，将样品保存在 −20 ℃。

注意事项

（1）去除水相时，避免将任何间相或有机层转移到移液管中。

（2）自然晾干，也不用过于干燥，确保 DNA、RNA 和蛋白质的彻底溶解。

（3）提取 RNA 时：

　A. 用去离子水配置 0.1% 的 DEPC 水，再高温高压灭菌。DEPC 具有剧毒，配制中需要戴乳胶手套、口罩，在通风橱中进行。

　B. 所有接触 RNA 的塑料制品及玻璃制品都应高压灭菌。

　C. 用于配制 RNA 缓冲液的所有水都要经 DEPC 处理。加 DEPC 到终浓度为 0.1%，在室温放置过夜，或者灭菌 15 min。DEPC 不能用于 Tris 缓冲液，因为 DEPC 将会降解成乙醇和二氧化碳。

　D. 避免碱性缓冲液，因为 RNA 中的羟基对碱非常敏感。

　E. 将 RNA 缓冲液与其他缓冲液分开放置，避免误用或被 RNase 污染。

　F. 取材操作时速度要快，避免内源性酶的降解。

　G. 在加入 Trizol 之前不要清洗细胞，以免 mRNA 降解。上下摇晃数次使裂解液混匀。

　H. 如果 RNA 将用于随后的酶促反应，则不要将 RNA 溶解在 0.5% 的 SDS 中。

（4）提取 DNA 时：

　A. 裂解液要预热，以抑制 DNase，加速蛋白变性，促进 DNA 溶解。

　B. 苯酚一定要碱平衡。苯酚具有高度腐蚀性，飞溅到皮肤、黏膜和眼睛会造成损伤，因此应注意防护。氯仿易燃、易爆、易挥发，具有神经毒性作用，操作时应注意防护。

C. 操作时动作要轻柔，尽量减少人为因素导致的 DNA 降解。

D. 取上清液时，不应贪多，以防非核酸类成分干扰。

E. 异丙醇、乙醇等要预冷，以减少 DNA 的降解，促进 DNA 与蛋白等的分相及 DNA 沉淀。

F. 提取 DNA 过程中所用到的试剂和器材要通过高压灭菌或高温烤干等办法进行无核酸酶化处理。

G. 所有试剂均用高压灭菌双蒸水配制。

第三部分　基因工程综合性实验

综合性实验 1　重组蔗糖磷酸化酶在大肠杆菌中的表达及酶活性测定

实验目的

熟练掌握并运用分子克隆的各种技术，克隆目的基因、构建原核表达载体、原核诱导表达、鉴定目的蛋白，以及测定酶活力。

实验原理

蔗糖磷酸化酶（sucrose phosphorylase，SPase 或 SP）属于糖基水解酶 13 家族，是催化转移葡萄糖苷键的特异性酶。SPase 主要催化两种类型的反应：一是将 1-磷酸葡萄糖中的葡萄糖基转移至受体，如以 D-果糖为受体，在 SPase 的催化作用下可生成蔗糖；二是将蔗糖中的葡萄糖基转移至受体，此类受体比较广泛，包括无机磷酸、水、醇羟基、含酚羟基及羧基等，催化合成各种糖苷，如以磷酸为受体，可催化生成 1-磷酸葡萄糖和 D-果糖。SPase 主要存在于细菌等各种微生物中，植物细胞中也有少量分布。1942 年，Kagan 等在肠膜明串珠菌中发现了 SPase。此后，研究人员相继从不同的微生物中发现了 SPase，如长双歧杆菌、肠膜明串珠菌、青春双歧杆菌、嗜糖假单胞菌、腐败假单胞菌和变异链球菌等。SPase 结构稳定，具有广泛的底物特异性，在食品、药品、化妆品等领域中均有广泛的应用：①合成低聚糖。以果糖、半乳糖、木糖和鼠李糖等为受体，催化合成相应多一个葡萄糖基团的低聚糖。②修饰和改造化合物。修饰和改造含有醇羟基、羧基和酚羟基的化合物，如催化氢醌合成熊果苷。熊果苷美白效果极好，无毒副作用，具有较好的市场应用价值。③催化合成某些不稳定物质的衍生物，提高其稳定性。例如，维生素 C 的性质极不稳定，可溶于水、易被氧化，利用 SPase 的转糖基作用将葡糖基转移到抗坏血酸上，形成的衍生物可以提高其稳定性和水溶性。④临床应用。在以磷酸为受体时，可催化生成 1-磷酸葡萄糖和 D-果糖，利用这一催化特性，SPase 可用于临床无机磷的检测。鉴于 SPase 在食品、化妆品及药品产业中愈加重要的地位，对该酶的生产需求也在不断增加。SPase 在菌体或植物细胞中的含量较少，通过提取的方式获取 SPase 的量不足，而通过筛选野生菌株发酵获得的 SPase 产率也较低，无法满足实际应用的需求。因此，采用基因工程技术构建重组 SPase 工程菌，实现该酶的高效表达具有重要的意义。本实验项目拟选用 pET-30a（+）（质粒图谱见图 1.6.4）作为表达载体，将目的基因克隆到该表达质粒上，构建 pET-30a（+）-SPase 表达质粒，并在大肠杆菌

BL21（DE3）中进行诱导表达。在引物设计时，上游引物加入 *Nde* I 限制性酶切位点，下游引物加入 *Xho* I 限制性酶切位点并去除终止密码子。构建的重组表达质粒表达的目的蛋白 N 端不含多余的氨基酸，C 端带有 His 标签，有利于后期目的蛋白的纯化。实验设计技术路线如图 3.1.1 所示：以人工合成的 SPase 基因为模板，采用 PCR 的方法扩增 SPase 基因；用 *Nde* I 和 *Xho* I 对 pET-30a（+）和纯化后的 PCR 产物分别进行双酶切；接着进行琼脂糖凝胶回收目的基因和线性化载体，用 T4 连接酶连接目的基因和载体，构建原核重组表达质粒 pET-30a（+）-SPase。将构建的重组表达质粒导入表达菌株 BL21（DE3）中，经 IPTG 诱导表达，获得 SPase 蛋白，利用 SDS-PAGE 分析表达的 SPase 蛋白，并测定 SPase 酶活性。

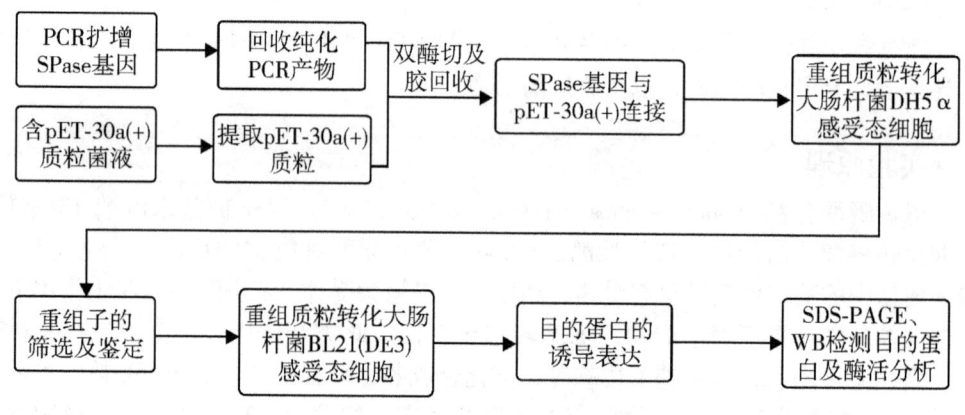

图 3.1.1　SPase 在大肠杆菌中的表达流程

实验用品

（一）器材

PCR 扩增仪、台式高速离心机、台式低温高速离心机、紫外凝胶成像分析系统、电热恒温培养箱、恒温空气摇床、超净工作台、电子分析天平、电泳仪、水平电泳槽及垂直板电泳槽、实验室纯水系统、4 ℃/－20 ℃/－80 ℃低温冰箱、紫外/可见光分光光度计、超声波细胞破碎仪、恒温水浴箱、制冰机、微量移液器及吸头（10 μL、20 μL、100 μL、1000 μL）、离心管（15 mL、50 mL）、1.5 mL EP 管、250 mL 三角烧瓶、90 mm 培养皿。

（二）试剂

1. 试剂

Taq™ DNA Polymerase、*Pyrobest*™ DNA Polymerase、T4 DNA Ligase、DNA Marker、低分子量蛋白 Maker、限制性核酸内切酶 *Nde* I 和限制性核酸内切酶 *Xho* I、质粒小提试剂盒、琼脂糖凝胶回收试剂盒、His Tag mouse Monoclonal Antibody, HRP-conjugated Affinipure Goat Anti-Mouse IgG（H＋L）、ECL 超敏发光液、卡那霉素、PCR 引

物、SDS-PAGE 电泳试剂（见第二部分实验 13）、Western-blot 电泳试剂（见第二部分实验 14）、琼脂糖、核酸染料、牛血清白蛋白（BSA）、果糖、3，5－二硝基水杨酸（DNS）及其他试剂。

2. 试剂配置

（1）LB 肉汤培养基（1 L）：称取胰蛋白胨 10 g、酵母提取物 5 g、NaCl 10 g，加入 800 mL 蒸馏水溶解后，定容至 1 L，121 ℃高温高压灭菌 20 min。

（2）LB 固体培养基：准确称取胰蛋白胨 10 g、酵母提取物 5 g、NaCl 10 g、琼脂 15 g，加入 800 mL 蒸馏水溶解后，定容至 1 L，121 ℃高温高压灭菌 20 min。

（3）卡那霉素（Kan）母液（50 mg/mL）：称取 0.5 g Kan，加入 5 mL 蒸馏水溶解，定容至 10 mL，用 0.22 μm 无菌滤膜过滤后分装，－20 ℃保存。

（4）IPTG 母液（24 mg/mL）：称取 0.24 g IPTG，加入 5 mL 蒸馏水溶解，定容至 10 mL，用 0.22 μm 无菌滤膜过滤后分装，－20 ℃保存。

（5）0.1 mol/L $CaCl_2$：称取 14.7 g $CaCl_2 \cdot 2H_2O$，溶解于终体积为 1 L 的蒸馏水中，灭菌后 4 ℃保存。

（6）30% 丙烯酰胺贮液：称取丙烯酰胺（Acr）29.0 g 及 N，N′－甲叉基双丙烯酰胺（Bis）1.0 g，蒸馏水定容至 100 mL，置棕色试剂瓶于 4 ℃保存。

（7）分离胶缓冲液（1.5 mol/L Tris-HCl，pH 8.8）：称取 Tris 碱 18.17 g，加约 80 mL 蒸馏水，用浓盐酸调 pH 至 8.8，蒸馏水定容至 100 mL，4 ℃保存。

（8）浓缩胶缓冲液（1.0 mol/L Tris-HCl，pH 6.8）：称取 Tris 碱 12.11 g，加约 60 mL 蒸馏水，用浓盐酸调 pH 至 6.8，蒸馏水定容至 100 mL，4 ℃保存。

（9）5×Tris-Gly 电泳缓冲液（pH 8.3）：称取 Tris 碱 15.1 g、甘氨酸 94.0 g、SDS 5.0 g，加入 800 mL 蒸馏水溶解后定容至 1 L，使用时稀释至 1×电泳缓冲液。

（10）10% SDS 溶液：称取 10 g SDS，加 80 mL 蒸馏水加热溶解后定容至 100 mL。

（11）10% 过硫酸铵（AP）：称取 1 g 过硫酸铵溶解于 10 mL 蒸馏水中，分装后 －20 ℃保存。

（12）2×SDS-PAGE 上样缓冲液：含 Tris-HCl 120 mmol/L（pH 6.8）、4% SDS、0.02% 溴酚蓝、20% 甘油、200 mmol/L β－巯基乙醇或 DTT。

（13）50×TAE 储存液：称取 242 g Tris、37.2 g $Na_2EDTA \cdot 2H_2O$，用 800 mL 蒸馏水溶解后定容至 1 L。

（14）1×TAE 电泳缓冲液：取 20 mL 50×TAE 储存液，加去离子水定容至 1 L。

（15）1×膜转移缓冲液：Tris 碱 5.8 g、甘氨酸 2.9 g、SDS 0.37 g，用 600 mL 蒸馏水溶解后定容至 800 mL，再加入 200 mL 甲醇定容至 1 L。

（16）1×TBS（WB 杂交膜清洗液）：1 mol/L Tris-HCl（pH 8.0）20 mL、8.8 g NaCl，加入 800 mL 蒸馏水溶解后，定容至 1 L。

（17）1×TBST 缓冲液：取 1 L 1×TBS，加入 0.5 mL 吐温 20（终浓度 0.05%），充分混匀后使用。

(18) 封闭缓冲液：称取 5 g 脱脂奶粉或 BSA，加入 100 mL 1×TBST 缓冲液中，充分搅拌溶解。

(19) 考马斯亮蓝 R-250 染色液：称取 1.0 g 考马斯亮蓝 R-250，加入 250 mL 异丙醇和 100 mL 冰乙酸，搅拌溶解，蒸馏水定容至 1 L，用滤纸过滤后，室温保存。

(20) 考马斯亮蓝脱色液：量取 100 mL 冰乙酸、50 mL 乙醇、850 mL 蒸馏水于 1 L 烧杯中，充分混匀后使用。

(21) 考马斯亮蓝 G-250 染液：在 50 mL 的 95% 乙醇和 100 mL 的 85% 磷酸中溶解 0.1 g 的考马斯亮蓝 G-250，然后加蒸馏水补足至 1 L，滤纸过滤后备用。

(22) 牛血清白蛋白标准液（250 μg/mL）：称取结晶牛血清白蛋白（BSA）2.5 mg 溶解于蒸馏水中，用蒸馏水定容至 10 mL。

(23) 果糖标准液（1 mg/mL）：称取 65 ℃ 烘干恒重的分析纯果糖 100 mg，置于烧杯中，加少量蒸馏水溶解，后转移至 100 mL 容量瓶中，用蒸馏水定容至 100 mL，分装后 4 ℃ 保存备用。

(24) 5% 蔗糖溶液：称取蔗糖 5 g 置于小烧杯中，加入 50 mL 蒸馏水搅拌溶解后，用蒸馏水定容至 100 mL。

(25) 3,5-二硝基水杨酸（DNS）试剂配制：将 6.3 g DNS 和 262 mL 2 mol/L NaOH 溶液，加到 500 mL 含有 185 g 酒石酸钾钠的热水溶液中，再加 5 g 结晶酚和 5 g 亚硫酸钠，搅拌溶解，冷却后加蒸馏水定容至 1 L，贮存于棕色瓶中备用（避光放置 7 天后再使用）。

(26) 50 mmol/L 磷酸缓冲液（pH 7.0）：将 3.04 g $NaH_2PO_4 \cdot 2H_2O$ 和 10.92 g $Na_2HPO_4 \cdot 12H_2O$ 溶解于 800 mL 蒸馏水中，加蒸馏水定容至 1 L。

(三) 材料

人工合成长双枝杆菌来源的蔗糖磷酸化酶（SPase）基因、大肠杆菌 DH5α、大肠杆菌 BL21（DE3）、pET-30a（+）质粒。

实验步骤

(一) 目的基因的获得

1. 引物设计

根据 NCBI 中已知的长双歧杆菌蔗糖磷酸化酶（SPase）的 CDS 序列（Genbank：AB303838）设计引物，并加入限制性酶切位点（*Nde* I、*Xho* I）和保护碱基。

BLSP-F 引物：5′-GGAATTC<u>CATATG</u>AAAAACAAAGTGCAACTCATC-3′ *Nde* I

BLSP-R 引物：5′-CCG<u>CTCGAG</u>GTCGATATCGGCAATC-3′ *Xho* I

2. PCR 扩增获得目的基因

PCR 扩增反应体系见表 3.1.1。

综合性实验 1　重组蔗糖磷酸化酶在大肠杆菌中的表达及酶活性测定

表 3.1.1　PCR 反应体系

加入物	阴性对照/μL	样品/μL
10 × *Pyrobest*™ buffer Ⅱ（Mg^{2+} Plus）	5.0	5.0
dNTP Mix（2.5 mmol/L）	4.0	4.0
BLSP-F（10 μmol/L）	1.0	1.0
BLSP-R（10 μmol/L）	1.0	1.0
模板 DNA（10～50 ng/μL）	—	1.0
Pyrobest™ DNA polymerase（5 U/μL）	1.0	1.0
ddH_2O	38.0	37.0
总体积	50	50

混匀，并按以下 PCR 反应条件进行扩增：

    95 ℃　　5 min
    95 ℃　　30 s　⎫
    58 ℃　　30 s　⎬　25 个循环
    72 ℃　　1.5 min⎭
    72 ℃　　10 min
    16 ℃　　维持

用 1% 琼脂糖凝胶电泳检测 PCR 产物。

3. PCR 扩增产物的回收与鉴定

采用普通琼脂糖凝胶 DNA 回收试剂盒回收目的 DNA：

（1）将 PCR 扩增产物进行 1.0% 琼脂糖凝胶电泳。
（2）在紫外线灯下切割分离含目的片段的凝胶，转移至新的 1.5 mL EP 管。
（3）用 DNA 纯化试剂盒回收目的 DNA（实验具体步骤见第二部分实验 6）。
（4）回收后的 DNA 用 1% 琼脂糖凝胶进行电泳鉴定。

（二）重组表达质粒 pET-30a（+）-SPase 的构建

原核表达载体的构建如图 3.1.2。

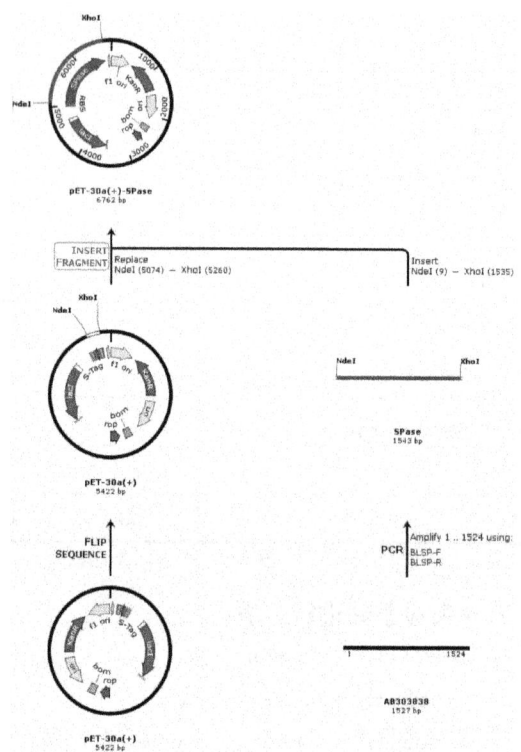

图 3.1.2　表达载体 pET-30a（+）-SPase 构建流程示意

1. 表达载体 pET-30a（+）的获得

将 pET-30a（+）质粒菌株接种于含有 Kan（50 μg/mL）的 LB 液体培养基中，37 ℃振荡培养过夜。采用质粒小提试剂盒提取质粒（具体操作步骤见第二部分实验3），1% 琼脂糖凝胶电泳检测，紫外吸收法测定质粒 DNA 浓度。

2. 目的基因 SPase 和 pET-30a（+）的双酶切反应

将回收的 PCR 产物和载体 pET-30a（+）质粒分别用限制性核酸内切酶 *Nde* I 和 *Xho* I 进行双酶切，反应体系如表 3.1.2。

表 3.1.2　酶切反应体系

加入物	标记	
	pET-30a（+）/μL	PCR 产物/μL
10×H buffer	5.0	5.0
Nde I	2.0	2.0
Xho I	2.0	2.0
pET-30a（+）	<1.0 μg	—

续上表

加入物	标记	
	pET-30a（+）/μL	PCR 产物/μL
PCR 产物	—	<0.2 μg
ddH₂O	补足总体积至 50	补足总体积至 50

混匀，于 37 ℃ 水浴反应 3 h。用 1% 琼脂糖凝胶电泳检测酶切产物。

3. 酶切后目的片段和线性化载体的回收

以上酶切反应产物经 1% 琼脂糖凝胶电泳后，分别切割含目的片段及 pET-30a（+）载体大片段的琼脂糖凝胶，用普通琼脂糖凝胶 DNA 回收试剂盒进行回收 DNA 操作（具体操作见第二部分实验 6）。

4. 目的片段与表达载体的连接

紫外/可见光分光光度计检测回收产物的含量，将双酶切回收的目的基因与回收的 pET-30a（+）载体片段进行连接，根据载体与目的片段摩尔比一般为 1∶10 ～ 1∶2 的原则，设计连接反应体系如表 3.1.3。

表 3.1.3　连接反应体系

加入物	体积或数量
10 × T4 DNA Ligase buffer	1.0/μL
T4 DNA Ligase	1.0/μL
目的 DNA 片段	0.1 ～ 0.3 pmol
pET-30a（+）	约 0.03 pmol
ddH₂O	补足总体积至 10 μL

混匀，16 ℃ 连接过夜。

5. 大肠杆菌 DH5α 感受态的制备（CaCl₂ 法）

（1）用无菌接种环蘸取 −80 ℃ 冻存的大肠杆菌 DH5α 菌液，划线接种于 LB 平板，37 ℃ 培养 12 ～ 16 h。

（2）挑取单个菌落接种于 3 ～ 5 mL LB 液体培养液中，37 ℃ 振荡培养 12 ～ 16 h。

（3）将以上培养的菌液按 1∶(50 ～ 100) 比例转接于 20 mL LB 液体培养液中，37 ℃ 振荡扩大培养至 OD_{600} 为 0.2 ～ 0.4 h，停止培养。取培养菌液 1.5 mL 转入 EP 离心管中，将菌液置于冰上预冷 10 min，于 4 ℃、5000 r/min 离心 10 min（从这一步开始，所有操作均在冰上进行）。

(4) 弃去上清液，用 1 mL 冰冷的 0.1 mol/L $CaCl_2$ 溶液小心重悬细胞，冰浴，4 ℃、5000 r/min 离心 10 min。

(5) 弃去上清液，加入 500 μL 冰冷的 0.1 mol/L $CaCl_2$ 溶液，小心重悬细胞，4 ℃、5000 r/min 离心 10 min。

(6) 弃去上清液，加入 100 μL 冰冷的 0.1 mol/L $CaCl_2$ 溶液，小心重悬细胞，制备好的感受态细胞悬液可直接用于转化实验，也可加入占总体积 15% 的无菌甘油，−80 ℃ 保存备用。

6. 连接产物转化大肠杆菌 DH5α 感受态细胞及阳性重组子筛选鉴定

(1) 连接产物的转化。将以上连接产物转化大肠杆菌 DH5α 感受态细胞，取 3 管感受态菌液（每管 100 μL），一管加入 pET-30a（+）质粒作为阳性对照；一管加无菌水，作为阴性对照；一管加入上述连接反应产物，进行转化实验（具体实验步骤见第二部分实验 9）。完成转化操作后，分别取适量菌液涂布于含 Kan（终浓度为 50 μg/mL）的 LB 平板。37 ℃ 倒置培养 16 h，挑取单菌落进行检测，采用 PCR 和酶切鉴定阳性重组子。

(2) PCR 鉴定阳性重组子。挑取待扩增的单菌落加入 10 μL 无菌水中，混匀。PCR 反应体系见表 3.1.4。

表 3.1.4 PCR 反应体系

加入物	阴性对照/μL	样品/μL
10×PCR 缓冲液	2.5	2.5
dNTP 混合物（2.5 mmol/L）	2.0	2.0
BLSP-F（10 μmol/L）	0.5	0.5
BLSP-R（10 μmol/L）	0.5	0.5
菌液	—	1.0
Taq DNA 聚合酶（5 U/μL）	0.5	0.5
ddH_2O	19.0	18.0
总体积	25	25

混匀，按照以下 PCR 反应条件进行扩增：

```
95 ℃    5 min
95 ℃    30 s    ⎫
58 ℃    30 s    ⎬ 25 个循环
72 ℃    1.5 min ⎭
72 ℃    10 min
16 ℃    维持
```

1%琼脂糖凝胶电泳检测 PCR 产物。

（3）酶切鉴定阳性重组子。PCR 反应鉴定阳性克隆进行摇菌并提取质粒（质粒提取实验详细步骤见第二部分实验3），提取的质粒用限制性核酸内切酶 *Nde* Ⅰ 和 *Xho* Ⅰ 进行双酶切鉴定，反应体系见表 3.1.5。

表 3.1.5 阳性重组子酶切反应体系

加入物	体积或数量
10 × H buffer（Mg^{2+}）	2.0/μL
Nde Ⅰ	1.0/μL
Xho Ⅰ	1.0/μL
质粒 DNA	<1.0 μg
ddH_2O	补足总体积至 20 μL

混匀，于 37 ℃水浴反应 3 h，用 1%琼脂糖凝胶电泳检测酶切产物，阳性克隆送去测序。

（三）**大肠杆菌 BL21（DE3）/pET-30a（+）-SPase 工程菌株的构建**

（1）采用 $CaCl_2$ 法制备表达宿主大肠杆菌 BL21（DE3）感受态细胞，具体实验操作同大肠杆菌 DH5α 感受态的制备。

（2）将提取的阳性重组质粒 pET-30a（+）-SPase 转化至大肠杆菌 BL21（DE3）感受态细胞中，操作同前述。通过 Kan^+ 抗性筛选确认重组质粒成功转入大肠杆菌 BL21（DE3）感受态细胞中。

（四）**SPase 蛋白的诱导表达**

（1）从平板上挑取重组菌大肠杆菌 BL21（DE3）/pET-30a（+）-SPase 接种于含有 Kan（50 μg/mL）的 3 mL LB 培养基中，37 ℃、180 r/min 摇床培养过夜。

（2）将过夜培养的重组菌按 1%的接种量接种于 30 mL 含有 Kan（50 μg/mL）的 LB 培养基中。

（3）37 ℃、220 r/min 摇床培养至 OD_{600} 到 0.4～0.6。

（4）取出 10 mL 培养物作为未诱导对照；在剩下的样品中加入终浓度为 0.4 mmol/L 的 IPTG，30 ℃诱导 18～20 h，收集菌液，分别测定收集的各菌体 OD_{600}。

（5）以 1/OD 分别取诱导前和诱导后菌液，10000 r/min 离心 1 min，弃上清液，菌体用 1 mL 50 mmol/L 磷酸缓冲液（pH 7.0）洗涤 2 次，再用 500 μL 50 mmol/L 磷酸缓冲液（pH 7.0）重悬菌体，置于冰水混合物中，超声破碎细胞（300 W，3 s，间歇 5 s，总用时 20 min）。

（6）4 ℃、12000 r/min 低温离心 10 min，分离上清液和沉淀，得到的上清液即为粗酶液。沉淀用 500 μL PBS 缓冲液悬浮。分别取细胞破碎液（菌体总蛋白）、分离后的上清液和沉淀悬浮液各 30 μL，加入 30 μL SDS-PAGE 蛋白上样缓冲液，沸水浴或金属浴加热 10 min，-80 ℃保存或取适量处理后的样品溶液进行 SDS-PAGE 电泳检测和 WB 检测。取诱导后的粗酶液进行酶活力测定。

（四）SDS-PAGE 和 WB 检测目的蛋白

1. SDS-PAGE 电泳检测目的蛋白

（1）制备凝胶（12% 分离胶和 5% 浓缩胶），制胶过程见第二部分实验 13。

（2）待胶凝固后固定于电泳装置上，上下槽分别加入 1×Tris-甘氨酸电泳缓冲液，拔出样品梳。

（3）样品制备：将蛋白样品和 2×SDS-PAGE 蛋白上样缓冲液混合后，100 ℃水浴或者金属浴中加热 10 min 使蛋白变性，短暂离心后备用。

（4）加样：每孔加 50～100 μg 蛋白，用微量移液器小心将样品加到上样孔的底部。

（5）接通电源，先 80 V 电压电泳到分离胶与浓缩胶分界线处，再将电压调至 120 V，待溴酚蓝指示带至凝胶底部时关闭电源。电泳结束后取出凝胶进行染色。

（6）将凝胶置于考马斯亮蓝 R-250 染色液中染色 40 min，用脱色液脱色至蛋白区带背景明显清晰，于凝胶成像系统上观察分析结果。

2. WB 检测目的蛋白表达

（1）样品处理及电泳。在本实验中，分别收集菌体总蛋白、离心后的上清液及沉淀等样品，取 30 μL，加入 2×SDS-PAGE 蛋白上样缓冲液 30 μL，加热变性，每孔加 50～100 μg 蛋白，电泳步骤同 SDS-PAGE。

（2）WB 检测目的蛋白。

A. 电泳结束时，从电泳装置中取出凝胶，进行转膜（转膜步骤见第二部分实验 14）。

B. 封闭。把 PVDF 膜放进封闭液（含 5% 脱脂奶粉）的孵育盒中，在水平摇床上缓慢摇动，室温孵育 1.5 h 或者 4 ℃孵育过夜。

C. 一抗孵育。取出膜条，于水平摇床上用 TBST 洗膜 3 次，每次 5 min。加入稀释好的一抗（His-tag 单克隆抗体），平放在摇床上，室温孵育 1.5 h 或者 4 ℃孵育过夜。

D. 二抗孵育。将 PVDF 膜条取出，于水平摇床上用 TBST 缓冲液洗膜 3 次，每次 5 min，转移至稀释的二抗孵育液中，室温下孵育 1～2 h。于水平摇床上用 TBST 缓冲液洗膜 3 次，每次 5 min。

E. ECL 发光显影检测：临用时配置 ECL 超敏发光液，按照 1∶1 的比例配置工作液。用镊子取出 PVDF 膜条，在滤纸上沥干洗液，但勿使膜完全干燥。将膜完全浸入并与发光工作液充分接触，置于发光仪中经 ECL 发光显影后观察分析结果。

（五）SPase 酶活力测定

1. SPase 酶活力的测定

SPase 催化蔗糖和磷酸盐反应生成果糖和葡萄糖-1-磷酸。果糖与 3，5-二硝基水杨酸（DNS）发生反应，生成棕红色的 3-氨基-5 硝基水杨酸，在一定范围内，棕红色物质颜色的深浅与果糖的含量成正比关系，在 540 nm 波长下测定吸光度，计算出果糖含量，通过果糖的生成量来表示 SPase 酶活性。

（1）果糖标准曲线的制作。按表 3.1.6 配制不同果糖浓度的溶液，体系为 1.0 mL。然后加入 DNS 1.5 mL，混匀后放入沸水浴中煮沸 15 min，放入冰水中冷却后，用蒸馏水定容至 10 mL。在 540 nm 下测定各管的吸光值，以果糖含量为横坐标，以吸光值为纵坐标，绘制果糖标准曲线，并求出标准曲线的回归方程。

表 3.1.6　果糖标准曲线制作

管号	1 mg/mL 果糖标准液/μL	蒸馏水/μL	DNS/μL	果糖含量/μg
0	0	1000	1500	0
1	100	900	1500	100
2	200	800	1500	200
3	300	700	1500	300
4	400	600	1500	400
5	500	500	1500	500
6	600	400	1500	600
7	700	300	1500	700

（2）SPase 酶活力测定。蔗糖和磷酸盐在 SPase 的催化作用下生成葡萄糖-1-磷酸和果糖。测定生成产物果糖的量从而计算出 SPase 的酶活。

反应体系：5% 蔗糖溶液 500 μL，PBS 缓冲液（50 mmol/L，pH 7.0）450 μL，重组 SPase 液 50 μL，30 ℃ 水浴反应 10 min 后，立即加入 1.5 mL DNS 煮沸 15 min，取出后立即置于冰水浴中冷却，用蒸馏水定容至 10 mL。测定 OD_{540}，根据以下公式计算 SPase 酶活单位。

SPase 酶活力单位（U）定义为在 30 ℃、pH 7.0 条件下，以蔗糖为底物，每分钟产生 1 μmol 的果糖所需的酶量。

$$酶活力 = \frac{(A \times b) \times n \times \frac{1000}{50}}{M \times \kappa \times t}$$

式中，A 为 OD_{540} 的值；b 为标准曲线的截距；n 为稀释倍数；M 为果糖分子质量；κ 为标准曲线的斜率；t 为反应时间（单位：min）。

2. 蛋白浓度测定

按照 Bradford 法测定制备的酶液中蛋白质的含量，具体操作步骤如下：

(1) 样品稀释：用 0.9% NaCl 分别制备各稀释度样品，备用。
(2) 取 6 支试管，按表 3.1.7 加入试剂。

表 3.1.7 Bradford 法蛋白标准曲线制作及未知样品测定

加入物	管号					
	1	2	3	4	5	6
0.1 mg·mg^{-1} 标准蛋白溶液	0	0.2	0.4	0.8	1.0	—
样品	—	—	—	—	—	1.0
0.9% NaCl	1.0	0.8	0.6	0.2	—	—
考马斯亮蓝 G-250	4.0	4.0	4.0	4.0	4.0	4.0
标准蛋白终浓度/（mg·mg^{-1}）	0	0.02	0.04	0.08	0.10	—

混匀，在波长 595 nm 处以 1 号管为空白对照进行比色，记录各管的吸光度值。
(3) 绘制标准曲线：以第 1～5 管的标准蛋白浓度为横坐标，相应的吸光度为纵坐标，绘制标准曲线，根据标准曲线计算出样品的蛋白浓度。

3. 比酶活的测定

比酶活为每毫克蛋白所具有的酶活力。

$$\text{SPase 比酶活} = \frac{\text{酶活力（U/mL）}}{\text{总蛋白（mg/mL）}}$$

综合性实验2　微生物荧光表达与绘画

实验目的

通过本综合实验，学生能掌握现代分子生物学的基本实验手段，掌握重组 DNA 技术所设计的目的基因获取、载体构建、连接与转化、重组子的筛选与鉴定、重组蛋白的基因表达及蛋白检测设计思想，同时在对三种荧光蛋白的克隆和表达全过程中，将一系列分子生物学实验操作有机系统结合起来，在这个过程中可以充分锻炼学生的动手能力，培养系统性的科研思维，同时，实验结果是以微生物绘画的形式呈现，也增加了学生对于分子生物学实验的学习兴趣。

实验原理

（一）重组 DNA 技术

重组 DNA 技术又称基因工程，是 DNA 克隆所采用的技术和相关工作的总称，是指将一种生物体（供体）的基因与载体在体外进行拼接重组，然后转入另一种生物体（受体）内，使之按照人们的意愿稳定遗传并表达出新产物或新性状的 DNA 体外操作程序，也称为分子克隆技术。因此，供体、受体、载体是重组 DNA 技术的三大基本元件。重组 DNA 技术主要步骤包括获得目的基因片段、目的基因与载体的连接、重组子的转化、筛选与鉴定等。

重组 DNA 技术最主要的方法是运用限制性核酸内切酶和 DNA 连接酶对 DNA 进行体外的切割和连接。由于单酶切反应具有很大概率产生自连接，并且可能无法定向连接，因此具有较大局限性；双酶切反应可以有效避免这一情况，并且可以确定目的 DNA 在载体的连接方向，但是双酶切之后的连接也会存在 2 个片段之间的自连接，为了尽量避免这一情况，需要加入适当多的目的 DNA，使插入片段与载体的摩尔比为 3∶1～10∶1。基于以上原因，双酶切成为本次实验的主要方法。

载体是重组 DNA 技术的三大基本元件之一，目的基因只有与载体连接重组成为重组子之后，才能进入合适的宿主细胞内进行复制和增殖。在本次实验中，外源目的基因是指三种颜色的荧光蛋白基因，即绿色荧光蛋白 *EGFP* 基因、黄色荧光蛋白 *EYFP* 基因、红色荧光蛋白 *DsRed* 基因；载体是 pET-30a（+）质粒。pET-30a（+）质粒作为载体，能够使外源基因转入受体细胞，并在受体细胞中复制、扩增和表达。

(二) 技术路线

本实验拟通过 PCR 的方法用实验室保存的 pMD19T-EGFP-N3、pMD19T-EYFP-N1、pMD19T-DsRed 将 3 种荧光蛋白基因扩增出来,并转入另一常用表达载体 pET-30a(+)质粒。在菌液 PCR 鉴定、质粒双酶切鉴定验证后,得到含有三种荧光蛋白基因的阳性克隆,并将 3 种荧光蛋白在 BL21(DE3)菌株中表达,最后利用表达的菌液在培养皿上进行微生物绘画(图 3.2.1)。

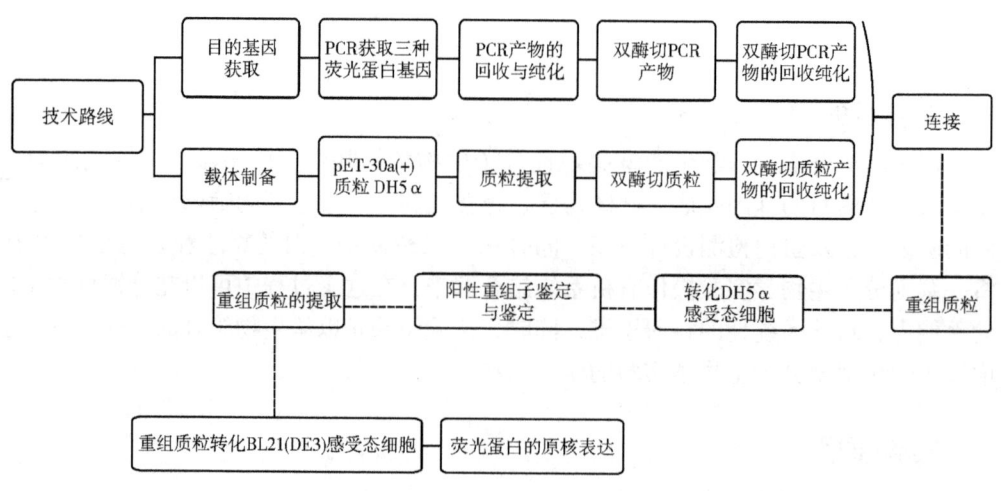

图 3.2.1 实验技术路线

(三) 荧光蛋白的背景资料

荧光蛋白主要有绿色荧光蛋白及其突变体。绿色荧光蛋白(geen fluorescent protein,GFP)是一个由约 238 个氨基酸组成的蛋白质,相对分子质量约为 27 kDa,从蓝光到紫外线都能使其激发,发出绿色荧光,最早是由日裔科学家下村修等人于 1962 年在维多利亚水母中发现。GFP 性质稳定、灵敏度高、对生物体无毒无害,不需要任何外源性底物和辅助因子。分子量小,易于构建载体,可进行活细胞定时及定位观察,目前已在生命科学、医药领域的研究中被广泛应用,利用基因工程的手段将 GFP 与目的蛋白融合在一起,通过 GFP 的发光就可以看到目的蛋白的定位、运动情况。2008 年 10 月 8 日,日本科学家下村修、美国科学家马丁·查尔菲和钱永健因为发现和改造 GFP 而获得了当年的诺贝尔化学奖。

本实验采用的 EGFP,即增强绿色荧光蛋白(enhanced green fluorescent protein,EGFP),是 GFP 的突变体,其荧光强度比野生型 GFP 强约 35 倍。

红色荧光蛋白(RFP)是 Matz 等人于 1999 年从印度洋和太平洋地区的珊瑚虫中分离出的,是与 GFP 同源的一种荧光蛋白,在紫外光激发下能发射红色荧光,其最大吸收波长为 558 nm。本实验采用的红色荧光蛋白为 DsRed(Discosoma sp. red fluorescent protein),自香菇珊瑚中分离得到,其编码的蛋白质由 225 个氨基酸组成,相对分子质量为 25.9 kDa,具有激发波长较长、细胞内成像背景低等特点。

黄色荧光蛋白（YFP）是绿色荧光蛋白的一种突变体，最初来源于维多利亚多管水母，与 GFP 相比，荧光偏移于红色光谱，其最大激发波长为 514 nm，最大发射波长为 527 nm。本实验使用的 EYFP 为 YFP 的增强型。该变体有 4 个氨基酸突变。在 527 nm 时，EYFP 的发射光从绿色变为黄绿色。EYFP 荧光的亮度水平与 EGFP 相当。

（四）目的基因获取

任何形式的基因克隆第一步都是想方设法获得所需要的外源 DNA，获取外源目的 DNA 的形式概括起来有以下几种：

（1）人工合成。如果一段基因序列已知就可以使用人工合成的方法，如果其基因较小可以直接合成，如果其基因较长可以分段合成再拼接。

（2）使用酶切的方法将目的基因从克隆载体上释放出来。

（3）逆转录。先获得 mRNA，再通过逆转录的方法获得 cDNA。

（4）PCR。聚合酶链式反应（PCR）是一种可以在体外扩增特定 DNA 序列的方法。其原理类似于 DNA 的体内复制，需要模板 DNA、寡核苷酸引物、dNTP、DNA 聚合酶，以及合适的缓冲体系。PCR 由高温变性、低温退火、中温延伸 3 个步骤组成，3 个步骤为 1 个循环，如此反复进行，每次循环所产生的 DNA 分子均能成为下一次循环的模板，若干次循环之后，DNA 扩增的倍数可以达到 2^n 倍。

本实验从实验室构建的 pMD19T-EGFP-N3（图 3.2.2）、pMD19T-EYFP-N1（图 3.2.3）、pMD19T-DsRed（图 3.2.4）三种重组克隆质粒上通过 PCR 的方法获取三种荧光蛋白的基因。

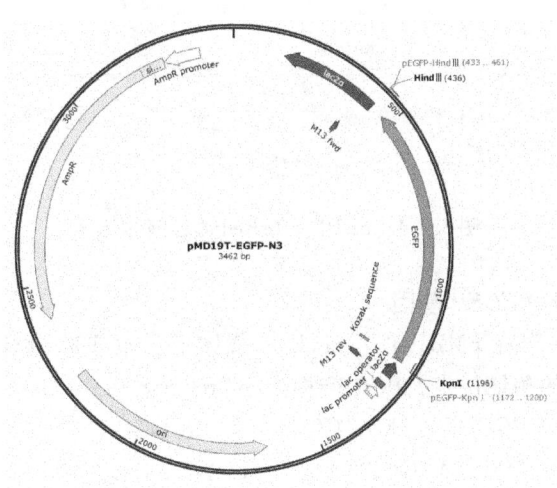

图 3.2.2　pMD19T-EGFP-N3 质粒载体示意

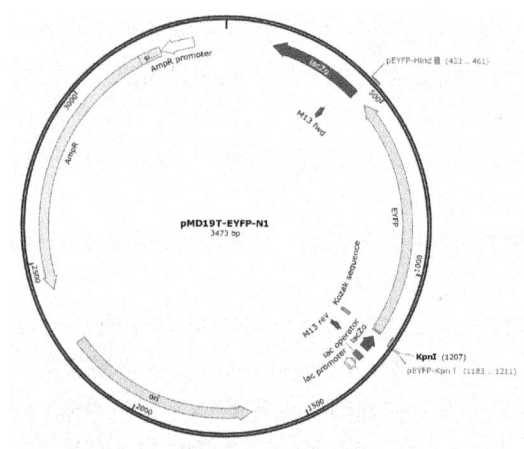

图 3.2.3　pMD19T-EYFP-N1 质粒载体示意

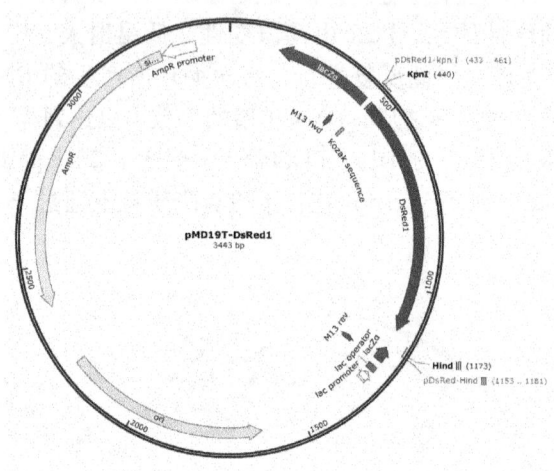

图 3.2.4　pMD19T-DsRed 质粒载体示意

1. 绿色荧光蛋白 *EGFP* 基因

EGFP 基因被克隆在 pMD19T（simple）载体上，本实验设计了一对 PCR 引物，划横线部分为引入的酶切位点，PCR 产物大小 768 bp。

pEGFP-*Kpn* Ⅰ：5′CGG<u>GGTACC</u>ATGGTGAGCAAGGGCGAGGA 3′

pEGFP-*Hind* Ⅲ：5′CCC<u>AAGCTT</u>GGCTGATTATGATCTAGAGT 3′

2. 黄色荧光蛋白 *EYFP* 基因

EYPF 基因被克隆在 pMD19-T（simple）载体上，本实验设计了一对 PCR 引物，划横线部分为引入的酶切位点，PCR 产物大小 779 bp。

pEYFP-*Kpn* Ⅰ：5′CCG<u>GGTACC</u>GCCACCATGGTGAGCAAGGG 3′

pEYFP-*Hind* Ⅲ：5′CCC<u>AAGCTT</u>GGTATGGCTGATTATGATCT 3′

3. 红色荧光蛋白 *DsRed* 基因

DsRed 基因被克隆在 pMD19T（simple）载体上，本实验设计了一对 PCR 引物，划横线部分为引入的酶切位点，PCR 产物大小 749 bp。

pDsRed-*Kpn*Ⅰ：5′CGG<u>GGTACC</u>GCCACCATGGTGCGCTCCTC 3′

pDsRed-*Hind*Ⅲ：5′CCC<u>AAGCTT</u>TCTACAAATGTGGTATGGCT 3′

通过 PCR 获得了以上三种目的基因片段（图 3.2.5）之后，可以直接对其进行限制性酶切、连接等操作。但是由于 PCR 反应体系中原有的 pH、残存离子影响等因素，PCR 片段直接用于酶切或连接的效率往往不高，难以获得正确的重组克隆。因此，需要对 PCR 产物进行回收和纯化处理。本实验采用的是琼脂糖凝胶电泳回收法（试剂盒）。具体操作为在 PCR 扩增结束之后，将所有的 PCR 产物进行电泳，观察是否有所需要的目的基因片段，若有，将其从琼脂糖凝胶上切割下来，进行后续的回收和纯化实验。

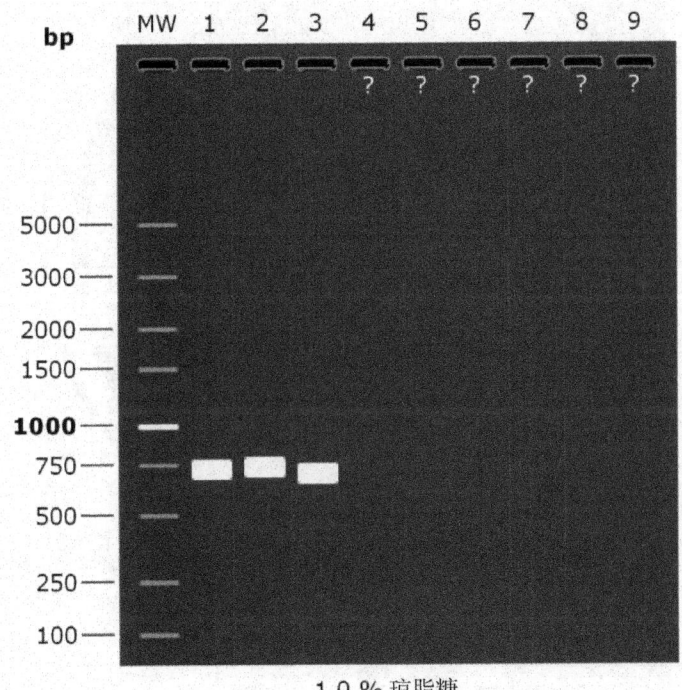

MW：DL 5000 DNA Marker；1：EGFP-PCR 产物，768 bp；2：EYFP-PCR 产物，779 bp；3：DsRed-PCR 产物，749 bp。

图 3.2.5 琼脂糖凝胶电泳示意

琼脂糖凝胶电泳回收法（试剂盒）原理为：通过硅基质树脂吸附柱来回收纯化 DNA 片段。试剂盒中主要试剂有溶胶液、DNA 吸附柱、漂洗液、洗脱液等。溶胶液一般都是 NaI 等盐类的高浓度溶液，在加热条件下溶解琼脂糖凝胶，将目的 DNA 从凝胶中释放出来，然后在酸性条件下，经高速离心，目的 DNA 结合在吸附柱的硅基质树脂上，使用含有 80% 左右的乙醇的漂洗液去除蛋白质、其他有机化合物、无机盐离子等杂质，最后用洗脱液在低盐状态下将纯净的目的 DNA 从树脂上洗脱下来。

（五）pET-30a（+）质粒

pET-30a（+）质粒载体具有卡那霉素（Kan）抗性，可以通过在含有 Kan 的平板上培养筛选到重组菌；其多克隆位点（MCS）内有 *Kpn* I 和 *Hind* III 等限制性核酸内切酶识别位点，为插入外源基因提供了便利；还有受 IPTG 诱导的 *lacI* 启动子，加入 IPTG 后，外源基因可以大量表达（图 3.2.6）。

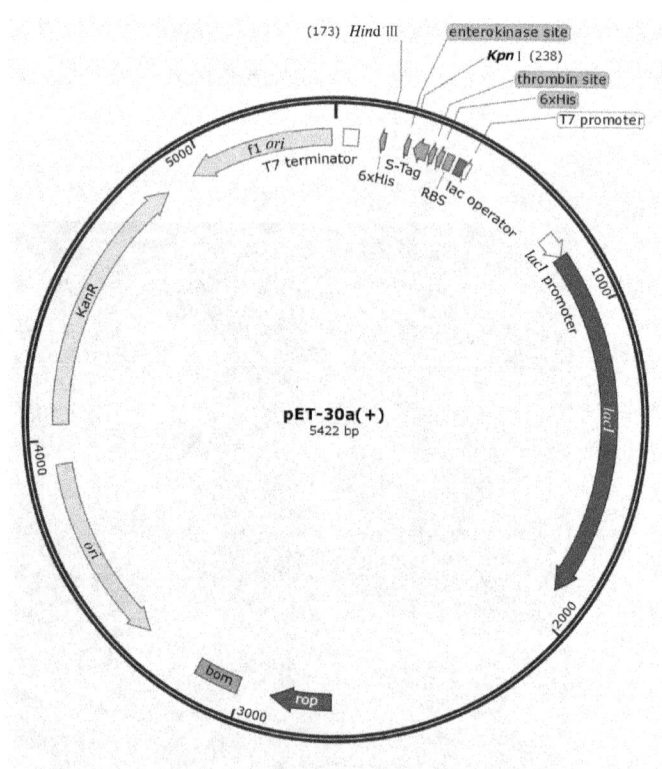

图 3.2.6　pET-30a（+）质粒示意

pET-30a（+）质粒的获取

pET-30a（+）质粒被保存在大肠杆菌中，所有分离质粒 DNA 的方法都包括以下三个基本步骤：①培养细菌，使质粒增殖；②收集和裂解细菌；③分离和纯化质粒 DNA。

本实验采用的质粒提取方法为碱裂解法：其原理是基于染色体 DNA 与质粒 DNA 的变性与复性的差异而达到分离的目的。将细菌悬浮液暴露于高 pH（pH = 12.6）的强阴离子洗涤剂（裂解液 II）中，染色体 DNA 的氢键断裂，双螺旋结构解开而变性，蛋白质同时也变性。质粒 DNA 的大部分氢键也断裂，但它的超螺旋共价闭合的两条互补链不会完全分离，因为它们在拓扑学上是相互缠绕的。当以乙酸钾高盐缓冲液（裂解液Ⅲ）处理时，其 pH 恢复至中性，变性的质粒 DNA 又恢复原来的构型，存在于溶液中。染色体 DNA 因不能复性而与蛋白质、破裂的细胞壁相互缠绕形成大型复合物，裂解液Ⅲ中的钾离子取代钠离子时，这些复合物会从溶液中沉淀下来。可以通过离心的方法去除沉淀，从上清液中回收复性的质粒 DNA，再通过乙醇沉淀、洗涤，可以得到质粒 DNA。

提取质粒 DNA 之后，要进行琼脂糖凝胶电泳鉴定。质粒 DNA 在细胞内以超螺旋（cccDNA）的形式存在，如果两条链中有一条链发生一处断裂或多处断裂，分子就能旋转而消除链的张力，这种松弛型的质粒分子叫作开环 DNA（ocDNA）。如果两条链同时断裂，则称为线性 DNA。这三种构型的质粒 DNA 分子在凝胶电泳中的迁移率不同，超螺旋 DNA 最快，线性 DNA 次之，开环 DNA 最慢。

（六）双酶切质粒和 PCR 产物

将目的基因插入载体，有黏性末端连接、平末端连接、TA 克隆等方式，其中平末端连接效率较低，而本实验选择的 pET-30a（+）质粒不是 T 载体，因此选择使用黏性末端连接。进行黏性末端连接，就必须要在目的基因与载体上用相同的限制性核酸内切酶消化出酶切位点，同时考虑到后续要进行荧光蛋白的表达，因此目的基因插入载体上时需要定向，最终确定使用双酶切的方案。在 PCR 引物的设计上，三种荧光蛋白基因的上游引物位置都带有 Kpn Ⅰ，下游引物位置带有 Hind Ⅲ，除此之外，在三种荧光蛋白基因的其他位置均没有这两种内切酶的识别位点，因此不会破坏目的基因；同时在 pET-30a（+）质粒的 MCS 上有 Kpn Ⅰ 和 Hind Ⅲ 的唯一酶切位点，而且方向正确，读码框正确；另外两个酶缓冲条件相似，有可用的双酶切缓冲液，因此使用 Kpn Ⅰ 和 Hind Ⅲ 进行双酶切质粒载体与 PCR 产物可行。

需要注意的是，在进行双酶切质粒载体与 PCR 产物之后，还需要进行回收纯化以除去原有的 pH、残存离子等因素的影响才能进行后续的连接反应。

（七）目的基因片段与质粒载体的连接

T4 连接酶是重组 DNA 技术中使用的另一种重要工具酶，其作用分三步：首先，T4 DNA 连接酶与辅助因子 ATP 形成酶 - AMP 复合物并释放出焦磷酸；其次，酶 - AMP 复合物上的 AMP 转移到 DNA 的 $5'- PO_4$ 上使其活化并释放出酶；最后，活化的 $5'- PO_4$ 与相邻的 $3'- OH$ 反应生成 1 个新的磷酸二酯键，同时释放出 AMP，完成 DNA 之间的连接。本实验在连接过程中使用的正是 T4 DNA 连接酶。连接反应的温度在 37 ℃时有利于连接酶的活性。但是在这个温度下黏性末端的氢键结合是不稳定的。因此采取折中的温度，即 12～16 ℃，连接 12～16 h（过夜），这样既可最大限度地发挥连接酶的活性，又兼顾到短暂配对结构的稳定。

连接反应时，需要注意的是质粒载体与目的基因之间的摩尔比问题。一般而言，为了达到理想的连接效果，一般载体与插入片段之间的摩尔比在 1∶3～1∶10 之间。

在具体实验中，我们可以利用电泳时，参比 Marker 与目的条带之间的亮度比，大致估算出插入片段的浓度，进而计算出连接反应时载体与插入片段的体积（图3.2.7）。

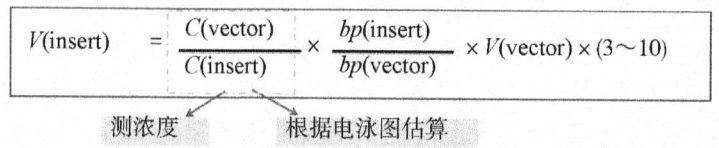

图3.2.7　插入片段体积测算算式

连接反应完成之后，需要把连接产物转入感受态细胞中，进行培养筛选鉴定。

（八）感受态细胞的制备

感受态是指对数生长期的细菌经过物理或化学的方法处理后，细胞膜的通透性发生暂时性改变，成为能允许外源 DNA 分子进入的感受细胞。本实验采用最为常用的 $CaCl_2$ 法制备 DH5α 和 BL21（DE3）两种大肠杆菌感受态细胞。其中 DH5α 菌株作为质粒增殖的宿主，而 BL21（DE3）由于能产生 T7 RNA 聚合酶并识别 pET-30a（+）质粒上的 T7 启动子，从而开始转录进行荧光蛋白的表达，也可以作为表达宿主。

（九）转化

将重组子导入感受态细胞的过程称之为转化。其原理为：当细菌处于 0 ℃时，以 $CaCl_2$ 处理的感受态细胞膨胀成球形，转化混合物中的 DNA 形成抗 DNA 酶的羟基-钙磷酸复合物，吸附在感受态细胞表面，经 42 ℃短暂热冲击处理，促进细胞对 DNA 分子的吸收；然后在非选择性培养基中保温一段时间后，球形细胞复原并分离繁殖，重组质粒中的基因在细菌中得到表达，在选择性培养基上可以生长，而没有被转化的细胞则不能生长，以此筛选出转化子。

（十）阳性重组质粒的筛选

插入片段与质粒载体正确连接的效率及重组子导入宿主细胞的效率都是有限的，因此，最后生长繁殖出来的细胞不可能都带有外源 DNA。因此，筛选是基因克隆中必不可缺的一部分，在选择和构建载体、选择宿主细胞和设计实验方案时要充分考虑到筛选的问题。

常用的筛选方法有：①抗生素筛选。许多载体上带有抗生素抗性基因，因此可以利用这些抗性基因对重组子进行筛选。当培养基中含有抗生素时，只有携带相应抗生素基因载体的细胞才能生长，那些未能接受载体的宿主细胞则被排除；如果外源基因插入在了载体的抗性基因内部，就会导致抗性基因失活，原来的抗性也会消失。②蓝白斑筛选。蓝白斑筛选是一种特殊的插入激活方式，可以在转化子的初步筛选过程中使用。如果质粒携带细菌乳糖操纵子的 lacI 和 lacZ'，同时在选择初级转化子的平板中包括显色底物（X-gal）和 β-半乳糖苷酶诱导剂（IPTG）存在的情况下，非重组载体 lac Z'被诱导产生的 β-半乳糖苷酶 N 端能与宿主菌表达的 C 端肽互补（α-互补），组装成有活性的 β-半乳糖苷酶，进而分解 X-gal 产生蓝色底物。如果载体中的 MCS 中插入外源 DNA，将导致 β-半乳糖苷酶失活，含有重组质粒的菌落则因无法水解 X-gal 而呈白色。

本实验中使用的质粒 pET-30a（+）存在抗卡那霉素基因，因此可以使用抗生素筛选，带有 pET-30a（+）质粒的转化子都能生长在含有卡那霉素的 LB 培养基上。而 pET 系列载体上没有带有 *lacZ'*，因此不能进行蓝白斑筛选。

（十一）阳性克隆的鉴定

从平板上挑选出阳性克隆之后，要进行鉴定，常用的鉴定方法有菌落/菌液 PCR 鉴定，以及质粒提取和酶切鉴定。①菌落/菌液 PCR 鉴定。其原理与操作同目的基因获取时的 PCR 一致。其不同之处在于，采用菌落/菌液作为模板，当 PCR 扩增时，在 95 ℃高温变性时，细菌因高温裂解会释放出细胞内的质粒 DNA，质粒 DNA 就可以作为 PCR 的模板，而不需要通过提取质粒 DNA 再进行 PCR。由于外源 DNA 片段通常是通过一对特异性引物进行 PCR 获得并插入到载体上的，因此可以利用插入片段的引物进行菌落/菌液 PCR，根据是否有 PCR 产物和产物的大小判断是否为重组子和阳性重组子。②酶切鉴定。酶切鉴定需要将阳性菌落扩大培养之后，提取质粒，再使用限制性核酸内切酶消化，用琼脂糖凝胶电泳鉴定酶切产物，判断有无目的 DNA 及目的 DNA 是否完整。③测序。测序是鉴定目的 DNA 最准确的方法，可以确定其序列是否存在损伤，阅读框是否正确。

本实验在筛选出重组菌落后，采用菌落/菌液 PCR 鉴定及 *Kpn* I 和 *Hind* Ⅲ 双酶切鉴定的方法对阳性克隆进行鉴定（图 3.2.8）。

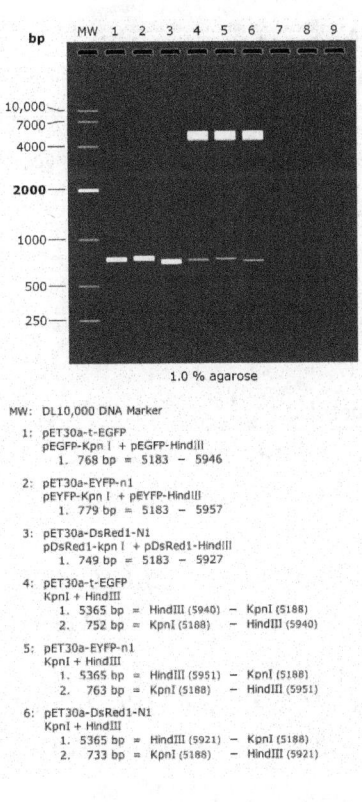

图 3.2.8 琼脂糖凝胶电泳示意

（十二）诱导表达

外源基因在宿主细胞中要顺利表达，需要形成重组子 DNA 时，在载体的启动基因序列和核糖体结合序列后面适当的位置插入外源 DNA。pET 系统已成为在 E. coli 中蛋白表达的首选，其主要原因在于目的基因被克隆到不为 T7 RNA 聚合酶识别的 T7 启动子下，在没有 T7 RNA 聚合酶之前几乎没有表达发生（如转化到 DH5α 中），此时克隆到 pET 载体上的基因实际上是被关闭的，不会产生对细胞有毒性的蛋白而引起质粒的不稳定。当重组质粒转移到表达宿主中，该宿主的染色体上含有 T7 RNA 聚合酶基因，通过加入 IPTG 可以诱导表达目标基因，诱导几个小时之后目标产物就可以超过细胞总蛋白的 50%。

本实验采用 pET-30a（+）进行基因表达，其载体上带有 T7 启动子，BL21（DE3）中噬菌体的 RNA 聚合酶可以特异地与之结合，启动靶基因的表达，在靶基因上游有 lacI 编码基因，当在培养基上涂了一定浓度的 IPTG 之后，经过一定时间的诱导可以成功表达荧光蛋白。

（十三）使用微生物绘画

最后，利用成功表达出来绿色、黄色、红色三种荧光蛋白的微生物，可以在培养皿上进行绘画，完成本次实验。

实验用品

（一）器材

台式高速离心机，台式高速冷冻离心机，PCR 仪，电泳仪，电泳槽，制胶模具，微波炉，恒温水浴箱，高压灭菌锅，电子天平，凝胶成像系统，纯水系统，4 ℃ 冰箱，−20 ℃ 冰箱，−80 ℃ 低温冰箱，恒温振荡器，生化培养箱，核酸蛋白测定仪，超净工作台，微量移液器，移液器吸头，各规格离心管，锥形瓶，培养皿。

（二）试剂

1. PCR 试剂

（1）*Taq* DNA 聚合酶：5 U/μL。

（2）10×buffer（Mg^{2+}）。

（3）dNTPs：2.5 mmol/L。

（4）EGFP 引物：10 μmol/L。

pEGFP-*Kpn* I：5′CGGGGTACCGCCACCATGGTGCGCTCCTC 3′

pEGFP-*Hind* III：5′CCCAAGCTTTCTACAAATGTGGTATGGCT 3′

（5）EYFP 引物：10 μmol/L。

pEYFP-*Kpn* I：5′CCGGGTACCGCCACCATGGTGAGCAAGGG 3′

pEYFP-*Hind* III：5′CCCAAGCTTGGTATGGCTGATTATGATCT 3′

（6）DsRed 引物：10 μmol/L。

pDsRed-*Kpn* I：5′CGGGGTACCGCCACCATGGTGCGCTCCTC 3′

pDsRed-*Hind* III：5′CCCAAGCTTTCTACAAATGTGGTATGGCT 3′

（7）无菌水。

2. 电泳相关试剂

（1）50×TAE 储存液配制：242 g Tris、37.2 g $Na_2EDTA \cdot 2H_2O$ 溶于 600 mL 去离子水中，充分搅拌溶解后加入 57.1 mL 冰乙酸，定容至 1000 mL。

（2）1×TAE 工作液配制：20 mL 50×TAE 储存液，加去离子水定容至 1000 mL。

（3）Goldview：工作浓度 1 μL/20 mL 凝胶。

（4）6×loading buffer：0.25% 溴酚蓝、0.25% 二甲苯青 FF、40% 蔗糖水溶液混匀，4 ℃下长期保存。

3. 胶回收试剂盒（略）

4. 培养基

（1）LB 液体培养基：称取蛋白胨 10 g、酵母提取物 5 g、NaCl 10 g，溶于 800 mL 去离子水中，用 NaOH 调 pH 至 7.4，加去离子水至总体积 1000 mL，高压蒸气灭菌 20 min。

（2）LB 固体培养基：1.5 g 琼脂粉/100 mL LB 液体培养基，高压灭菌后常温保存。若不能及时倾倒平板，使用前可以微波炉加热溶解。

5. 质粒提取试剂

（1）溶液 Ⅰ：50 mmol/L 葡萄糖、25 mmol/L Tris-HCl（pH 8.0）、10 mmol/L EDTA（pH 8.0）；溶液 Ⅰ 一次可配制 100 mL，高压灭菌后 4 ℃保存。

（2）溶液 Ⅱ：0.2 mol/L NaOH 溶液（可从 10 mol/L 储存液中现用稀释）、1% SDS 溶液；溶液 Ⅱ 须现配现用，室温下使用。

（3）溶液 Ⅲ：5 mol/L 乙酸钾溶液 60.0 mL、冰乙酸 11.5 mL、H_2O 28.5 mL；所配成的溶液中钾离子浓度为 3 mol/L，乙酸根的浓度为 5 mol/L，4 ℃保存。

（4）TE 缓冲液：10 mmol/L Tris-HCl（pH 8.0）、1 mmol/L EDTA（pH 8.0）。

（5）无水乙醇。

（6）70% 乙醇。

6. 制备感受态试剂

（1）0.1 mol/L $CaCl_2$：14.7 g $CaCl_2 \cdot 2H_2O$，溶解于终体积为 1 L 的蒸馏水中，灭菌后 4 ℃保存。

（2）30% 甘油：量取 30 mL 甘油，定容到 100 mL，灭菌后 4 ℃保存。

7. 酶切试剂

（1）*Kpn* I 10 U/μL。

（2）*Hind* Ⅲ 15 U/μL。

（3）10×M buffer。

8. 连接试剂

（1）T4 DNA 连接酶（350 U/μL）。

（2）10×T4 DNA 连接酶缓冲液。

9. 其他

(1) 卡那霉素（Kan）：50 mg/mL，用 0.2 μm 滤膜过滤到无菌的容器中，然后分装到 1.5 mL 无菌 EP 管中，-20 ℃保存。

(2) IPTG：100 mmol（24 mg/mL），在 8 mL 蒸馏水中溶解 240 mg IPTG 后，用蒸馏水定容至 10 mL，用 0.22 μm 滤器过滤除菌，分装成 1 mL 小份贮存于 -20 ℃。

(3) RNase A：1 mg/mL。

(4) DNase：1 mg/mL。

（三）材料

pMD19T-EGFP-N3 质粒、pMD19T-EYFP-N1 质粒、pMD19T-DsRed 质粒，含有 pET-30a（+）质粒的 DH5α 菌株，*E. coli* DH5α 菌株，*E. coli* BL21（DE3）菌株，琼脂糖。

实验步骤

（一）目的基因的获取

1. PCR 扩增 *EGFP*、*EYFP*、*DsRed* 基因片段

(1) 考虑到 PCR 扩增结束之后切胶回收会有损失，因此每一种荧光蛋白的 PCR 做 2 管，即每管 50 μL，共 100 μL。取 6 支无菌 PCR 管，按表 3.2.1 加入各种成分，其中引物与模板 DNA 须一一对应，具体参考原理部分与实验试剂部分。

表 3.2.1　PCR 反应体系

加入物	体积/μL	终浓度
10×缓冲液（Mg^{2+}）	5	1×
dNTPs (2.5 mmol)	4	0.2 μmol/L
上游引物（10 μmol）	1	0.2 μmol/L
下游引物（10 μmol）	1	0.2 μmol/L
模板 DNA	1	5～10 ng
Taq DNA 聚合酶（5 U/μL）	1	5 U
无菌水	37	—
总体积	50	—

(2) 加样结束之后，离心机短暂离心混匀，置于 PCR 仪中并设定 PCR 反应条件为：95 ℃ 5 min→（94 ℃ 45 s→58 ℃ 50 s→72 ℃ 50 s）×30 个循环→72 ℃ 10 min。

2. PCR 扩增的电泳鉴定及切胶回收

(1) 制备 40 mL 1% 琼脂糖凝胶，选用大梳孔。

(2) 分别向样品管中加入 6×上样缓冲液，使其终浓度为 1×，用移液器混匀。

(3) 用微量移液器小心将上述样品分别加入凝胶的样品小孔内,加样时,将微量移液器的吸头垂直于样品孔上方,轻轻插入电泳缓冲液中,注意不要破坏凝胶孔壁。每个样品加样时要更换吸头,以免交叉污染。

(4) 在相邻的加样孔内加入 5 μL 的 DNA Marker 作为参照,记录样品上样顺序。

(5) 盖上电泳槽盖子,接通电泳槽与电泳仪(注意正负极,一般红色为正极,黑色为负极),调节电压为 3～5 V/cm(按照两极之间的距离计算),至上样缓冲液中的指示剂溴酚蓝迁移至距离凝胶前沿 1～2 cm 时切断电源,停止电泳。

(6) 在凝胶成像系统下观察凝胶中各泳道的 DNA 条带,并拍照记录,DNA 存在处应显出绿色荧光条带。

(7) 在紫外条件下,对照 DNA Marker,把所需要的 DNA 片段切下来,并尽量去除多余的凝胶。

(8) 称取空 1.5 mL 离心管的质量,将切下来的带目的 DNA 的凝胶装入离心管中,称取重量,计算出凝胶块的重量。

(9) 向装有胶块的离心管中加入 3 倍体积的溶胶液 PN(如果凝胶重为 100 mg,则体积可视为 100 μL,则加入 300 μL 溶胶液),55 ℃水浴放置 10 min,其间不断温和地上下翻转离心管,以确保胶块充分溶解。

(10) 将上一步所得溶液加入吸附柱(吸附柱套入收集管中),室温放置 2 min,12000 r/min 离心 1 min,倒掉收集管中的废液,将吸附柱重新放入收集管中。注意:如果溶胶体系体积大于 700 μL,则分次上柱,保证全部溶液都加到吸附柱中。

(11) 向吸附柱中加入 700 μL 漂洗液(使用前先确认是否已加入无水乙醇),12000 r/min 离心 1 min,倒掉收集管中的废液,将吸附柱重新放入收集管中。

(12) 向吸附柱中加入 500 μL 漂洗液,12000 r/min 离心 1 min,倒掉收集管中的废液。

(13) 将吸附柱放回收集管中,12000 r/min 离心 2 min,尽量除去漂洗液。离心后可将吸附柱盖子打开,室温放置 2 min,有助于彻底挥发漂洗液中的残余乙醇。

(14) 将吸附柱放到一个干净的离心管中,向吸附柱中间位置悬空滴加适量的洗脱缓冲液(一般不少于 30 μL),室温放置 2 min,12000 r/min 离心 1 min,收集 DNA 溶液。

(15) 再制备 1% 浓度琼脂糖凝胶对回收产物进行鉴定,操作同上。

(二) pET-30a (+) 质粒的提取

(1) 挑单菌落:从平板中将带有 pET-30a (+) 质粒的 DH5α 菌株接种在 LB 液体培养基(5 mL,Kan 抗性)中,37 ℃培养过夜。

(2) 取 1.5 mL 菌液于 1.5 mL 离心管中,12000 r/min 离心 1 min,弃上清液,此时可见管底沉淀有菌体;再加入 1.5 mL 菌液,重复离心一次。将小管倒扣在吸水纸上,尽量去除培养基。

(3) 加入溶液 I 100 μL,重悬菌体,可用移液器吹吸混匀,务必使菌体沉淀彻底分散成单细胞,不能有细胞团块存在。

（4）加入 200 μL 新鲜配制的溶液Ⅱ，轻轻颠倒混匀，冰上放置 2～3 min。注意：加入溶液Ⅱ后应立即颠倒混匀，防止溶液局部过碱，使细菌裂解过度，染色体基因组 DNA 发生断裂，导致质粒 DNA 中产生基因组 DNA 污染。但也不要剧烈振荡，只要轻轻颠倒混匀几次离心管即可。

（5）加入 150 μL 预冷溶液Ⅲ，颠倒混匀，冰浴 5 min。注意：此步目的为中和溶液Ⅱ的碱性，同时高浓度的盐使得沉淀更完全。复性时间不宜过长，一般不超过 5 min，否则会使染色体 DNA 复性。

（6）4 ℃、12000 r/min 离心 10 min，将上清液转移到另一离心管中。

（7）用 2 倍体积的无水乙醇于室温下沉淀核酸，颠倒混匀，室温放置 2 min。

（8）4 ℃、12000 r/min 离心 5 min，收集沉淀的核酸。

（9）小心吸尽上清液，将离心管倒扣在吸水纸上，以便所有液体排干，用微量移液器吸去管壁上的液滴。

（10）加 1 mL 预冷的 70% 乙醇，颠倒数次洗涤沉淀，4 ℃、12000 r/min 离心 2 min，回收 DNA。

（11）轻微抽吸除去所有的上清液。

（12）除去管壁上的乙醇液滴，将离心管开盖晾干至离心管中没有可见的液滴为止。

（13）用 50 μL 含有 RNase A 的 TE 缓冲液重新溶解核酸，用移液枪反复吸打数次，以彻底溶解 DNA，−20 ℃冰箱保存。

（14）使用 1% 琼脂糖凝胶电泳鉴定质粒提取效果。

（三）pET-30a（+）质粒与 PCR 产物的双酶切反应

（1）取 4 支无菌的 0.2 mL 离心管分别编号，并用微量移液器按表 3.2.2 所列分别加入试剂。

表 3.2.2　酶切反应体系

加入物标记	C-EGFP/μL	C-EYFP/μL	C-DsRed/μL	C-pET-30a（+）/μL
ddH$_2$O	10	10	10	10
10×M buffer	5	5	5	5
Kpn Ⅰ	2.5	2.5	2.5	2.5
Hind Ⅲ	2.5	2.5	2.5	2.5
相应 DNA	30	30	30	30
总体积	50	50	50	50

（2）混匀，37 ℃水浴过夜。

(3) 将酶切产物全部通过 1% 琼脂糖凝胶电泳检测, 然后切胶回收。

(4) 1% 琼脂糖凝胶电泳鉴定酶切产物回收效果, 并根据各条带亮度估算其浓度, 为载体与插入片段的连接做准备。

(四) 感受态细胞的制备

(1)（已预先准备好）从新活化的 *E. coli* DH5α 平板及 *E. col* BL21（DE3）平板上各挑取一单菌落（超净工作台操作）, 接种于 3～5 mL LB 液体培养中, 37 ℃ 振荡培养 12 h 左右, 直至对数生长期。

(2) 将两种菌悬液分别以 1:（50～100）转接于 100 mL LB 液体培养基中, 37 ℃ 振荡扩大培养, 当培养液开始出现混浊后, 每隔 20～30 min 测一次 A_{600}, 至 A_{600} 约为 0.5 时停止培养。

(3) 取培养液 1.5 mL 转入微量离心管中, 在冰上冷却 10 min, 于 4 ℃、5000 r/min 离心 10 min (从这一步开始, 所有操作均在冰上进行, 速度尽量快而稳)。

(4) 倒净上清液 (培养液), 用 1 mL 冰冷的 0.1 mol/L $CaCl_2$ 溶液小心悬浮细胞, 冰浴, 4 ℃、5000 r/min 离心 10 min。

(5) 弃去上清液, 加入 100 μL 冰冷的 0.1 mol/L $CaCl_2$ 溶液, 小心悬浮细胞, 冰上放置片刻后, 即制成感受态细胞悬液。

(6) 制备好的感受态细胞悬液可直接用于转化实验, 也可加入占总体积 15% 左右高压灭菌过的甘油, 混匀后在超净工作台分装到 EP 微量离心管中, 液氮速冻后, 置于 -70 ℃ 条件下, 可保存半年至一年。

(五) pET-30a (+) 质粒与目的片段的连接

(1) 制备反应体系 (表 3.2.3)。

表 3.2.3　连接反应体系

试剂	L-EGFP	L-EYFP	L-DsRed
载体 DNA [pET-30a (+)]	50 ng	50 ng	50 ng
目的 DNA	与载体 DNA 的摩尔比约为 3	与载体 DNA 的摩尔比约为 3	与载体 DNA 的摩尔比约为 3
T4 DNA 连接酶 (350 U/μL)	1 μL	1 μL	1 μL
10×T4 DNA 连接酶缓冲液	2 μL	2 μL	2 μL
ddH$_2$O	补足总体积至 20 μL	补足总体积至 20 μL	补足总体积至 20 μL

(2) 移液器吹吸混匀后短暂离心 5 s。

(3) 在 PCR 仪上设置 16 ℃ 连接过夜。

（六）重组子的转化

（1）取 15 μL 连接产物，加入制备好的 DH5α 感受态细胞中，摇匀，冰上放置 30 min。注：实验中要注意设置各类对照，此时需要设置以下几种对照：①空白对照，未加入连接产物的 DH5α 感受态涂布在无抗生素平板上；②阴性对照，以未加入连接产物的 DH5α 感受态涂布在 Kan^+ 的平板上；③阳性对照，取 1 μL 提取的 pET-30a（+）质粒加入 DH5α 感受态细胞中，涂布在 Kan^+ 的平板上。以上三种对照操作应与样品组操作同步。

（2）42 ℃ 水浴热激 90 s，然后迅速在冰上放置 2 min。

（3）加入无抗生素的 LB 液体培养基 800 μL，37 ℃、150 r/min 在恒温振荡器中培养 45 min。

（4）此过程中倒置平板。取 LB 固体培养基，微波炉加热至完全溶解，待温度冷却至 60 ℃ 左右（可以手拿），加入 Kan，使其终浓度为 50 μg/mL。在超净工作台中，将培养基倾倒在无菌培养皿上，每个培养皿（直径 9 cm）以 20 mL 左右培养基为宜。室温待培养基凝固。

（5）将培养好的菌液取出，5000 r/min 离心 2 min，弃去 850 μL 上清液培养基，使用移液器将剩余菌液吹吸混匀，涂布平板。

（6）将各平板放置在生化培养箱中，正向放置，培养至所有菌液被培养基吸收，再将平板倒置培养过夜。

（七）阳性克隆的筛选与鉴定

（1）要对应空白对照平板、阴性对照平板、阳性对照平板观察各样品组平板结果。

（2）从标记为 L-EGFP、L-EYFP、L-DsRed 的三块平板上，分别挑取 6 个单菌落，分别置于 15 mL 离心管（含 5 mL LB 液体培养基，Kan^+）中培养过夜。

（3）菌液 PCR 鉴定。

A. 取 0.2 mL 离心管 20 支，其中样品组 3×6=18 支，阴性对照 1 支，阳性对照 1 支，反应体系见表 3.2.4。其中阴性对照的设置为使用无菌水替代模板，阳性对照的设置为使用一开始的 pMD19T-EGFP 质粒为模板，引物为对应的 EGFP 引物，确保正常情况下能扩增出样品。

表 3.2.4 菌液 PCR 体系

加入物	样品组	阴性对照	阳性对照
10×缓冲液（Mg^{2+}）/μL	2.5	2.5	2.5
dNTPs（2.5 mmol·L^{-1}）/μL	2	2	2
上游引物（10 μmol·L^{-1}）/μL	0.5	0.5	0.5

续上表

加入物	样品组	阴性对照	阳性对照
下游引物（10 μmol·L^{-1}）/μL	0.5	0.5	0.5
对应菌液/μL	1	—	—
重组 pMD19T-EGFP 质粒/μL	—	—	1
Taq DNA 聚合酶（5 U·μL^{-1}）/μL	0.5	0.5	0.5
无菌水/μL	18	19	18
总体积/μL	25	25	25

B. 加样结束之后，离心机短暂离心混匀，置于 PCR 仪中并设定 PCR 反应条件为：95 ℃ 5 min→（94 ℃ 45 s→58 ℃ 50 s→72 ℃ 50 s）×30 个循环→72 ℃ 10 min。

C. 使用 1% 琼脂糖凝胶电泳鉴定 PCR 扩增效果。

（4）阳性重组质粒的提取：从 PCR 阳性的样品中，每种荧光蛋白选取 2 个，提取质粒。操作同 pET-30a（+）质粒提取。

（5）质粒提取完成之后，使用 1% 琼脂糖凝胶电泳鉴定质粒提取效果。

（6）双酶切鉴定。

A. 取 6 支 1.5 mL 离心管，每种荧光蛋白对应 2 个样品，分别按表 3.2.5 加入以下试剂。

表 3.2.5 酶切鉴定反应体系

加入物标记	EGFP	EYFP	DsRed
ddH$_2$O/μL	11	11	11
10×M buffer/μL	2	2	2
Kpn I/μL	1	1	1
Hind III/μL	1	1	1
相应重组质粒/μL	5	5	5
总体积/μL	20	20	20

B. 移液器吹吸混匀，短暂离心，37 ℃ 水浴反应 2 h。

C. 从每个离心管取 10 μL 样品，利用 1% 琼脂糖凝胶电泳检验双酶切效果。

（八）重组质粒的原核表达

（1）分别将重组质粒 pET30a-EGFP、pET30a-EYFP、pET30a-DsRed 转入 BL21（DE3）感受态细胞。

（2）将三种转化子分别涂布于 Kan$^+$ 的平板，并在生化培养箱中 37 ℃ 培养过夜。

（3）IPTG 诱导重组荧光蛋白的表达。

（4）将重组阳性克隆菌转接至 3 mL LB（Kan$^+$）液体培养基中，37 ℃培养 16 h。

（5）制备含有诱导剂 IPTG（终浓度为 1 mmol/L）的平板若干。

（6）使用牙签、接种环、移液器吸头等，蘸取各荧光蛋白的菌液在平板上进行绘画。

（7）培养一段时间后，紫外线下观察平板，可以观察到绿色、黄色、红色荧光组成的图案。

综合性实验 3　EGFP 基因的定点突变

实验目的

学习重叠延伸 PCR 法对基因进行体外定点突变的基本原理和实验技术。

实验原理

基因定点突变是指对基因的特定位点进行碱基替换、删除或插入，从而改变其编码蛋白质的结构与功能，是建立在对基因表达产物结构与功能关系有基本了解的前提下，深入研究某些氨基酸残基对蛋白质功能和结构的影响，以及提高蛋白质性能的蛋白质工程主要技术。

绿色荧光蛋白（GFP）是在维多利亚水母（*Aequorea victoria*）中发现的，全长 238 个氨基酸，相对分子质量约 27 kDa。其分子内部由 65～67 个氨基酸（丝氨酸 – 酪氨酸 – 甘氨酸）残基组成核心发色团，在 395 nm 紫外光激发下可产生绿色荧光。因为 GFP 易于检测、基因本身较小、易于基因工程操作、细胞毒性低等特点，自 1962 年日裔科学家下村修发现 GFP 以来，它已被作为报告分子广泛应用于蛋白质表达、蛋白质相互作用、转基因生物检测、蛋白质示踪定位等生物学、医学研究中。相对于 GFP，增强型绿色荧光蛋白（EGFP）包含了 M1_S2insV/F64L/S65T/H231 L 等突变，使 GFP 激发波长红移至 488 nm，并改善了 GFP 在 37 ℃下的折叠能力。Y66H 单点突变，蛋白发蓝色荧光，即对 EGFP 进行 Y67H 单点突变，得到 EBFP（enhanced blue fluorescent protein），激发波长为 380 nm。关于更多的荧光蛋白信息，可登录 FPbase 数据库获取，该数据库目前共收录 888 个荧光蛋白、963 个荧光蛋白光谱，信息涵盖荧光蛋白的来源、基因序列、氨基酸序列、参考文献，以及荧光蛋白领域的研究进展等。

本实验采用 QuikChange Site-directed Mutagenesis 法对 EGFP 基因进行定点突变，以含目的基因的质粒为模板，依靠两条突变引物引入突变和 DpnⅠ酶对甲基化原模板的降解得到含突变质粒的阳性克隆，原理如图 3.3.1 所示。该方法只需要两条互补或重叠的突变引物，经过一次 PCR 扩增得到含突变位点的、带缺刻的质粒；PCR 产物经 DpnⅠ酶消化，DpnⅠ识别甲基化 GATC 序列并水解，由于来自 DH5α 的模板质粒是经 Dam 甲基化修饰的而被 DpnⅠ酶降解，PCR 产物没有甲基化被保留；酶处理后的 PCR 产物转化宿主菌 DH5α，缺刻被修复并得到复制扩增。这一方法可进行碱基替换、插入和删除操作，可同时引入多个定点突变；只需一次 PCR 且产物无须纯化，不依赖连接酶，操作简便省时；且有较多成熟的商业化试剂盒可选，不失为基因体外定点突变的优先选择之一。

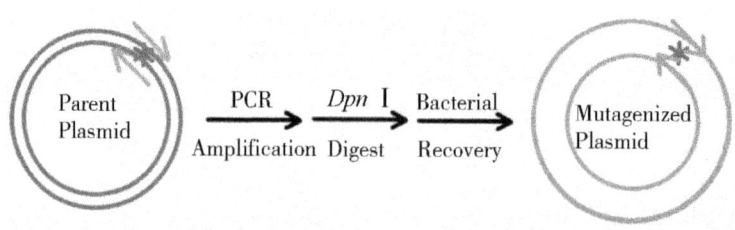

图 3.3.1 QuikChange Site-directed Mutagenesis 法原理

实验用品

（一）器材

PCR 仪、水平电泳系统、台式高速离心机、台式低速冷冻离心机、恒温水浴箱、超净台、二氧化碳培养箱、凝胶成像系统、便携式荧光蛋白激发光源、微量移液器、微波炉、高温高压灭菌锅、制冰机、冰箱和超低温冰箱、移液器吸头、90 mm 无菌培养皿、EP 管、PCR 管。

（二）试剂

定点突变试剂盒、琼脂糖、TBE 电泳缓冲液、DNA Marker、核酸染料、LB 肉汤/琼脂培养基、卡那霉素、IPTG、甘油。

（三）材料

实验室自有质粒 pET-30a（+）-EGFP（图 3.3.2）、DH5α 感受态细胞、BL21（DE3）感受态细胞。

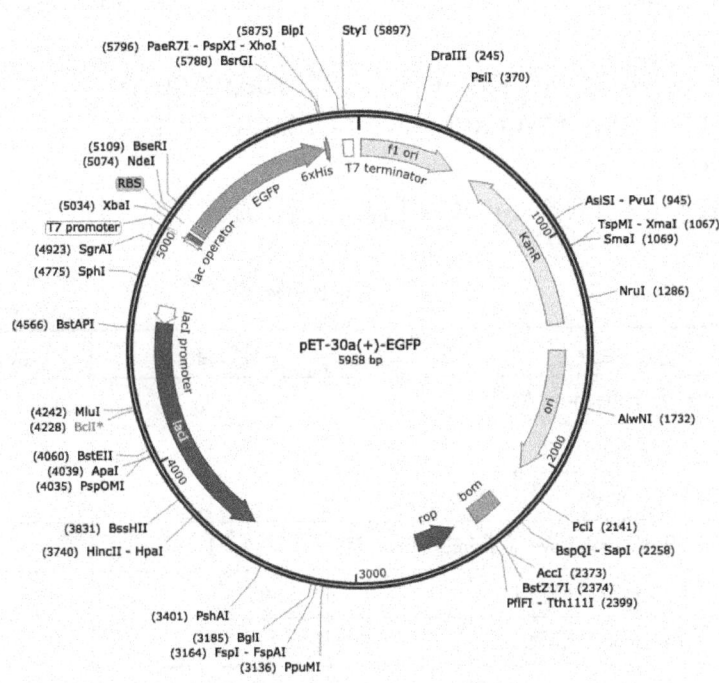

图 3.3.2　pET-30a（+）-EGFP 质粒图谱

实验步骤

（一）引物设计

在 FPbase 上查找下载 *EGFP* 和 *EBFP* 的基因序列并进行比对，再结合 FPbase 上各荧光蛋白的谱系资料和相关文献，确定突变位点为 Tyr67His（TAC > CAC）。根据基因序列和拟突变位点，利用在线工具 PrimerX 设计突变引物。

EGFP 基因序列如下（720 bp）：

　　ATGGTGAGCAAGGGCGAGGAGCTGTTCACCGGGGTGGTGCCCATCCTGGTCGAGCTGGACGGCGACGTAAACGGCCACAAGTTCAGCGTGTCCGGCGAGGGCGAGGGCGATGCCACCTACGGCAAGCTGACCCTGAAGTTCATCTGCACCACCGGCAAGCTGCCCGTGCCCTGGCCCACCCTCGTGACCACCCTGACCTACGGCGTGCAGTGCTTCAGCCGCTACCCCGACCACATGAAGCAGCACGACTTCTTCAAGTCCGCCATGCCCGAAGGCTACGTCCAGGAGCGCACCATCTTCTTCAAGGACGACGGCAACTACAAGACCCGCGCCGAGGTGAAGTTCGAGGGCGACACCCTGGTGAACCGCATCGAGCTGAAGGGCATCGACTTCAAGGAGGACGGCAACATCCTGGGGCACAAGCTGGAGTACAACTACAACAGCCACAACGTCTATATCATGGCCGACAAGCAGAAGAACGGCATCAAGGTGAACTTCAAGATCCGCCACAACATCGAGGACGGCAGCGTGCAGCTCGCCGACCACTACCAGCAGAACACCCCCATCGGCGACGGCCCCGTGCTGCTGCCCGACAACCACTACCTGAGCACCCAGTCCGCCCTGAGCAAAGACCCCAACGAGAAGCGCGA

TCACATGGTCCTGCTGGAGTTCGTGACCGCCGCCGGGATCACTCTCGGCATGGACGAGCTGTACAAGTAA

突变引物1：GTGACCACCCTGACCCACGGCGTGCAGTGCTTC

突变引物2：GAAGCACTGCACGCCGTGGGTCAGGGTGGTCAC

（二）PCR

(1) 按表3.3.1所列配置PCR反应体系，冰上配置。

表3.3.1 PCR反应体系

组分	对照组/μL	实验组/μL
10×Pfu buffer with $MgSO_4$	5	5
10 mmol/L dNTP Mix	1	1
10 μmol/L Control Forward Primer	1	—
10 μmol/L Control Reverse Primer	1	—
10 μmol/L 引物1	—	1
10 μmol/L 引物2	—	1
5 ng/μL pUC19 White Control Plasmid	1	—
5~10 ng/μL pET-30a（+）-EGFP	—	1
2.5 U/μL Pfu DNA Polymerase	1.2	1.2
无菌 ddH_2O	39.8	39.8
总体积	50	50

(2) 将样品放入PCR仪中，按下列程序开始PCR：

    95 ℃ 3 min

    95 ℃ 30 s ⎫

    60 ℃ 1 min ⎬ 18个循环

    68 ℃ 11 min ⎭

    68 ℃ 10 min

    16 ℃ 维持

（三）Dpn I 酶消化扩增产物

直接加入1 μL Dpn I 酶（10 U/μL）至每个PCR产物中，移液器吹吸混匀6~8次后，短暂离心，37 ℃水浴1 h消化亲本模板。

（四）琼脂糖凝胶电泳检测产物

0.8%琼脂糖凝胶，上样5~10 μL，120 V电泳30 min。

（五）转化DH5α

取10 μL Dpn I 酶消化产物加入100 μL感受态细胞中进行转化。具体步骤参照第二部分基础实验 9。对照组涂布于含氨苄青霉素、X-gal 和 IPTG 的 LB 琼脂平板上，实验组涂布于含 50 μg/mL 卡那霉素的 LB 琼脂平板上，37 ℃培养过夜。

（六）突变效率计算和突变阳性重组质粒筛选

（1）对对照组平板进行菌落计数。总菌落数≥100 说明转化过程正常；突变效率＝蓝色菌落数/白色菌落数×100%，突变效率≥80% 说明定点突变较为成功。

（2）从实验组平板上分别挑取 3～5 个单菌落至 5 mL 含卡那霉素的 LB 肉汤中，37 ℃、220 r/min 摇床培养过夜后，各取 1 mL 菌液与 30% 无菌甘油混合进行菌种保存，剩下的菌液进行质粒提取，具体步骤参照第二部分基础实验 3。每个质粒分别取 10 μL 用于测序，剩下的于 -20 ℃保存待用。

（3）测序结果与 *EGFP* 序列进行比对分析，第 199 位碱基由 T 变为 C、且其他位点一致的质粒则为阳性突变重组质粒即 pET-30a（+）-EBFP，可用于进一步的诱导表达和功能分析。

（七）EBFP 的诱导表达及荧光观察

（1）取 2 μL 质粒 pET-30a（+）-EBFP 至 100 μL BL21（DE3）感受态细胞中进行转化，37 ℃培养过夜。

（2）挑取单菌落转接至含 5 mL LB 肉汤（50 μg/mL 卡那霉素）的 15 mL 离心管中，37 ℃、220 r/min 摇床培养过夜。

（3）取 2 mL 过夜培养的菌液与 30% 甘油混合，分装至 1.5 mL EP 管中，-80 ℃保存，此为 EBFP 蛋白的表达菌种。

（4）另取 1 mL 过夜培养菌液加入含 50 mL LB 肉汤（50 μg/mL 卡那霉素）的三角瓶中，37 ℃、220 r/min 摇床培养至 OD_{600} 值为 0.5～0.6 时加入 IPTG（终浓度为 100 mg/L）诱导表达 4 h。

（5）使用便携式荧光蛋白激发光源或在紫外灯下观察菌液荧光。

（八）SDS-PAGE 检测表达产物

具体步骤参考第二部分基础实验 13。

综合性实验 4　蛋白的亚细胞定位

生物功能的区域化是生命的一种基本现象，它是由不同层次的系统组成的，从器官到特定细胞，再到细胞内部的亚细胞结构，最后到大分子复合物。在细胞水平上，蛋白质在特定的时间和空间发挥作用，这种区域化的定位为蛋白质提供了发挥作用的特定化学环境，以及所需的相互作用因子等。亚细胞结构是比细胞结构更详细的结构，通常只有在电子显微镜下才能看到（图3.4.1）。它们的特点是细胞内功能和空间的隔离，并协调维持完整的细胞功能。亚细胞结构在一定程度上相当于细胞器，常见的亚细胞结构包括细胞核、细胞膜、内质网、高尔基体、细胞质、线粒体、叶绿体（植物细胞特有）等。亚细胞定位是指生物大分子物质或脂质在细胞内的特定存在。蛋白质在细胞质中被翻译合成，在蛋白质分选信号的引导下，被运送到特定的亚细胞结构中，参与细胞的各种生命活动，这一过程被称为蛋白质亚细胞定位。成熟的蛋白质必须转移到它行使相应功能的亚细胞结构里面，才能发挥特定的生物学功能。亚细胞结构为这些蛋白质提供了一个相对独立的微环境来执行它们的功能。蛋白质定位错误可能导致细胞活动紊乱。因此，了解蛋白质的亚细胞定位是研究基因功能、蛋白质相互作用及其机制的必要条件。

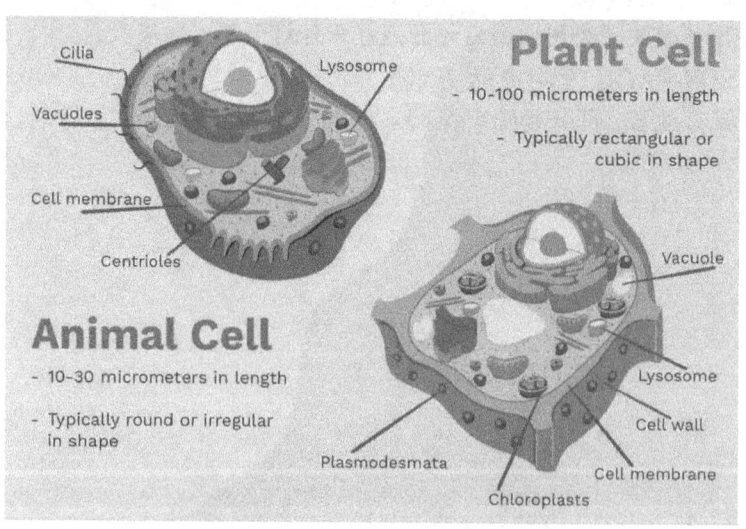

图 3.4.1　动物细胞（左）和植物细胞（右）的亚显微结构模式
（引自 Alison Czinkota/ Illustration/ ThoughtCo.）

目前研究亚细胞定位的方法有融合报告基因定位法、免疫荧光标记定位法、亚细胞结构分离定位法和生物信息学预测法4种。

最常用的是融合报告基因定位法，主要是将绿色荧光蛋白（GFP）及其衍生蛋白、β-葡萄糖苷酸酶（β-glucuronidase，GUS）等报告基因与靶蛋白基因融合，利用靶蛋白的引导信号进行亚细胞定位，跟踪观察报告蛋白的光信号，从而精确地确定靶蛋白的定位。该方法是目前应用最广泛的蛋白质亚细胞定位研究方法，本教材也是采用此法进行实验设计。

免疫荧光标记定位法主要是将免疫反应与化学光信号结合，通过特异性荧光标记抗体与靶蛋白（抗原）结合，通过检测荧光信号来确定靶蛋白的亚细胞位置。目前，抗体标记信号不仅限于荧光素，还包括同位素、酶、胶体金颗粒、纳米金属颗粒等。

亚细胞结构分离定位法是通过超速离心等技术分离亚细胞结构，然后进一步从分离的各亚细胞结构中提取蛋白质，分析或检测目标蛋白，从而获得目标蛋白的定位。该方法适用于在蛋白质组水平上研究细胞器定位，常与双向聚丙烯酰胺凝胶电泳分离和质谱技术结合使用。

生物信息学预测是一种辅助方法，预测结果可以作为参考，但是无法作为事实判断。随着生物大数据的积累和机器学习技术的发展，目前的亚细胞定位预测已经比较准确，而且存在各种物种细分。

实验目的

掌握融合报告基因亚细胞定位法的原理和实验操作。

实验原理

将靶蛋白基因与绿色荧光蛋白或其他发光蛋白报告基因构建在一起，并共同构建在相应宿主的强启动子下，使靶蛋白基因与绿色荧光蛋白基因在重组载体转入到宿主中后，能够强烈地表达融合蛋白，因此报告蛋白随着靶蛋白的引导信号进行亚细胞定位而定位。通过488 nm波长的激发光激发，EGFP可以发出强绿色荧光蛋白，通过荧光显微镜观察到绿色荧光所处的位置，从而可以精确地确定靶蛋白的亚细胞定位。

实验用品

（一）实验仪器

灭菌锅，纯水仪，试剂瓶，一次性移液器吸头（大、中、小3种），微量移液器（10 μL、20 μL、100 μL、1000 μL），离心管（15 mL和50 mL），1.5 mL EP管，EP管架，试管架（15 mL和50 mL），摇床，台式离心机，分光光度计，注射器（1 mL和10 mL），剪刀，载玻片，盖玻片，荧光显微镜，激光共聚焦显微镜。

（二）实验试剂

（1）LB液体培养基：称取酵母提取物5 g、蛋白胨10 g、氯化钠10 g，溶于800 mL去离子水中，定容至1 L，121 ℃灭菌20 min。

（2）利福平（rifampicin）：用 DMSO 配成 50 mg/mL 母液，超净台中用 0.2 μm 滤膜过滤除菌后，-20 ℃保存备用。

（3）卡那霉素（Kan）：用超纯水配成 50 mg/mL 母液，超净台中用 0.45 μm 滤膜过滤除菌后，-20 ℃保存备用。

（4）MES（pH=5.6）：用超纯水溶解、调 pH 并定容成 200 mmol/L 母液，超净台中 0.45 μm 滤膜过滤除菌后，4 ℃保存备用。

（5）乙酰丁香酮（acetosyringone，AS）：用无水乙醇配置成 100 mmol/L 母液，超净台中用 0.45 μm 过滤除菌后，-20 ℃保存备用。

（6）$MgCl_2$：用去离子水配置成 100 mmol/L 母液，4 ℃保存备用。

（三）材料

3～4 周大小小叶烟草，含 P19 的农杆菌菌株，含 35S-PUC-EGFP-BZR1 的农杆菌 GV3101 菌株。

实验步骤

（一）烟草播种

将烟草种子撒于花卉土与蛭石混合的花盆中，1 周后间苗或移栽，每个盆中可以种 3 株，培养 3～4 周可用于注射农杆菌，烟草开花以后不适合再注射。

（二）载体构建

本实验用于亚细胞定位的荧光观察用 35S-PUC-EGFP 载体，已将靶基因 HbBZR1 构建于 35S 启动子和 *GFP* 基因之间。

（三）菌株选择

已将 35S-PUC-EGFP-HbBZR1 转化农杆菌 GV1301 菌种，同时保存了 P19 原始菌。

（四）注射

（1）挑取鉴定后的农杆菌单菌落和 P19 菌液接种于 5 mL LB 培养基中加利福平[（50 mg/L）和 Kan^+ 抗生素（50 mg/L）]，28 ℃振荡培养 24 h。

（2）18：00 左右吸取 100 μL 菌液接种到盛有 10 mL LB 培养基[加利福平（50 mg/L）和 Kan^+ 抗生素（50 mg/L）+10 mmol/L MES（pH=5.6）+40 μmol 乙酰 AS]的 50 mL 摇菌管，28 ℃振荡培养 14 h。

（3）次日 8：00 左右，3200 r/min 离心 10 min 收集菌体，弃上清液，用 10 mmol/L $MgCl_2$ 重悬菌体，并用分光光度计调整每种菌液 OD_{600} 为 1.5，注射所用的携带病毒 PTGS 抑制子的 P19 农杆菌浓度调为 $OD_{600}=1.0$，所有重悬菌液中加入一定量的 AS 使终浓度为 200 μmol/L，室温静置 3 h。

（4）各组合或对照组的农杆菌的菌液与 P19 菌液按 1∶1 比例混合至 10 mL 离心管中。

（5）注射前一天要对烟草浇足水，注射前尽量将烟草置于弱光条件下，挑选生长状态良好的烟草叶片，用 1 mL 注射器的针头扎一个洞，去掉针头，吸取混合菌液从烟草背面注射到叶片中；每种组合至少注射 3 片叶子。

（6）注射过的烟草暗培养 12 h，取出之后在正常光照条件下培养。

（五）观察或收集

不同的蛋白表达时间不同，需要在注射后每 24 h 观察 1 次，一直到第五天为止。本实验需 12～24 h 即可观察到荧光。

注意事项

（1）二次活化悬浮液须现用现配。

（2）收集菌体，去除上清液须尽量去除干净残余 LB，以免其中的抗生素对植物生长产生影响。

（3）菌株的活力对蛋白表达效率的影响很大，若想达到最佳效果，最好每次实验重新转化农杆菌。

（4）选择健康、处于壮年期的烟草叶片进行注射，幼嫩或皱缩的叶片不易注射，衰老叶片的表达效率较低。叶片气孔打开的时候比较容易注射，因此最好在白天注射。

综合性实验 5　酵母单杂交实验

自大约 30 年前开发以来，酵母单杂交（yeast one-hybrid，Y1H）测定已成为检测调控特异性序列的转录因子蛋白（transcription factor protein，TF）与其 DNA 靶位点之间物理相互作用的重要技术。目前已经开发了多个版本的 Y1H 方法，每个版本都有技术差异和独特的优势。

生物体内各种生物分子之间复杂的调节网络构成了生命过程的基础。这些网络控制着胚胎如何发育成多细胞生物，生物如何保持稳态，以及它如何对病原体或疾病做出反应。参与这些网络的生物分子包括各种生物大分子（DNA、RNA 和蛋白质）和小分子（如某些代谢物）。这些生物分子之间普遍存在相互作用，共同调节复杂的生命过程。Y1H 主要是研究一类特定的物理相互作用：TF 与其基因组内 DNA 靶位点之间的相互作用。这些蛋白质–DNA 相互作用（protein-DNA interactions，PDI）可以增加或减少所调控基因的转录本（或蛋白质）的表达水平，因此是大多数生物生命过程不可或缺的一部分。

Y1H 技术是在酵母双杂交技术基础上发展而来的，它的产生是基于对真核细胞转录因子特别是酵母转录因子 GAL4 特性的研究。真核生物基因起始转录需要转录因子参与，转录因子通常由 1 个 DNA 特异性结合结构域（binding domain，BD）和 1 个或多个激活结构域（activation domain，AD）组成，它们在结构上相对独立，功能上分别含有结合和激活的功能。用于 Y1H 系统的酵母 GAL4 蛋白是一种典型的转录因子，GAL4 的 BD 位于氨基端的第 1—174 位氨基酸区段，可结合酵母半乳糖苷酶的上游区的激活序列 UAS，AD 被 BD 拉近至酵母半乳糖苷酶基因，募集 RNA 聚合酶或转录因子 TFⅡD，提高 RNA 聚合酶的活性，从而启动酵母半乳糖苷酶基因的转录。Y1H 系统中，当替代 BD 序列的靶蛋白能够结合报告基因的 UAS（靶 DNA）时，将与其融合表达的 AD 拉近报告基因，进而激活报告基因的表达，此时靶蛋白与靶 DNA 具有相互作用；反之，靶蛋白不能结合报告基因的 UAS（靶 DNA）时，AD 无法足够靠近报告基因，报告基因不表达。

基本的 Y1H 实验包括两种组分（图 3.5.1）：①具有目标 DNA 的报告重组载体，该 DNA 克隆在编码易于检测的报告蛋白的基因上游；②在感兴趣的 TF 和酵母转录激活域（AD）之间产生融合（或"杂交"）的表达重组载体。感兴趣的 DNA 通常被称为"诱饵"，而杂交蛋白被称为"猎物"。将这两种成分共同转入合适的酵母菌株中，如果 TF 结合酵母核环境中的 DNA，AD 就会诱导报告蛋白表达。重要的是，无论该 TF 是激活剂还是阻遏剂，酵母 AD 都会激活报告基因，因此 Y1H 仅测定蛋白质和 DNA 之间的物理相互作用，无法确定蛋白质对靶 DNA 下游的基因表达是激活还是抑制。

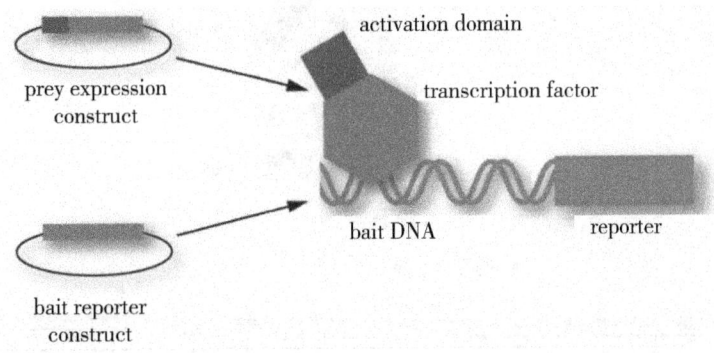

图 3.5.1　酵母单杂实验的基本组成（Reece-Hoyes & Walhout，2012）

用于 Y1H 的酵母菌株通常在多个营养基因中发生突变，使得该菌株在没有各种化合物的情况下无法生长。通常以这种方式使用的基因（及其相关化合物）包括色氨酸（Trp1）、亮氨酸（Leu2）、组氨酸（his3）、尿嘧啶（ura3）和腺嘌呤（ade）等。研究人员通过骨架中包含野生型营养基因的载体来挽救这些缺失的营养型表型，使得只有被转入了相应载体的菌株才能在这些营养缺陷的培养基中生存，或者通过使用野生型蛋白作为报告基因来指示 PDI。本实验中菌株选用 Y187。

本实验中用于构建报告重组载体的空载为 pHIS2（载体图谱见图 3.5.2），可将要研究的靶 DNA 序列构建在 MCS 区，成为报告重组载体，DNA 可以作为报告基因 *HIS*3 的启动子区。用于构建表达重组载体的空载为 pGADT7（载体图谱见图 3.5.3），可将要研究的蛋白基因序列构建在此载体的 MCS 区，成为表达重组载体，蛋白可以融合表达在 AD 的下游。

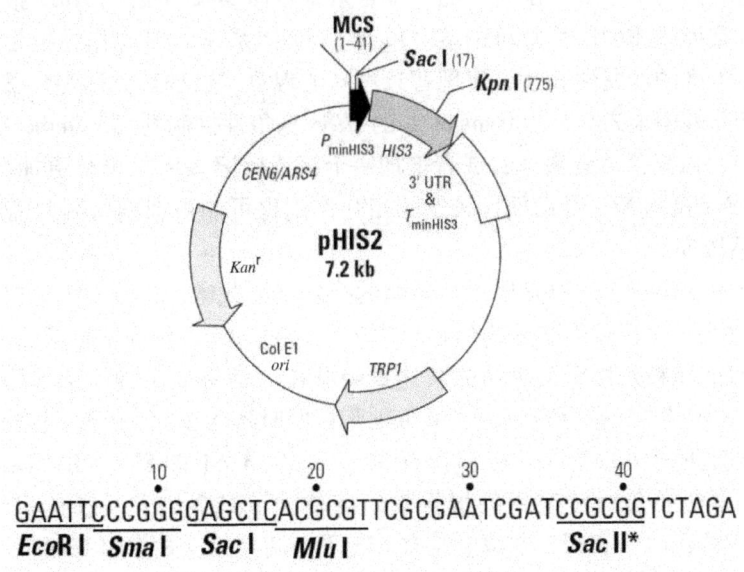

图 3.5.2　pHIS2 质粒图谱

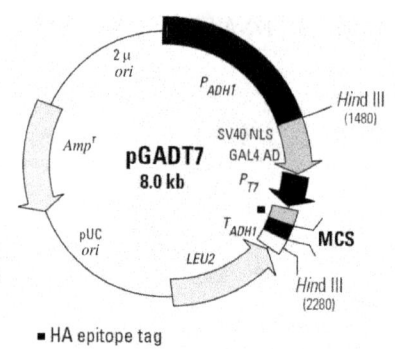

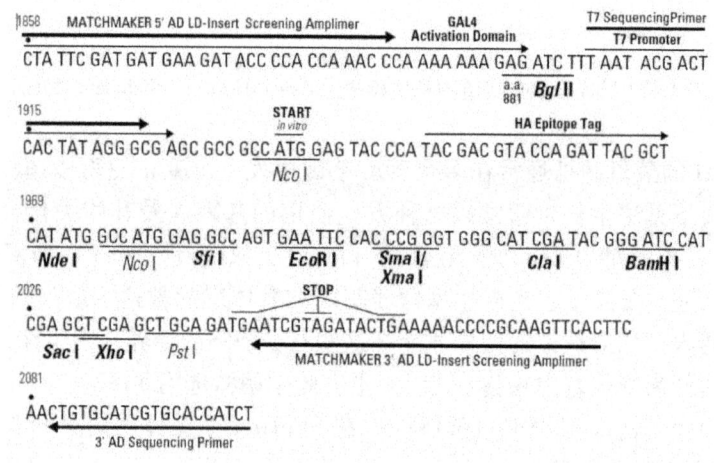

图 3.5.3 pGADT7 质粒图谱

使用这两个载体可以通过骨架中的 *TRP1* 和 *LEU2* 基因筛选转入了报告重组载体和表达重组载体的阳性酵母菌落,通过报告重组载体 MCS 下游的 *HIS3* 报告基因筛选转入了报告重组载体的阳性酵母菌落。单杂 Y187 体系中,*HIS3* 作为报告基因时,一般会有一定程度的泄漏性表达,出现背景过高的现象,这种现象称为自激活。这时可以在筛选培养基中加入 0~100 mmol/L 的 *HIS3* 竞争性抑制剂 (3-amino-1, 2, 4-triazole, 3-AT),以降低背景表达;或者增加一个筛选标记 Ade 来进行更加严格的筛选。加入的 3-AT 浓度过高,蛋白间比较弱的相互作用也可能被抑制,因此需要筛选确定 3-AT 的最适浓度。

本实验中 p53HIS2 质粒是用于正对照的报告重组载体,是将 p53 蛋白调控的反式作用 DNA 序列 3 个拷贝串联后构建在 pHIS2 空载的 MCS,作为报告基因 *HIS3* 的启动子。pGAD53m 质粒是用于正对照的表达重组载体,是将 p53 蛋白基因构建在 AD 的下游,跟 GAL4 的 AD 融合表达。当酵母细胞被同时构入了 p53HIS2 质粒和 pGAD53m 质粒时,能够在 SD/-Leu/-Trp 板和含有 50 mmol/L 3-AT 的 SD/-HIS/-Leu/-Trp/3-AT 板上生长。本实验负对照使用的报告重组载体为 pHIS2 空载,表达重组载体还是 pGAD53m 质粒,由于 pHIS2 空载上没有 p53 蛋白调控的反式作用 DNA 序列,当酵母细胞被同时构入了 pHIS2 质粒和 pGAD53m 质粒时,能够在 SD/-Leu/-Trp 板上生长,但是不能在含有 50 mmol/L 3-AT 的 SD/-HIS/-Leu/-Trp/3-AT 板上生长。

正式实验前我们先需要检测 pHIS2-CPT1-Pro 质粒载体的自激活,确定 3-AT 的最佳实验浓度。

Y1H 系统的主要应用是快速、直接分析已知蛋白质与已知 DNA 之间的相互作用,并分离出与已知蛋白质相互作用的 DNA 及其调控基因或分离新的与已知 DNA 相互作用的蛋白及其编码基因。Y1H 系统检测蛋白质 – DNA 之间相互作用具有以下优点:

(1) 通过融合基因表达后在细胞内重构转录因子,转录因子激活报告基因而获得相互作用信号,省去了纯化蛋白质的烦琐步骤。

(2) 试验在活细胞中进行,在一定程度上可以代表细胞内的真实情况。

实验目的

掌握 Y1H 技术的原理和实验操作。

实验原理

真核生物基因的转录起始需要转录因子参与,Y1H 系统只采用了 GAL4 蛋白的激活结构域,将靶蛋白替代它的结合结构域部分。将靶蛋白质的基因和酵母 GAL4 的 *AD* 基因杂交在一起构建成为表达重组载体,与目的 DNA 构建在报告基因上游的报告构建体共同转化酵母宿主菌后,表达重组载体上的靶蛋白与 *AD* 融合表达,当靶蛋白能物理结合报告构建体上的目标 DNA 时,靶蛋白和跟它融合表达的 *AD* 形成完整转录因子,激活 RNA 聚合酶,启动下游报告基因的转录,酵母菌能在相应缺陷培养基中生长;反之,若靶蛋白与目标 DNA 无相互作用,则不能形成完整的转录因子,*AD* 无法足够靠近报告基因进而激活报告基因的表达,故酵母菌不生长(图 3.5.4)。

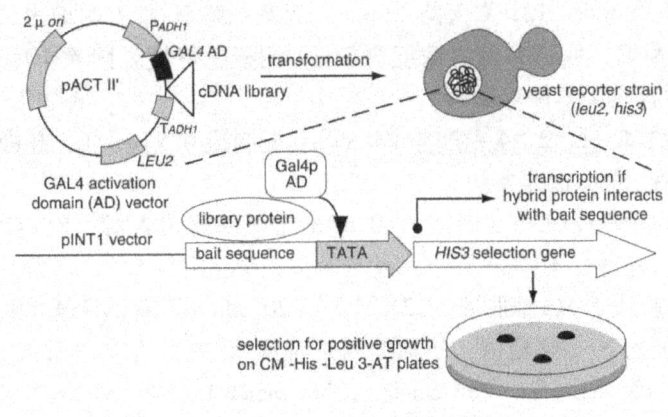

图 3.5.4　Y1H 实验原理

(Ouwerkerk, Pieter BF. and Annemarie H., 2001)

实验用品

(一) 实验仪器

灭菌锅、纯水仪、试剂瓶、超净工作台、一次性移液器吸头（大、中、小3种）、微量移液器（10 μL、20 μL、100 μL、1000 μL）、离心管（15 mL和50 mL）、三角瓶（250 mL）1.5 mL EP管、EP管架、试管架（15 mL和50 mL）、摇床、台式离心机、分光光度计、注射器（1 mL和10 mL）、培养皿（9 cm×5 cm）。

(二) 实验试剂

(1) 腺嘌呤硫酸盐（Ade）：取0.2 g Ade溶于100 mL ddH$_2$O中，超净台中0.45 μm滤膜过滤除菌后，-20 ℃保存备用。

(2) 20%葡萄糖：115 ℃灭菌15 min，常温保存备用。

(3) YPDA液体培养基：1%酵母提取物，2%蛋白胨，121 ℃灭菌20 min。用前加入20%葡萄糖，使葡萄糖终浓度为2%，加入Ade，使Ade终浓度为0.3%。

(4) YPDA固体培养基：同YPDA液体培养基，在灭菌前加入1.5%琼脂粉。

(5) 10×TE缓冲液：0.1 mol/L Tris-HCl，10 mmol/L EDTA，用盐酸调pH至7.5，121 ℃灭菌20 min，4 ℃保存备用。

(6) 10×LiAc：1 mol/L LiAc，用醋酸调pH至7.5，121 ℃灭菌20 min，4 ℃保存备用。

(7) 40% PEG3350：称取20 g PEG3350溶于30 mL无菌水，加热溶解后，定容至50 mL，超净台中0.45 μm滤膜过滤除菌后，4 ℃保存备用。

(8) SD/-Trp-Leu（液体）：0.67%无氨基酵母氮源，SD/-Trp-Leu加入量见产品容器外壁，不同公司的产品各有差异，调pH至5.8，定容后121 ℃灭菌20 min，常温保存；用前加入20%葡萄糖，使葡萄糖终浓度为2%。

(9) SD/-Trp-Leu（固体）：0.67%无氨基酵母氮源，SD/-Trp-Leu加入量见产品容器外壁，不同公司的产品各有差异，调pH至5.8，定容后加入1.4%～1.5%的植物凝胶或1.5%琼脂粉，121 ℃灭菌20 min，灭菌锅降至60 ℃时取出培养基，超净台中加入20%葡萄糖，使葡萄糖终浓度为2%，倒板，待板凝固吹干后，即获得SD/-Trp-Leu板，常温或4 ℃保存备用。

(10) 3-氨基-1,2,4-三唑（3-AT）：配制成0.5 mol/L，超净台中0.45 μm滤膜过滤除菌后，4 ℃保存备用。

(11) SD/-His/-Trp-Leu（固体）：0.67%无氨基酵母氮源，SD/-His/-Trp-Leu加入量见产品容器外壁，不同公司产品各有差异，调pH至5.8，定容后加入1.4%～1.5%的植物凝胶或1.5%琼脂粉，121 ℃灭菌20 min，灭菌锅降至60 ℃时取出培养基，超净台中加入20%葡萄糖，使葡糖糖终浓度为2%，加入3-AT，使其终浓度分别0 mmol/L、10 mmol/L、20 mmol/L、30 mmol/L、40 mmol/L、50 mmol/L和75 mmol/L，倒板，待板凝固吹干后，即获得SD/-His/-Trp-Leu板和SD/-His/-Trp-Leu/3-AT板，常温或4 ℃保存备用。

（12）SD/-His/-Trp-Leu-Ade（固体）：0.67%无氨基酵母氮源，SD/-His/-Trp-Leu-Ade 加入量见产品容器外壁，不同公司的产品各有差异，调 pH 至 5.8。定容后加入 1.4%～1.5% 的植物凝胶或 1.5% 琼脂粉，121 ℃灭菌 20 min，灭菌锅降至 60 ℃时取出培养基，超净台中加入 20% 葡萄糖，使葡萄糖终浓度为 2%，倒板，待板凝固吹干后，即获得 SD/-His/-Trp-Leu-Ade 板。常温或 4 ℃保存备用。

（三）实验材料

p53HIS2 质粒，pGAD53m 质粒，pHIS2 质粒，pGADT7 质粒，pHIS2-CPT1-Pro 质粒，pGADT7-EIN3 质粒，Y187 酵母菌株。

实验步骤

（一）载体构建

（1）已将转录因子 *EIN3* 基因构建于 pGADT7 载体，使转录因子与 AD 融合表达载体（pGADT7-EIN3 重组质粒）。

（2）已将 TksCPT1 的启动子序列构建于 pHIS2 载体，使 CPT1 的启动子序列作为报告基因的启动子（pHIS2-CPT1-Pro 质粒重组质粒）。

（二）菌株选择

Y187 酵母菌株，若直接购买 Y187 酵母感受态细胞，则后文所述酵母转化中的第（1）到第（7）项可省略。

（三）酵母转化

（1）在超净台中挑取用灭菌清洁干净的移液器吸头蘸取少量酵母菌种 Y187 在 YPDA 上划线，在 30 ℃恒温培养箱中倒置培养 3～5 天。

（2）在超净台中从培养的酵母单菌落板中挑取较大的单菌落转接到 5 mL YPDA 液体培养基中，30 ℃恒温培养箱 250 r/min 振荡培养到 $OD_{600} > 1.5$。

（3）在超净台中将已培养到预期浓度的酵母培养液转接到 100 mL 新鲜的 YPDA 液体培养基中，使 OD_{600} 在 0.2～0.3 之间（经验转接量约 3 mL，如果 OD 值超过 0.3，则补加新鲜的 YPDA 液体培养基稀释）。

（4）30 ℃恒温培养箱中 250 r/min 振荡培养，使 OD_{600} 在 0.4～0.6 之间（经验培养时长约 3 h）。

（5）在超净台中将菌液转移至无菌 50 mL 离心管中，在离心机中以 8000 r/min 转速离心 5 min。

（6）超净台中弃上清液，使用 25 mL 无菌水垂悬沉淀，再次以 8000 r/min 转速离心 5 min。

（7）在超净台中取 1.5 mL 1×TE/LiAc（10×TE : 10×LiAc : ddH_2O = 1 : 1 : 8）垂悬沉淀，所得重悬液即含目标酵母感受态细胞。

（8）将上述细胞重悬液分装至 1.5 mL 无菌 EP 管中，加入转化质粒〔一共四组，分别为 pGAD53m 质粒和 p53HIS2 质粒（正对照）、pGAD53m 质粒和 pHIS2 质粒（负对照）、pGADT7 质粒和 pHIS2-CPT1-Pro 质粒（自激活验证）、pGADT7-EIN3 质粒和

pHIS2-CPT1-Pro 质粒〕（≥200 ng），0.1 mg 鲑鱼精（使用前沸水煮 10 min 后，快速置于冰中），再加入 0.6 mL PEG/LiAc（PEG：10×TE：10×LiAc = 8：1：1），涡旋振荡混匀 1 min。

（9）30 ℃恒温培养箱中 250 r/min 振荡培养 30 min。

（10）在超净台中加入 70 μL DMSO，轻柔混匀。

（11）在 42 ℃水浴锅中水浴 15 min（每 5 min 快速翻转混匀 1 次），快速插入冰盒中冷却。

（12）短暂离心 6 s 后，去除上清液。

（13）沉淀用 500 μL 1×TE 重悬后涂布于 SD-Trp-Leu 培养基平板上，30 ℃恒温培养箱中倒置培养 3～5 天。

（四）酵母鉴定

（1）向每个管中加入 10 μL 2×PCR Mix，上下游引物各 0.5 μL，ddH$_2$O 9 μL，混匀，短暂离心。

（2）用无菌的牙签挑取 3 mm 大小菌落在二缺板上划线，再插入到已配置好 PCR 体系的八联管中，搅 2～3 次后丢弃牙签，后按下述程序进行 PCR：

95 ℃	预变性	15 min	
95 ℃	变性	20 s	
55 ℃	退火	30 s	}35 个循环
72 ℃	延伸	1.5 min /30 s	
72 ℃	延伸	5 min	

（3）取 8 μL PCR 产物于 1% 琼脂糖电泳检测并分析（EIN3 扩增片段长度为 1.8 kb，CPT1-Pro 扩增片段长度为 0.5 kb），确定阳性克隆菌。

（五）自激活检测

（1）分别挑取 2～3 个正对照、负对照和自激活验证的 PCR 检测呈阳性的菌落，接菌在 SD-Trp-Leu 液体培养基中（可用 15 mL 无菌管，1～2 mL 培养基足够），30 ℃摇床 250 r/min 振荡培养过夜。

（2）超净台保菌后，取 1 mL 菌液至 1.5 mL EP 管中，3000 r/min 离心 1 min，去上清液，加入 1 mL 无菌水洗涤沉淀。

（3）3000 r/min 离心 1 min，去上清液，超净台中加入无菌水使菌液 OD 值为 0.6～0.8，再分别稀释成 10 倍、100 倍和 1000 倍菌液。

（4）在不同浓度的 SD/-His/-Trp-Leu/3-AT 板上点板，每个菌 4 个浓度梯度，均上样为 4.2 μL，检测并分析含有 pGADT7 质粒和 pHIS2-CPT1-Pro 质粒菌的自激活情况，筛选出最佳 3-AT 浓度。

（六）相互作用检测

（1）分别挑取 2～3 个转入 pGADT7-EIN3 质粒和 pHIS2-CPT1-Pro 质粒的 PCR 检测呈阳性的菌落，接菌在 500 μL SD-Trp-Leu 液体培养基中（可用 2 mL 无菌管），并接菌前面保存的正对照和负对照，30 ℃摇床 250 r/min 振荡培养过夜。

（2）3000 r/min 离心 1 min，去上清液，加入 1 mL 无菌水洗涤沉淀。

（3）3000 r/min 离心 1 min，去上清液，超净台中加入无菌水使菌 OD 值为 0.6～0.8，再分别稀释成 10 倍、100 倍和 1000 倍菌液。

（4）分别在 SD/-Trp-Leu 平板、SD/-His/-Trp-Leu/3-AT（筛选出的浓度）平板和 SD/-His/-Trp-Leu/Ade 平板上点板，每种菌以 4 个浓度梯度，上样量均为 4.2 μL，检测并分析含有 pGADT7-EIN3 质粒和 pHIS2-CPT1-Pro 质粒菌的相互作用。

注意事项

（1）本实验需无菌操作，实验中若需要将菌暴露在空气中，须在超净台中操作。

（2）在自激活检测中，正对照由于 *HIS3* 报告基因被 P53 蛋白激活，在添加 3-AT 抑制剂的平板上能正常生长不受影响，理论上转化子数量与不添加 3-AT 相同，但是实际的生长值是比不添加 3-AT 的平板约有 10% 的降低，并且随着 3-AT 浓度增加，生长率会降低，但与负对照仍然有显著差别。负对照由于 *HIS3* 报告基因未被激活，在添加 3-AT 的平板上生长明显减少，并且 3-AT 浓度越高，转化子数量越少。自激活验证的转化子生长明显受到抑制的平板浓度即是我们要筛选的 3-AT 浓度。

（3）在相互作用检测中，正对照在 SD/-Trp-Leu 平板、SD/-His/-Trp-Leu/3-AT（筛选出的浓度）平板和 SD/-His/-Trp-Leu/Ade 平板上均能生长，负对照只能在 SD/-Trp-Leu 平板上生长，在 SD/-His/-Trp-Leu/3-AT（筛选出的浓度）平板和 SD/-His/-Trp-Leu/Ade 平板上均不能生长，含有 pGADT7-EIN3 质粒和 pHIS2-CPT1-Pro 质粒的转化子若能够在 SD/-Trp-Leu 平板、SD/-His/-Trp-Leu/3-AT（筛选出的浓度）平板和 SD/-His/-Trp-Leu/Ade 平板上均能生长，则说明 EIN3 蛋白与 *CPT1* 基因的启动子 DNA 序列有相互作用，EIN3 可能调控 *CPT1* 基因的表达。

综合性实验 6　酵母双杂交实验

实验目的

（1）了解酵母双杂交实验（yeast two hybrid，Y2H）的基本原理。
（2）掌握酵母双杂交实验的操作及应用。

实验原理

　　酵母的转录激活因子 *GAL4* 由 DNA 结合域（BD）和转录激活域（AD）组成，单独的 BD 或 AD 不能激活基因转录，它们之间只有通过某种方式结合在一起才具有完整的转录激活因子的功能。将已知基因构建到可以表达 *BD* 的载体上，表达形成诱饵蛋白；目的基因构建到表达 *AD* 的载体上，表达形成目的蛋白。当诱饵蛋白与目的蛋白结合之后，*AD* 和 *BD* 在空间上相互靠近，从而发挥报告基因的转录激活作用。酵母基因组的这些报告基因中，有编码腺嘌呤和组氨酸合成所必需蛋白质的，使用缺陷型培养基可以筛选出来；有编码 α-半乳糖苷酶和 β-半乳糖苷酶的，通过分解 X-α-gal 和 X-β-gal 可以筛选，从而进一步确认诱饵蛋白和目的蛋白之间是否有相互作用。

　　酵母双杂交技术不仅可应用于研究哺乳动物蛋白质之间的相互作用，还可以用来研究高等植物蛋白质之间的相互作用。

实验用品

（一）器材

　　落地高速离心机、低温高速离心机、超净工作台、pH 计、恒温水浴箱、温度计、恒温培养箱、摇床、培养皿、锥形瓶、塑料离心管（1.5 mL、15 mL、50 mL）、涂布棒。

（二）试剂

（1）质粒：酵母诱饵表达载体（pGBKT7）、酵母文库表达载体（pGADT7）、pGBKT7-53、pGBKT7-Lam、pGADT7-T。

（2）酵母细胞株 AH109、大肠杆菌株 DH5α。

（3）酵母转化试剂盒（yeastmaker™ yeast transformation system 2，TAKARA）、酵母质粒提取试剂盒（easy yeast plasmid isolation kit，TAKARA）。

（4）质粒小量提取试剂盒、胶回收试剂盒。

（5）YPDA 琼脂/肉汤培养基：YPDA 培养基粉末溶于相应体积去离子水中，调节 pH 至 6.5，121 ℃ 高压灭菌 15 min。液体培养基冷却至室温后于 4 ℃ 保存，含琼脂的培养基倒平板后于 4 ℃ 保存。

(6) SD/-Trp、SD/-Trp/-Leu、SD/-Trp/-Leu/-Ade/-His 氨基酸缺陷型酵母培养基（琼脂/肉汤）：各氨基酸缺陷型培养基粉末溶于相应体积的去离子水中，将其 pH 调节至 5.8，121 ℃ 高压灭菌 15 min。液体培养基冷却至室温后于 4 ℃ 保存，含琼脂粉的培养基倒入平板后于 4 ℃ 保存。

(7) 抗 GAL4 DBD 抗体、X-α-gal、Aureobasidin A（AbA）、卡那霉素。

(8) N，N-二甲基甲酰胺、鲑精 DNA、甘油、DMSO、PEG3350、CH_3COOLi。

(9) 藤黄节杆菌酶。

实验步骤

(一) 诱饵蛋白表达载体的构建

(1) 从 NCBI 获取诱饵蛋白 ALPL 的 CDS 序列并合成。从载体 pGBKT7 上选择 ALPL CDS 没有的内切酶 *Nde* I 和 *Bam*H I，并用 Primer Premier 6.0 设计带有这 2 个酶的引物用于扩增 ALPL。

(2) 利用高保真酶扩增 ALPL CDS，胶回收纯化，得到带有 *Nde* I 和 *Bam*H I 酶切位点的产物。

(3) *Nde* I 和 *Bam*H I 处理 ALPL PCR 产物和载体 pGBKT7，并通过胶回收纯化酶切产物。

(4) T4 连接酶连接 ALPL 和 pGBKT7。

(5) 连接产物转化大肠杆菌 DH5α 感受态细胞，用带 Kan 抗性的平板筛选重组子。

(6) 菌液 PCR 鉴定重组子，根据结果提质粒，再用双酶切鉴定。

(7) 鉴定成功的 pGBKT7-ALPL 以终浓度为 15% 的甘油进行保菌，于 -80 ℃ 存放。

(二) 酵母细胞感受态的制备（参照酵母转化试剂盒说明书）

(1) 取 -80 ℃ 25% 甘油保存的 Y2H Gold 菌种划线于 YPDA 平板上 30 ℃ 培养 2～3 天。

(2) 从平板上挑取直径为 2～3 mm 的酵母菌落接种于 5 mL YPDA 培养基中，30 ℃ 振荡（250 r/min）培养 8～12 h。

(3) 取 5 μL 上述菌液接种于 50 mL YPDA 液体培养基中，30 ℃ 振荡（250 r/min）培养 16～20 h，OD_{600} 为 0.15～0.3 时停止培养。

(4) 700 r/min 离心 5 min，弃上清液，100 mL YPDA 液体重悬沉淀，继续 30 ℃ 振荡培养 3～5 h，直至 OD_{600} 为 0.4～0.5。

(5) 将 100 mL YPDA 液体培养基倒入 2 个 50 mL 无菌 EP 管中，700 r/min 离心 5 min，弃上清液。

(6) 30 mL ddH_2O 重新悬浮并洗涤菌体，700 r/min 离心 5 min，弃上清液。

(7) 1.5 mL 1.1×TE/LiAc 重悬菌体，将菌体转移至 1.5 mL 离心管中，14000 r/min 离心 15 s。

(8) 600 μL 1.1×TE/LiAc 重悬菌体。振荡细胞悬浮液，取 50 μL 加到标记的 1.5 mL 离心管中，即为酵母感受态细胞（酵母感受态细胞须现制现用，不可保存）。

（三）诱饵蛋白转化酵母细胞

(1) 取 100 ng 质粒加入预冷的 1.5 mL EP 管中。

(2) 加入 5 μL 鲑精 DNA，鲑精 DNA 须事先煮沸 5 min，迅速置于冰水中冷却。

(3) 加入 50 μL 制备好的酵母感受态细胞，轻柔混匀。

(4) 加入 500 μL PEG/LiAc 混合液，轻柔混匀。

(5) 30 ℃孵育 30 min，每隔 10 min 混匀 1 次细胞。

(6) 加入 20 μL DMSO 混匀。

(7) 42 ℃水浴 15 min，每隔 5 min 混匀 1 次细胞。

(8) 14000 r/min 离心 15 s，去上清液，用 1 mL YPD Plus 培养基重悬细胞。

(9) 14000 r/min 离心 15 s，去上清液，用 1 mL 0.9% NaCl 重悬细胞。

(10) 将菌液分别稀释 10 倍、100 倍，取 100 μL 在相应的营养缺陷型平板上涂布。

(11) 30 ℃倒置培养 3～5 天。

(12) 计数菌落，计算转化效率。

(13) 从平板上挑选菌落进行菌落 PCR 鉴定，鉴定成功的扩大培养后保菌。

（四）诱饵蛋白在酵母细胞中自激活活性的鉴定

(1) 取 10 μL PCR 验证过后的转化酵母菌接种于 5 mL SD/-Trp 液体培养基中。

(2) 30 ℃培养 2～3 天后再分别接种到 SD/-Trp、SD/-Trp/-Ade、SD/-Trp/-His、SD/-Trp/-Ade/-His 营养缺陷型培养基上。

(3) 30 ℃倒置培养 3～7 天，观察每个平板的生长情况。

（五）诱饵蛋白在酵母细胞中的毒性测定

(1) 将空载体 pGBKT7 和 pGBKT7-ALPL 分别转化 Y2H Gold 感受态，于 SD/-Trp 平板上涂布。

(2) 30 ℃培养 3～5 天，观察两组平板的生长情况。

(3) 从两组平板上挑选菌落进行 PCR 鉴定。

(4) 取鉴定成功的菌液转接到 5 mL SD/-Trp 培养基。

(5) 30 ℃、220 r/min 培养 2～3 天，测定 OD_{600} 值。

（六）酵母表达文库的滴度测定

(1) 取 6 个 1.5 mL 离心管，依次标号（10^{-1}、10^{-2}、10^{-3}、10^{-4}、10^{-5}、10^{-6}），往每个离心管中加入 900 μL ddH_2O。

(2) 取 100 μL HepG2（肝癌细胞系）酵母表达文库的菌液，加到 10^{-1} 号的离心管中，充分混匀，则 10^{-1} 号管中的文库稀释系数为 10^{-1}。

(3) 再从 10^{-1} 号的离心管中吸取 100 μL 菌液，加到 10^{-2} 号的离心管中，同样充分混匀，则 10^{-2} 号管中的文库稀释系数为 10^{-2}。

（4）依次类推，完成剩余离心管的菌液稀释。

（5）分别从 10^{-3}、10^{-4}、10^{-5}、10^{-6} 管中吸取 100 μL 菌液涂布于 SD/-Leu 平板上，30 ℃，培养 3～5 天，观察各个平板上的菌落生长数，并计算文库滴度。文库滴度的计算方法为

文库滴度 = 生长菌落数/稀释因子 ×（文库体积/涂布体积）

（七）诱饵载体与酵母表达文库的杂交

（1）取一管冻存的 HepG2 酵母表达文库（约 2 mL），加入含有 45 mL 2×YPDA 液体培养基的 2 L 锥形瓶中，然后将备用的 4～5 mL 诱饵酵母浓缩液也加入 2 L 锥形瓶中，最后加入 50 μL 浓度为 50 mg/mL 的卡那霉素（终浓度为 50 μg/mL）（为减少文库和诱饵酵母浓缩液的损失，可用的锥形瓶中的液体培养基反复冲洗离心管）。

（2）将 2 L 锥形瓶置于 30 ℃，30～50 r/min 缓慢振荡培养 20～24 h。

（3）待培养至 20 h，取少量培养液置于 40 倍显微镜下观察，看是否出现三叶草型结构。如果出现，则可进行下一步实验；如果没有出现，则继续培养 4 h。

（4）将混合培养的酵母菌液转移至已灭菌的 50 mL 离心管中，1000 r/min 离心 10 min，弃上清液。

（5）往 2 L 锥形瓶中加入 25 mL 加有卡那霉素（终浓度为 50 μg/mL）的 0.5×YPDA，冲洗锥形瓶，将冲洗液倒入上一步的 50 mL 离心管中，再次加入 25 mL 加有卡那霉素（终浓度为 50 μg/mL）的 0.5×YPDA，重复冲洗 1 次之后将冲洗液倒入离心管中。

（6）1000 r/min 离心 10 min，弃上清液，用 10 mL 加有卡那霉素（终浓度为 50 μg/mL）的 0.5×YPDA 重悬菌体（酵母悬浮液的体积大约为 11.5 mL）。

（7）取 100 μL 酵母悬浮液进行稀释，步骤同文库滴度测定，然后各吸取 10^{-1}、10^{-2}、10^{-3}、10^{-4} 号管的稀释液 100 μL 分别涂布于 SD/-Trp/-Leu 平板上，30 ℃ 培养 3～5 天，最后根据平板上的菌落数及酵母文库的滴度计算酵母双杂交的转化效率。

（8）将剩余转化液涂布 SD/-Trp/-Leu/-His 平板（每个平板涂布 100 μL）和 SD/-Trp/-Leu/-His/-Ade 平板（每个平板涂布 100 μL），30 ℃ 培养 5～7 天。

（八）酵母双杂交阳性克隆的筛选与鉴定

（1）挑取 SD/-Trp/-Leu/-His 和 SD/-Trp/-Leu/-His/-Ade 平板上所有单菌落，转接到 SD/-Trp/-Leu/-His/-Ade/AbA/X-α-gal 平板上，30 ℃ 培养 3～5 天后，再将平板上长出来的蓝色单菌落转接到新的 SD/-Trp/-Leu/-His/-Ade/AbA/X-α-gal 平板上，30 ℃ 培养 3～5 天，如此反复转接 4～5 次。

（2）根据 pGADT7 载体中双链插入区段的两侧设计了 AD 质粒的通用引物，用无菌枪头从最后转接的 SD/-Trp/-Leu/-His/-Ade/AbA/X-α-gal 平板上挑取菌落直径大于 2 mm 的蓝色单菌落，用菌落 PCR 鉴定酵母阳性克隆菌落。

（九）酵母质粒的提取

（1）取 PCR 鉴定过的菌落接种到 5 mL SD/-Trp/-Leu/-His/-Ade 液体培养基中，

30 ℃、250 r/min 摇床培养 2～3 天。

（2）取 2～5 mL 酵母培养液，12000 r/min 离心 1 min，多次离心收集菌体于 1.5 mL 离心管。

（3）500 μL 10 mmol/L EDTA 重悬菌体，12000 r/min 离心 1 min，去上清液。

（4）200 μL ZYM 缓冲液重悬菌体，充分混匀。

（5）加入 20 μL 藤黄节杆菌酶酶液，充分混匀，30 ℃孵育 1 h。

（6）13000 r/min 离心 10 min，去上清液。

（7）加入 250 μL Y1（事先加入 RNase A）重悬菌体。

（8）加入 250 μL Y2，轻柔颠倒 6～8 次，室温孵育不超过 5 min。

（9）加入 300 μL Y3，轻柔颠倒 6～8 次，12000 r/min 离心 5 min。

（10）吸取上清液到新的离心管，重复离心 1 次。

（11）转移上清液到吸附柱中，12000 r/min 离心 1 min，倒掉收集管中的废液。

（12）加入 450 μL Y4，12000 r/min 离心 3 min，倒掉收集管中的废液。

（13）12000 r/min 空转 3 min。

（14）把吸附柱放进一个新的 1.5 mL 离心管，往膜中间加入 50 μL YE，室温孵育 1 min，12000 r/min 离心 1 min 得质粒。

（十）酵母质粒转化大肠杆菌

（1）制备大肠杆菌 DH5α 感受态细胞。

（2）将 3 μL 质粒加入 100 μL DH5α 感受态细胞中，冰上放置 30 min。

（3）42 ℃热激 90 s，冰上放置 2～3 min。

（4）加入 800 μL 无抗性 LB 培养基，37 ℃、200 r/min 摇床培养 45 min。

（5）12000 r/min 离心 1 min，去除 800 μL 上清液，用剩余液体重悬菌体。

（6）取 100 μL 菌液涂布于含有氨苄青霉素（100 μg/mL）的 LB 平板，37 ℃培养过夜。

（十一）酵母文库质粒的提取与分析

（1）从 LB 平板上挑菌到 5 mL LB（100 μg/mL Amp）液体培养基，37 ℃、200 r/min 培养过夜。

（2）用之前设计的 AD 质粒通用引物进行菌液 PCR 鉴定。

（3）鉴定成功的菌液取 4 mL 用于提取质粒，具体步骤参照大肠杆菌质粒提取试剂盒。

（4）将含有正确质粒的菌液送去公司测序分析。

注意事项

（1）培养过程中酵母细胞变成粉色。培养基中腺嘌呤（Ade）浓度低或酵母细胞代谢途径产生问题。可以通过往培养基中补加硫酸腺嘌呤（60 mg/L）来改善这一情况。实际操作中，酵母变粉色并不影响蛋白间的相互作用。

（2）酵母细胞生长较慢。有可能是酵母表达的诱饵蛋白对细胞有毒性作用，影响了酵母生长。可通过选择低敏感性的酵母菌株，或选用低拷贝数的表达载体解决这个问题。

（3）筛选培养基上克隆太多。可能诱饵蛋白存在自激活，自身就可以激活下游筛选标记的表达，或者是筛选条件过于宽松。可选用更为严格的筛选条件抑制诱饵蛋白的自激活活性，如果效果不理想，可设计删除诱饵蛋白能够引起自激活活性的结构域，再用于酵母双杂交实验。

（4）筛选培养基上克隆太少。酵母杂交效率低，或筛选条件太严格。可延长杂交时间，提高杂交效率；或者放宽筛选条件。

（5）共转时把 AD 转到带有 BD 的 Y2H Gold 菌株，还是 BD、AD 一起转到 Y2H Gold 菌株两种方法都可以，如果是 AD 转到带有 BD 的 Y2H Gold 菌株中，制备含有 BD 载体的 Y2H Gold 菌株的感受态时需用 SD/-Trp 培养基摇菌。

（6）四缺板上筛选到的阳性克隆不能直接拿菌液或酵母质粒去测序。因为酵母质粒拷贝数低，达不到测序浓度，所以需要将抽提出的质粒转到大肠杆菌培养后再测序。

（7）诱饵蛋白的自激活检测。自激活检测需要在 Y2H Gold 菌株中进行，主要作用是：①需要根据诱饵蛋白自激活的程度调整 AbA 的浓度或 3-AT 的浓度；②检测诱饵蛋白是否具有毒性，如果菌落生长过慢，可能表达的蛋白具有毒性，需要使用低拷贝的质粒表达诱饵蛋白。

（8）营养缺陷型培养基分为（DO、DDO、TDO 和 QDO），要分清楚每种培养基对应的使用情景。

（9）杂交用的文库，可以购买，也可以找公司定制，还可以用试剂盒自己制备。

（10）可使用 pGBKT7-53 + pGADT7-T 做阳性对照，pGBKT7-Lam + pGADT7-T 做阴性对照。

（11）酵母双杂交有共转和接合两种方式，可根据实际情况选择合适的方法。

综合性实验 7 CRISPR-Cas9 基因编辑系统

背景介绍

规律间隔成簇短回文重复序列（clustered regularly interspaced short palindromic repeats，CRISPR）；Cas9 为规律间隔成簇短回文重复序列相关蛋白 9（CRISPR associated protein 9，Cas9）。CRISPR-Cas 来源于细菌，目前发现在多种细菌中存在，其中 CRISPR-Cas9 最为人们所知。当细菌被噬菌体侵染后，具有 CRISPR 的细菌会把噬菌体遗传物质整合到自身基因组一个或者多个 CRISPR 位点作为永久的"记忆"。当细菌被再次被相同种属的噬菌体入侵的时候，细菌基因组上保留的对该噬菌体的"记忆"，即 CRISPR 位点被转录生成 CRISPR RNAs（crRNAs）。crRNA 与另一种单独转录的 tracrRNA（trans-activating crRNA）结合形成向导 RNA（gRNA），然后与 Cas9 蛋白形成复合物，该复合物会依照碱基序列互补的原则与入侵的外源噬菌体基因组 DNA 序列结合，结合 DNA 的 Cas9：gRNA 复合物会激活 Cas9 的 DNA 核酸内切酶活性，从而切割外源噬菌体的基因组 DNA，消除外来的遗传物质，发挥免疫保护功能。

研究发现，CRISPR-Cas9 不仅在原核细胞内，而且在广泛的真核细胞内同样具有位点特异性的 DNA 核酸内切酶活性。CRISPR-Cas9 位点特异性识别依赖于 crRNA 中一段核酸序列，科学家通过工程化的手段将 crRNA 和 tracrRNA 组合成一个具有功能的单链向导 RNA（sgRNA），因而可以方便地调整 sgRNA 的序列来改变 CRISPR-Cas9 的切割位点。基于 CRISPR-Cas9 系统的构建简便和在细胞内的高效性，一经发现就迅速在生物医药领域得到广泛的应用。在基因编辑过程中，CRISPR-Cas9 起到"催化剂"的作用。其切割真核细胞基因组 DNA，造成 DNA 双链断裂损伤。细胞内的 DNA 损伤修复系统检测到 DNA 损伤后，会对 DNA 损伤位点进行修复。体内存在多种 DNA 损伤的修复通路，通过非同源重组的末端连接（non-homologous end joining，NHEJ）容易造成碱基的删除或插入突变，通常造成的突变是随机的，常被用来敲除基因；而通过同源重组途径会利用模版 DNA 修复损伤位点的序列，通过该途径可以有目的地改变基因组 DNA 序列，因而可以用来修复致病的突变基因。

端粒是真核生物中染色体 DNA 末端的重复序列及其相应的结合蛋白组成的复杂结构。线性 DNA 复制时，由于滞后链 5′末端 RNA 引物位置无法被复制，造成的线性 DNA 每复制一次会缩短一截，端粒的主要作用是保护线性 DNA 的末端，维持基因组的稳定。端粒序列在进化上高度保守，在所有的脊椎动物中其序列都是由 TTAGGG

重复构成。2009 年诺贝尔生理学或医学奖授予了端粒及其长度维持机制在疾病中的作用做出重要贡献的三位杰出科学家 Elizabeth Blackburn、Carol Greider 和 Jack Szostak。细胞中端粒的长度主要是通过端粒酶来维持。端粒酶主要由 2 个亚基组成，一个是非编码 RNA，称为 TERC；另一个是带有逆转录酶活性中心的蛋白亚基，由 *TERT* 基因编码。端粒酶以 TERC 为模板逆转录出 TTAGGG 序列，补偿 DNA 复制造成的端粒缺损。受精卵中具有端粒酶高活性，随着发育的进行，端粒酶活性局限于部分细胞，如成体造血干细胞、小肠干细胞等，而在成体细胞中消失。这主要是由于 *TERT* 基因的转录表达关闭。*TERT* 的突变造成活性缺失会导致早衰相关的疾病症状，如先天性角化不良。然而 *TERT* 基因表达在成体细胞的异常重激活，如在癌细胞中发现的 *TERT* 基因启动子突变激活 *TERT* 基因表达，通常是癌症的标志之一。目前，在近 90% 的癌症中发现 *TERT* 基因的激活，用于维持端粒的长度。抑制端粒酶活性的小分子也被开发用于辅助癌症的治疗研究。CRISPR-Cas9 技术因其较高的基因编辑效率也被报道用于破坏癌细胞的 *TERT*，*TERT* 基因失活的癌细胞很快衰老死亡，因而该技术也被认为是潜在的癌症治疗手段。

实验目的

通过学习掌握 sgRNA 的设计，构建靶向特异位点的 sgRNA 载体和转染人细胞系，实现编辑 *TERT* 基因，并通过 PCR 验证基因编辑效果。理解利用 CRISPR-Cas9 系统进行基因编辑的原理，了解 *TERT* 基因对于癌细胞永生化所起的作用。学习掌握酶切连接技术、转化感受态、菌落 PCR 鉴定、质粒抽提、哺乳动物细胞转染技术、基因组 DNA 提取和基因型鉴定 PCR 等实验技能。通过该实验培育学生科学设计实验、认真观察实验结果、客观记录实验数据并科学分析实验数据的综合素质。

基因编辑实验流程见图 3.7.1。

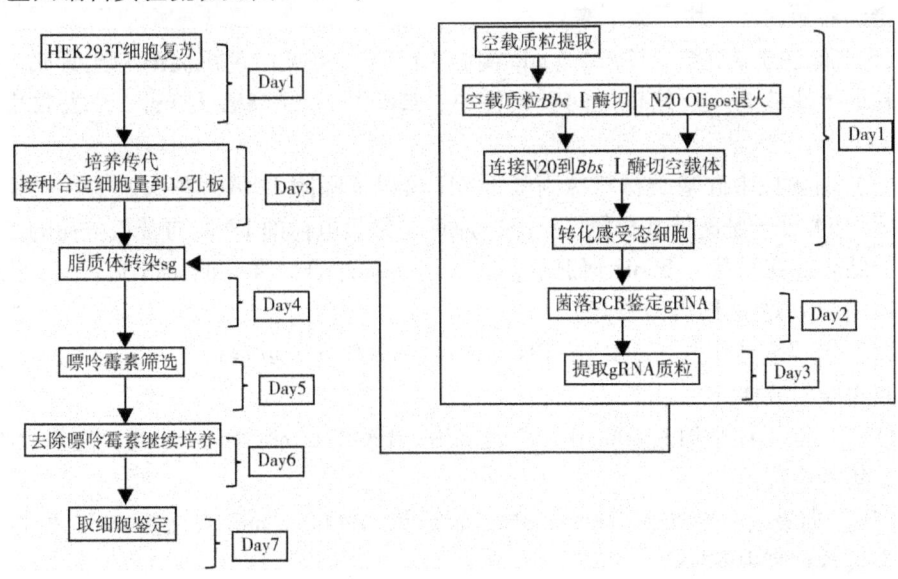

图 3.7.1 基因编辑实验流程

实验用品

氨苄抗性。

LB 培养基（蛋白胨、酵母提取物、NaCl、琼脂）、质粒小提试剂盒、Bbs I 酶、TAE 电泳液、DNA 上样缓冲液、琼脂糖、胶回收试剂盒、T4 DNA 连接酶、DH5α 感受态细胞、Taq 酶、HEK293T 细胞、DMEM 培养基、胎牛血清、双抗（ampicillin and streptomycin）、细胞培养皿、12 孔细胞培养板、10 mL 细胞培养移液管、0.25% 胰酶、TritonX-100、Nonidet P-40、蛋白酶 K。

实验步骤

（一）构建靶向 TERT 基因的 pX459 质粒

1. **提取 pX459 质粒**

（1）提前一天傍晚接菌到 5 mL LB 氨苄抗性培养基中，37 ℃摇床180～250 r/min 培养过夜。

（2）第二天早上，培养 16～18 h，用 1.5 mL EP 管分多次收集菌液，12000 r/min离心 1 min，可见白色至淡褐色的菌体沉淀在管底，弃去上清液，最后一次收集完后，尽可能去除上清液残留，倒扣 EP 管在吸水纸上。

（3）加入 250 μL P1 试剂，剧烈振荡重悬。此步骤目的为重悬菌体于缓冲液中。

（4）加入 250 μL P2 裂解液，轻轻颠倒 3 次，并旋转使裂解液与菌体充分混匀，混匀后，可见液体变澄清和黏稠，在室温下静置 3 min 左右，不要超过 5 min，此步骤的目的是用强碱裂解菌体，释放出菌体中的质粒。

（5）加入 350 μL P3 溶液，迅速颠倒几次混匀，可见生成白色絮状沉淀。此步骤目的为中和溶液的碱性，沉淀蛋白质，因为基因组 DNA 分子远远大于质粒 DNA 分子，会随着蛋白质一块沉淀下来。

（6）离心分离沉淀，12000 r/min 离心 10 min，可见白色沉淀离心至管底，将含有质粒的上清液倒入预处理好的吸附柱中，12000 r/min 离心 1 min，弃去收集管中液体。

（7）吸附柱中硅基质材料在高盐低 pH 情况下吸附 DNA，在低盐中性或偏碱性情况下 DNA 分子脱离硅基材料。其基本原理是带负电荷的 DNA 与带正电荷的二氧化硅粒子结合，在高盐、低 pH 情况下，DNA 与基质结合力强；低盐情况下，水化的二氧化硅的与 DNA 的结合力下降。

（8）向吸附柱中加入 500 μL PD 洗涤液，12000 r/min 离心 1 min，洗涤吸附柱，弃去收集管中液体。

（9）向吸附柱中加入 600 μL PW 洗涤液，12000 r/min 离心 1 min，洗涤吸附柱，弃去收集管中液体。

（10）向吸附柱中加入 600 μL PW 洗涤液，12000 r/min 离心 1 min，洗涤吸附柱，弃去收集管中液体。

（11）将吸附柱放回收集管离心中，12000 r/min 离心 1 min。

（12）将吸附柱转移到一个 1.5 mL EP 管中，室温下放置 2 min，让残留乙醇挥发。

（13）向吸附柱中的白色材料上加入 50 μL TE 缓冲液（pH = 8.0），静置 2 min。

（14）12000 r/min 离心 1 min。

（15）取 1 μL 在 Nanodrop 上测定质粒浓度，记录浓度和 OD_{260}/OD_{280} 比值。

（16）取 1 μL 用于琼脂糖凝胶电泳。

（17）配置 1%（1 g/100 mL）琼脂糖凝胶。称 0.4 g 琼脂糖加入 40 mL 1×TAE 缓冲液，微波炉加热使琼脂糖完全融化，倒入到加有胶板的槽中，20 mL 能倒 1～2 块小胶，一块加上小孔梳子，一块加上大孔梳子。

2. ***Bbs*Ⅰ 酶切 PX459 质粒**

取 1 个干净无污染 PCR 管，加入表 3.7.1 所列试剂。

表 3.7.1　质粒酶切体系组分

试剂	体积
PX459 质粒	5 μL
10×缓冲液	2 μL
ddH$_2$O	12.5 μL
*Bbs*Ⅰ	0.5 μL
总体积	20 μL

注意事项：取出内切酶管后，先离心将酶离心至管底，然后放置在冰盒上。取酶时，注意看着吸头插入液面下，不要太深入液面，以免吸头外壁沾染太多酶液，将酶加入反应液中后，吹打几下，将酶完全加入反应液中。

盖好反应管，轻轻弹几下混匀，然后离心反应管，将所有液体都离心到管底。

放置在 37 ℃反应 3 h。

3. **切胶回收纯化 *Bbs*Ⅰ 线性化的 pX459 质粒**

（1）在电泳槽中加上电泳缓冲液 1×TAE，将配好的琼脂糖凝胶放入电泳槽中，带上样孔的一段朝向正极。

（2）在酶切反应液中加入 4 μL 6×电泳上样缓冲液，混匀，将液体离心至管底。

（3）将混匀的酶切反应液加入上样孔中，160 V 电泳 10 min。

（4）在蓝光切胶仪中，用刀片将单一的 DNA 条带切下（尽量不要切下不带 DNA 的琼脂糖胶），加入一个无污染的 1.5 mL EP 管中。

（5）在微量天平中称量，先称空管去皮，然后称带有样品的管。

（6）根据称取量按 1∶5 加入溶胶液，在 60 ℃水浴锅中溶解带有 DNA 的琼脂糖凝胶块，溶解后在冰上放置 1 min 冷却。

(7) 将 EP 管中液体倒入离心柱中，12000 r/min 离心 1 min。

(8) 倒掉收集管中的液体，加入 700 μL 的洗涤液，12000 r/min 离心 1 min。

(9) 倒掉收集管中的液体，将离心柱放回收集管中，12000 r/min 离心 2 min。

(10) 取一无污染 EP 管，将上一步骤完成离心的收集管放入其中，室温放置 2 min。

(11) 向收集管中的白色基质中加入 50 μL EB 溶液，室温放置 1 min，12000 r/min 离心 1 min。

(12) 取 1 μL 在 Nanodrop 上测定浓度，取 3 μL 进行琼脂糖凝胶电泳鉴定。

4. Oligo 退火形成黏性末端 DNA 片段

(1) 合成 2 对引物：

Sg1F：5′-CACCGTCAGCCAGACAACAGACTAG-3′
Sg1R：5′-AAACCTAGTCTGTTGTCTGGCTGAC-3′
Sg2F：5′-CACCGCCTCCAGAAAAGCAGCGTGG-3′
Sg2R：5′-AAACCCACGCTGCTTTTCTGGAGGC-3′

(2) 取 2 个 PCR 管，分别标记为 Sg1 和 Sg2，分别在各个管中加入 19 μL EB 溶液，然后分别加入对应 Oligo，如 Sg1 管中加入 Sg1F 和 Sg1R 各 0.5 μL，使总体积为 20 μL。

(3) 在 PCR 仪上 95 ℃ 5 min，一种简便的 DNA 退火方法就是程序结束后立刻取出 PCR 管，放在桌面再退火，注意不要用手碰管底液体部分。另一种退火方法为：95 ℃ 5 min，以 0.1 ℃/s 降温至 25 ℃。

(4) 退火结束后，形成互补配对带有 4 nt 黏性末端的 DNA 片段，加入 30 μL EB 溶液稀释。

5. 连接退火产物到线性化 pX459

T_4 DNA 连接酶催化双螺旋 DNA 或 RNA 中并排的 5-磷酸基和 3-羟基端之间磷酸二酯键的形成，这个反应过程需要 ATP 作为辅助因子。从 -20 ℃ 取出 T_4 连接酶的 10×缓冲液，在冰上融化，若有沉淀，涡旋振荡使沉淀完全溶解。

取 3 个 PCR 管做上标记，2 个 Sg 连接反应加上载体对照共需要 3 管。连接反应体系见表 3.7.2。

表 3.7.2 连接反应体系

试剂	对照组/μL	连接/μL
10×缓冲液	1.0	1.0
Bbs I 酶切回收 pX459	0.5	0.5
退火 DNA	0	0.5

续上表

试剂	对照组/μL	连接/μL
EB 溶液	8.3	7.8
T₄ DNA 连接酶	0.2	0.2
合计	10	10

加好样品后,盖上盖子,离心将反应液体离心至管底。22 ℃或者室温反应 30 min。

6. 连接产物转化 DH5α 感受态细胞

(1) 将感受态细胞从 -80 ℃取出,在冰上融化;提前准备好 42 ℃水浴锅。

(2) 取 5 个无菌 1.5 ml EP 管,加入 50 μL 感受态细胞,然后加入上一步骤中 5 μL 连接产物,轻轻弹几下管底使加入物混匀(移液器吹打混匀的机械力会对部分感受态细胞造成损伤),冰上放置 30 min。

(3) 将加样的 EP 管放置在水浴浮漂上,设置好计时器,放入 42 ℃水浴锅中,热激 60 s。

(4) 取出 EP 管并将其放置在冰上 2 min。

(5) 在超净台中加入 600 μL 无抗生素 LB 培养基,在 37 ℃摇床低速培养 1 h。

(6) 取 100 μL 菌液涂布到带有氨苄抗性的 LB 琼脂板上,37 ℃温箱培养过夜。注意在带有琼脂的板上做好标记,不要在板盖上做标记。

7. 菌落 PCR 鉴定 gRNA

(1) 在菌落 PCR 前观察转化平板的菌落生长情况,注意与连接空白对照转化板比较,如果空白对照板菌落较少,而连接 Sg 转化板较多,说明载体酶切、连接成功。菌落 PCR 前,在冰上配置好 PCR 2×预混液。

(2) 计算所需预混液的量,按每个板挑 5 个克隆的量计算,4 个板就是 20 个克隆,每个克隆的菌落 PCR 反应体系为 20 μL,分装损耗预留 2 个反应量,配置 22 个反应量,因此 2×预混液总量为 220 μL(表 3.7.3)。

表 3.7.3 菌落 PCR 体系配置组分

试剂	体积/μL
10×PCR 缓冲液	44
dNTPs(2.5 mmol/L)	35.2
Taq 酶(5 U/μL)	2.2
ddH₂O	138.6

(3) 对连接 Sg 转化板做菌落 PCR,取一个新氨苄抗性 LB 琼脂板用于接种鉴定

菌落，画好标记区域。

（4）取八联排 PCR 管，在管壁上做好标记，每个管中加入 9.0 μL ddH$_2$O。

（5）在超净台中，对应编号，用无菌 10 μL 吸头挑取菌落，在接种板中蘸一下，然后放在对应 PCR 管中吹打几下，当所有菌落都挑完后，将管子连同管架拿到实验台上，加入 10 μL 2×PCR 预混液，然后加入 0.5 μL 对应的引物对。

PCR 程序：

95 ℃	3 min
95 ℃	30 s
60 ℃	30 s } 循环
72 ℃	30 s
72 ℃	3 min

（6）保留有鉴定菌落的带有氨苄抗性的 LR 琼脂板放置在 37 ℃ 培养。

（7）PCR 过程中，配置琼脂糖凝胶用于鉴定 PCR 结果。

（8）菌落 PCR 结束后，在每个管中加入 4 μL 6×上样缓冲液，振荡混匀，离心将液体甩至管底。

（9）取 5 μL 上样，在 160 V 电压下进行电泳 10 min，拍照记录扩增出的目的大小条带克隆。

8. 抽提 pX459-gRNA 质粒

根据菌落 PCR 的结果，在各个质粒中挑取 2 个克隆接种，摇床过夜培养。

（二）共转染 HEK293T 细胞

1. 复苏 HEK293T 细胞

（1）配置 HEK293T 细胞的培养基：500 mL DMEM、56.1 mL 胎牛血清、5.61 mL 双抗。

（2）在 500 mL 的 DMEM 培养基中加入 56.1 mL 的胎牛血清和 5.61 mL 的双抗，混匀，每管分装 50 mL，4 ℃ 保存。

（3）取一管培养基在 37 ℃ 水浴锅中预热。

（4）从液氮罐中取出保存的细胞，在 37 ℃ 水浴锅中解冻，然后喷 75% 乙醇，转移到生物安全柜中，以下操作都在安全柜中进行。

（5）拧开冻存管盖，用 1 mL 移液器将细胞转移至 15 mL 离心管中。

（6）加入 10 mL 预热的培养基，缓慢加入，并轻轻摇晃混匀。

（7）200 r/min 离心 5 min。

（8）弃去上清液，用 10 mL 移液器加入 10 mL 培养基，吹打并重悬细胞。

（9）将重悬细胞转移到 10 cm 培养皿中，放入 37 ℃、5% CO$_2$ 培养箱。

2. 培养传代 HEK293T 细胞

（1）37 ℃ 预热培养基和 1×PBS，取出冷冻的 0.25% 胰酶并置于室温下。

（2）从培养箱中取出细胞培养皿，在显微镜下观察细胞贴壁生长情况，当细胞的汇合度超过 90% 的时候，可以进行传代。

(3) 将培养皿转移至安全柜中，吸取其中培养基，然后轻轻加入 5 mL PBS，吸去洗涤的 PBS，然后加入 1 mL 胰酶，消化 2 min，在显微镜下可观察到细胞变圆，脱离皿底。

(4) 将培养皿拿回安全柜中，加入 8 mL 培养基，用 10 mL 移液器上下吹打，将所有细胞从皿底吹打下来，转移细胞悬液至 15 mL 离心管中，标记好。

(5) 200 r/min 离心 5 min。

(6) 将带有细胞的离心管用 75% 乙醇消毒后，拿到安全柜中，拧开盖子，吸去上清液，加入 2 mL 培养基，吹打重悬细胞，取 50 μL 细胞悬液在血球计数板（图 3.7.2）上计数，读取 4 周 4 个大格中细胞总数。细胞浓度 = 总数/4×10^4。

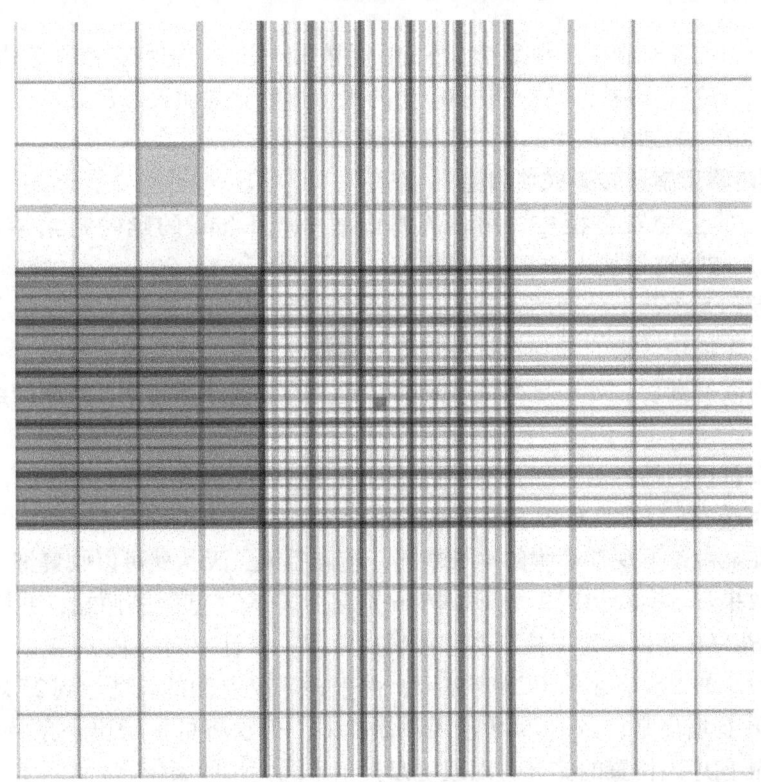

深色区域代表一大格子长宽各是 1 mm，加上盖玻片后的液体厚度是 0.1 mm，
因此，体积是 0.1 mm^3，也就是 0.1 μL。

图 3.7.2 血球计数板

(7) 取 100 万细胞接种到新的培养皿中，加入 10 mL 新培养基混匀，转移到培养箱中培养。如果细胞数量足够，可以按照每毫升 10 万个细胞，每孔接种 1 mL 细胞悬液到 12 孔板，接种至少 6 个孔。

3. CRISPR-Cas9 质粒转染 HEK293T 细胞

质粒 DNA 有强负电荷，要通过细胞膜进入细胞核非常困难，为了将质粒 DNA 导入细胞中,常用的方法有物理方法(如电转、基因枪等)、化学方法(如利用阳离子脂质体、阳离子高分子,通过电荷的相互作用形成纳米颗粒,通过多种途径穿过细胞膜进入细胞)。

利用阳离子脂质体 lipo8000 来转染 HEK293T 细胞的实验设计见表 3.7.4。

表 3.7.4 实验设计

不转染对照	转染空载体对照	Sg1 + Sg2
0	1 μg	0.5 μg + 0.5 μg

在运行中的安全柜中,取 2 个 1.5 mL 无菌 EP 管,标记好,每个管内加入 Opti-MEM 50 μL,然后分别加入质粒或相应量的水,然后分别加入 1.6 μL 的 lipo8000,混匀后,加入相应的细胞培养孔中,37 ℃培养。

4. 嘌呤霉素筛选转染成功细胞

在运行的生物安全柜中,用培养基配置 20 μL/mL 的嘌呤霉素溶液,11 μL(1 mg/mL)嘌呤霉素加入 539 μL 培养基中,配置 550 μL 20 μg/mL 嘌呤霉素溶液。在转染质粒的 5 个孔中分别加入 100 μL,培养 16~24 h。转染质粒上带有嘌呤霉素抗性基因,未成功转染的细胞将就不带有嘌呤霉素抗性,将会被嘌呤霉素杀死。

处理时间达到后,可在显微镜下观察,死去的细胞漂浮起来,健康的细胞仍贴壁生长。

吸去带抗性的培养基,加入不带抗性的培养基继续培养 2 天。

(三)鉴定 *TERT* 基因的编辑效果

每天在显微镜下观察细胞的生长情况,转染后第三天,就可以收集细胞,检测基因编辑的效果。本实验利用 2 个 sgRNA 分别靶向 *PCSK9* 基因的两端,共同作用可以删除整个 *PCSK9* 基因。为了检测基因编辑的效果,设计一对引物分别位于 *PCSK9* 基因的上下游。如果没有删除 *PCSK9* 基因,由于 *PCSK9* 基因的长度达到 27 kb,因而不能顺利 PCR 扩增出来;当 *PCSK9* 基因被删除时,引物将可扩增出一条特异的条带,因 sgRNA 靶向序列位置的差异,四组可以扩出不同大小的条带。

1. 收集细胞裂解

(1) 配置裂解液:Tris-HCl 40 mmol/L、0.9% TritonX-100、0.9% Nonidet P-40、Protein K 2 μg/mL。

(2) 准备好 6 个 1.5 mL EP 管,做好相应的标记。

(3) 取出细胞培养板,吸去每个孔中的培养基,轻轻加入 PBS 洗涤,吸去 PBS,然后加入 200 μL 胰酶消化,在显微镜下观察,细胞出现漂浮后,加入 1 mL 培养基,用吸管反复吹打,转移细胞悬液到相应的 EP 管中。

(4) 200 r/min 离心,可观察到白色细胞沉淀于管底,弃去培养基,尽可能吸取干净培养基。

(5) 加入裂解液 50～100 μL，漩涡混匀。

(6) 65 ℃ 裂解 30 min 至 3 h，然后 95 ℃ 放置 5 min。

2. PCR 鉴定编辑效果

(1) 利用正向引物 5′-TATAGGACCAGGTGTCCAGG-3′ 和反向引物 5′-ATCCTCAT-GCCACACCTCT-3′，基因组 DNA 为模板扩增。在冰上配制好 PCR 反应液，反应体系见表 3.7.5。

表 3.7.5　PCR 反应体系配制组分

试剂	体积/μL
2 × premix	10
上一步制备的基因组 DNA	2
上游和下游引物（各 5 μmol/L）	1.0
DMSO	1.2
ddH$_2$O	5.8
总体积	20

PCR 程序：

　　95 ℃　　3 min
　　95 ℃　　30 s　┐
　　56 ℃　　30 s　├ 循环
　　72 ℃　　55 s　┘
　　72 ℃　　3 min

(2) 琼脂糖电泳鉴定。用 1.5% 的琼脂糖凝胶，在 1×TAE 电泳缓冲液中电泳，即可通过电泳条带来判断 *TERT* 编辑的效果。通常没有单克隆化的细胞是一群多种基因型都存在的混合群体，应该既能看到野生型的大条带，也能看到删除后的小条带。可以根据大小条带的亮度来简单评估编辑的效果。

综合性实验 8　农杆菌介导的模式植物遗传转化

通过转基因技术将目的基因导入植物基因组中，是改变植物性状的方法之一。经过几十年的发展，现已建立多种植物遗传转化体系，常见的植物遗传转化方法主要包括农杆菌介导转化法、基因枪法、细胞融合法等。其中，根癌农杆菌 Ti 质粒介导的转化系统理论机制最明确，技术步骤最成熟。农杆菌介导转化法还具有操作简便、转化效率高、基因拷贝数低、费用低等众多优点，早已成为模式植物遗传转化最常用的方法。在农杆菌侵染时，其通过植物伤口进入宿主组织，细菌并不进入宿主细胞，并利用根癌农杆菌中 Ti 质粒，将质粒中的 T-DNA 区转移到植物细胞并进入细胞核，插入到植物染色体中。利用这一机制，可将外源基因插入到 T-DNA 的中间区域，即可将外源基因整合到受体植物基因组中，经有性生殖可将目的基因稳定遗传给后代。

拟南芥属十字花科植物，其具有植株矮小（成熟株 $10 \sim 20$ cm）、生命周期短（从播种到收获种子一般只需 $5 \sim 7$ 周）、后代种子数量多（每株可产生上千粒种子）、自花授粉（遗传背景纯合）、染色体少（$2n=10$）、基因组小（125 Mb）、遗传转化方法简单、转化成功率高等特点，是植物遗传转化及基因功能分析的理想模式植物。与拟南芥类似，烟草、水稻和二穗短柄草也具有遗传转化率高的特点，均为植物基因功能分析的良好转基因材料。

在此，我们将逐一介绍农杆菌介导的拟南芥、烟草、水稻和二穗短柄草四种常见模式植物的遗传转化方法。

一、转化用农杆菌的准备

（一）实验目的
制备含有重组质粒载体的农杆菌。

（二）实验材料
农杆菌 EHA105 或 LBA4404 菌株。

（三）仪器设备和耗材
超净工作台、摇床、高速离心机、低温高速离心机、超低温冰箱（-80 ℃）、精密电子天平、高压灭菌锅、高温烘箱、制冰机、恒温培养箱、超纯水仪、紫外分光光度计、pH 计、移液器、酒精灯、无菌手套、250 mL 锥形瓶、1.5 mL 离心管、移液器吸头、液氮等。

（四）培养基和试剂

培养基：农杆菌培养所用 YEB 培养基配方为 5 g/L NaCl、10 g/L 胰蛋白胨、10 g/L 酵母提取物。

试剂：50 mg/L 利福平（Rif）、50 mg/L 卡那霉素（Kan）或 100 mg/L 氨苄青霉素（Amp）。

（五）农杆菌感受态的制备

（1）将 -80 ℃冰箱冻存的 EHA105 农杆菌菌株划线接种到 YEB 固体培养基上（含 50 mg/L 利福平），28 ℃培养 2～3 天，活化菌株。

（2）挑取单克隆菌落接种于含 50 mL YEB 液体培养基（含 50 mg/L 利福平）锥形瓶中，置于摇床（28 ℃，280 r/min）避光培养 2 天。

（3）吸取 2 mL 菌液接种于含 100 mL YEB 液体培养基（含 50 mg/L 利福平）的锥形瓶中，继续置于摇床（28 ℃，280 r/min）避光培养，至 OD_{600} 值为 0.5 左右。

（4）将农杆菌菌液冰浴 30 min 后，低温离心（4 ℃，4000 r/min，5 min），收集菌体。

（5）加入 10 mL 预冷的 20 mmol/L $CaCl_2$ 重悬菌体，低温离心（4 ℃，4 000 r/min，5 min），收集菌体。

（6）加入 1 mL 预冷的 20 mmol/L $CaCl_2$ 再次重悬菌体，按照每管 100 μL，分装于 1.5 mL 离心管中，迅速置于液氮速冻后，于 -80 ℃冰箱保存备用。

（六）重组质粒转化农杆菌

（1）取 -80 ℃冰箱冻存的农杆菌感受态冰浴融化。

（2）吸取 10 μL 重组质粒加入农杆菌感受态中，轻轻吹打混匀，冰浴 30 min。

（3）将其置于液氮中速冻 1 min 后，立即置于 37 ℃温浴 5 min。

（4）加入 1 mL YEB 液体培养基（不含抗生素），置于摇床（28 ℃，280 r/min），避光培养 3～5 h。

（5）5000 r/min 离心 1 min，弃部分上清液，留 100 μL 重悬菌体。

（6）涂布 YEB 固体培养基平板（含 50 mg/L 利福平和 50 mg/L 卡那霉素或 100 mg/L 氨苄青霉素），置于 28 ℃恒温培养箱，培养 36～48 h 即长出阳性菌落。

阳性农杆菌菌落通过菌落 PCR 鉴定即可用于拟南芥、烟草、水稻和二穗短柄草的遗传转化。

二、拟南芥的遗传转化——花序浸染法

拟南芥具有植株矮小、生命周期短、基因组小且自花授粉的特点，是植物基因工程常用的模式植物。1998 年，Clough 和 Bent 在农杆菌菌液中加入表面活性剂 Silwet L-77，建立了花序浸染法（floral dip）[1,2]。该法操作简单，转化效率高，转化后可直接获得转基因种子，避免了愈伤组织诱导、分化培养的过程及移栽成活率低等问题。

（一）实验目的

获得转基因阳性拟南芥。

（二）实验材料

野生型拟南芥。

（三）拟南芥花序浸染法原理

拟南芥为自花授粉植物，农杆菌中的 T-DNA 插入可能发生于花发育后期的雌配子体阶段。在拟南芥雌蕊发育过程中的前几天，子房室由于卵细胞发育突出会延伸成瓶状结构而在子房顶部开口，此时若有农杆菌浸染，农杆菌即可进入子房并将 T-DNA 转移到卵细胞，并将目标基因整合到拟南芥染色体上[2]。该方法的转化效率受以下几个因素的影响较大：①拟南芥发育时期。在拟南芥长出花序并有初花开放为最佳转化时期。一般为了提高转化效率，可将拟南芥主枝切除，待次级分枝仅有少许花开放时进行农杆菌浸染。②表面活性剂。表面活性剂能减少液体的表面张力，加强液体对物体表面的吸附力和渗透力，有利于农杆菌对植物的吸附。研究表明，一定浓度的表面活性剂 Silwet L-77 可大大提高农杆菌的对农杆菌的转化效率，一般该试剂的使用浓度为 0.02%～0.05%。③蔗糖浓度。一定浓度的蔗糖既能保持雌蕊内外渗透压平衡，又能为转化提供能量，并有利于农杆菌在受体表面生存。蔗糖还能诱导 vir 基因的表达，利于农杆菌中 T-DNA 的插入。一般蔗糖的使用浓度为 5%。④浸染时间。研究表明，农杆菌浸染花序的时间不宜过长，根据拟南芥的健壮程度、农杆菌菌株和浓度可适当调整，一般建议为 5 s 到 5 min[2]。

（四）仪器设备和耗材

超净工作台、摇床、高速离心机、超低温冰箱（-80 ℃）、精密电子天平、高压灭菌锅、高温烘箱、光照培养箱、超纯水仪、紫外分光光度计、pH 计、移液器、封口膜、烧杯、酒精灯、秒表、镊子、无菌手套、50 mL 离心管、1.5 mL 离心管、移液器吸头等。

（五）培养基和药品试剂

培养基：农杆菌培养所用 YEB 培养基（配方为 10 g/L 酵母提取物、10 g/L 胰蛋白胨、5 g/L NaCl）。1/2 MS 固体培养基（含 50 mg/L 卡那霉素或 50 mg/L 潮霉素、5 g 琼脂粉），植物培养基（MS）根据 Murashige 和 Skoog 的培养基配方配制。

试剂：NaCl、胰蛋白胨、酵母提取物、卡那霉素、潮霉素、乙醇、蔗糖、H_2O_2、Silwet L-77 等。

（六）拟南芥的培养及转化

(1) 取野生型拟南芥种子浸泡在无菌水中，4 ℃下低温处理 2 天。

(2) 将低温处理的种子均匀播种于营养土中，放置于光照培养箱（20～22 ℃，16 h 光照/8 h 黑暗）培养 2～5 天。

(3) 出苗后，进行间苗，每个盆钵中保有 2～4 棵小苗。

(4) 培养至有主花序时，剪去少许，抑制顶端生长优势，促进侧生花序生长。

(5) 待有初花开放时，进行农杆菌浸染实验。

(6) 挑取阳性农杆菌单菌落接种于 5 mL YEB 抗性培养基中，置于摇床（28 ℃，280 r/min）避光培养 2 天。

(7) 取 2 mL 菌液接种于 100 mL YEB 液体培养基中，继续摇菌（28 ℃，280 r/min）至菌液 OD_{600} 值约为 1。

(8) 将菌液转移至 50 mL 离心管中，5000 r/min 离心 1 min，收集菌体。

(9) 加入 40 mL 5% 的蔗糖溶液重悬菌体，并加入 0.02% Silwet L-77。

(10) 将开放的拟南芥花序倒置浸入农杆菌菌液中 5～10 s，然后用保鲜膜覆盖保湿，并置于培养箱暗培养 1 天，继续正常培养，直至收获种子。

（七）拟南芥阳性苗筛选

(1) 将适量拟南芥种子置于 1.5 mL 离心管中，加入 1 mL 75% 乙醇浸泡 30 s，弃上清液。

(2) 加入 1 mL 10% H_2O_2，浸泡 10 min，弃上清液。

(3) 用无菌水漂洗 6～7 次。

(4) 将消毒后的拟南芥种子播种于 1/2 MS 固体培养基（含 50 mg/L 卡那霉素或 50 mg/L 潮霉素，5 g 琼脂粉）平板上，4 ℃暗培养 2 天。

(5) 置于光照培养箱（20～22 ℃，16 h 光照/8 h 黑暗）培养 7～10 天，能够萌发并长势良好的幼苗很可能就是转基因阳性苗。

(6) 将阳性幼苗移栽到盆钵中，继续培养，并进行后续鉴定。

三、烟草的遗传转化——叶盘转化法

由于烟草具有组织培养简单、基因转化效率较高等优点，烟草成为植物基因工程和分子生物学研究中重要的模式植物。Horsch[3]等人首次通过将农杆菌浸染烟草受伤叶片，然后转移到选择培养基上使转化细胞再生植株，获得烟草转基因植株以来，经过几十年的优化，以烟草为材料的转基因技术为基因功能分析提供了有效途径。

（一）实验目的

获得转基因阳性烟草。

（二）实验材料

野生型烟草。

（三）烟草叶盘转化法原理

烟草叶片作为外植体，经愈伤诱导和分化诱导等组织培养过程可以获得很高的再生率。当农杆菌接触烟草叶片伤口时，农杆菌中的 T-DNA 很容易插入到脱分化的愈伤细胞中的染色体上，且插入拷贝数低，通过筛选培养基很容易得到转基因阳性苗。影响转化效率的主要因素有：①预培养时间和温度。预培养可以让烟草叶片边缘产生愈伤组织，预培养时间和温度对遗传转化率有明显影响。一般建议预培养 1～3 天，温度为 22～25 ℃。②共培养时间和温度。共培养可以使农杆菌更有效接触愈伤组织细胞，增加遗传转化效率，研究表明，共培养 3 天为宜，温度为 18～22 ℃时效果较好。③菌液浓度。研究表明，农杆菌培养至 OD_{600} 为 0.5，离心重悬后，浸染浓度 OD_{600} 为 1.0 时，遗传转化效率较高[4]。

(四) 仪器设备和耗材

超净工作台、摇床、高速离心机、超低温冰箱（-80 ℃）、精密电子天平、高压灭菌锅、高温烘箱、光照培养箱、超纯水仪、紫外分光光度计、pH 计、移液器、封口膜、烧杯、酒精灯、秒表、镊子、解剖刀、剪刀、平皿、无菌手套、250 mL 锥形瓶、50 mL 离心管、1.5 mL 离心管、吸头、滤纸等。

(五) 培养基和药品试剂

烟草的遗传转化所用培养基如下：

共培养培养基：MS 培养基 + NAA（0.2 mg/L）+ 6-BA（2 mg/L）+ 琼脂粉（6 g/L）+ 蔗糖（30 g/L），调 pH 至 5.8。

分化培养基：MS 培养基 + NAA（0.2 mg/L）+ 6-BA（2 mg/L）+ 羧苄青霉素（500 mg/L）+ 潮霉素（30 mg/L）+ 琼脂粉（6 g/L）+ 蔗糖（30 g/L），调 pH 至 5.8。

生根培养基：1/2 MS 培养基 + 潮霉素（30 mg/L）+ 头孢霉素（250 mg/L）+ 琼脂粉（6 g/L）+ 蔗糖（30 g/L），调 pH 至 5.8（1/2 MS 表示 MS 大量元素减半）。

药品试剂：羧苄青霉素（Cb）、卡那霉素（Kan）、潮霉素（Hyg）、头孢霉素（Cef）、6-氨基嘌呤（6-aminopurine, 6-BA）、α-萘乙酸（NAA）、肌醇、MS（大量）、MS（微量）、MS（铁盐）、MS（维生素）、蔗糖、甘氨酸、乙酰丁香酮、75% 乙醇、10% H_2O_2 等。

(六) 烟草的培养及遗传转化

(1) 取野生型烟草种子浸泡在无菌水中，置于 4 ℃ 下低温处理 2 天。

(2) 将低温处理的种子均匀播种于营养土中，放置于光照培养箱（22～25 ℃，16 h 光照/8 h 黑暗）培养 2～5 天。

(3) 出苗后，进行间苗，每个盆钵中保有 1～2 棵小苗继续培养。

(4) 剪取 1～2 个月龄烟草的健壮叶片，用纯净水冲洗数次。

(5) 将叶片放在 75% 的乙醇中消毒 10 s，其间持续摇晃，充分消毒。

(6) 将叶片置于 10% H_2O_2，浸泡 3 min，其间持续摇晃，充分消毒。

(7) 无菌水清洗 3～5 次，每次尽量沥干。

(8) 将叶片放于无菌玻璃平皿中，用无菌刀片将叶片切成 1 cm×1 cm 的方块（尽量避开大的叶脉）。

(9) 将外植体放置于共培养培养基上（叶片背面接触培养基），使之充分接触培养基。

(10) 在 25 ℃ 件下避光培养 1 天，此过程称为预培养。

(11) 挑取阳性农杆菌单菌落接种于 5 mL YEB 抗性培养基中，置于摇床（28 ℃，280 r/min）避光摇菌 2 天。

(12) 取 2 mL 菌液接种于 100 mL YEB 抗性液体培养基中，继续避光摇菌至菌液 OD_{600} 为 0.5 左右。

(13) 将菌液转移至 50 mL 离心管中，5000 r/min 离心 1 min，收集菌体。

(14) 向含有菌体的离心管中加入 40 mL MS 液体培养基并重悬菌体，使 OD_{600} 为 1.0 左右，备用。

(15) 将预培养 1 天的外植体浸入农杆菌菌液中，浸染 3～5 min，不断颠倒使之充分浸入菌液。

(16) 取出外植体置于无菌滤纸上，正反面彻底吸干菌液，以免农杆菌过度繁殖。

(17) 将无菌滤纸平铺在含有乙酰丁香酮（AS）的共培养培养基上，并将叶片转移至滤纸上（叶片背面接触培养基），18 ℃ 避光共培养 3 天。

(18) 共培养结束后，用含有头孢霉素（Cef）的无菌水清洗 2～3 遍。

(19) 将外植体转移至分化培养基上（叶片背面接触培养基），使之充分接触培养基，继续培养（22～25 ℃，16 h 光照/8 h 黑暗），每 2 周继代 1 次，至分化出抗性不定芽。

(20) 待幼苗长至 2～3 cm 大小，切下并插入生根培养基中，继续培养（22～25 ℃，16 h 光照/8 h 黑暗）至产生不定根。

(21) 待根系发达，小心将幼苗从培养基中取出，清洗干净培养基，并移栽于盆钵中，继续培养（22～25 ℃，16 h 光照/8 h 黑暗）。生长健壮的幼苗很可能就是转基因阳性苗，待后续鉴定。

四、水稻的遗传转化——胚性愈伤组织转化法

由于单子叶植物不是农杆菌的天然宿主，利用农杆菌介导法对其进行遗传转化受到限制。Hiei 等构建了 VlrG 和 V×B 高效表达的超双元载体，通过借助酚类化合物乙酰丁香酮诱导，成功建立了水稻遗传转化体系，推动了农杆菌介导单子叶遗传转化的研究进程[5,6]。通过对转化机理的深入探索，以及对转化方法的不断改进、优化与完善，农杆菌转化法已成为水稻遗传转化的常用手段，也为其他禾本科作物基因转化研究奠定了基础[6]。

（一）实验目的

获得转基因阳性水稻株系。

（二）实验材料

野生型水稻。

（三）水稻胚性愈伤组织转化法原理

成熟的水稻种子通过诱导培养基的诱导，水稻胚可脱分化成为胚性愈伤组织。农杆菌浸染胚性愈伤组织，在乙酰丁香酮等的作用下，可以将 T-DNA 中的目标基因整合到水稻细胞染色体中，再经过分化培养基的诱导和筛选培养基的筛选即可获得转基因阳性水稻苗。

（四）仪器设备和耗材

超净工作台、摇床、高速离心机、超低温冰箱（-80 ℃）、精密电子天平、高压灭菌锅、高温烘箱、恒温培养箱、光照培养箱、超纯水仪、紫外分光光度计、pH 计、

移液器、封口膜、酒精灯、秒表、镊子、无菌手套、50 mL 离心管、吸头等。

（五）培养基和试剂

培养基配方如下：

诱导培养基：N_6B_5 +2, 4-D（2 mg/L）+琼脂粉（4.5 g）调 pH 至 5.8。

共培养培养基：诱导培养基，葡萄糖（10 g/L）+乙酰丁香酮（10 mg/L）+琼脂粉（4.5 g），调 pH 至 5.8。

筛选培养基：N_6B_5 +2, 4-D（2 mg/L）+头孢霉素（500 mg/L）+琼脂粉（4.5 g），调 pH 至 5.8。

分化培养基：N_6B_5 + 6 – BA（2 mg/L）+ α – 萘乙酸（1 mg/L）+激动素（1 mg/L）+潮霉素（50 mg/L）+琼脂粉（4.5 g），调 pH 至 5.8。

生根培养基：1/2 MS + α – 萘乙酸（0.5 mg/L）+琼脂粉（4.5 g），调 pH 至 5.8（1/2 MS 表示 MS 大量元素减半）。

悬浮农杆菌感染愈伤组织的培养基（AAM）：AA+乙酰丁午酮（20 mg/L），调 pH 至 5.5。

试剂：N_6 培养基、B_5 培养基、MS 培养基、AA 培养基、乙酰丁香酮（AS）、卡那霉素（Kan）、潮霉素（Hyg）、头孢霉素（Cef）、6 – 氨基嘌呤（6-BA）、α – 萘乙酸（NAA）、2, 4 – 二氯苯氧乙酸（2, 4-D）、葡萄糖、激动素（KT）、75% 乙醇、10% H_2O_2 等。

（六）水稻愈伤组织诱导

（1）取适量成熟水稻种子，剥去外壳，放入 50 mL 离心管中，并加入 30 mL 75% 乙醇，拧紧盖子，上下颠倒摇晃消毒 3 min，弃上清液。

（2）加入 30 mL 10% H_2O_2，上下颠倒摇晃消毒 30 min，弃上清液。

（3）加入 30 mL 无菌水，上下颠倒摇晃漂洗 5～6 次。

（4）用无菌镊子将水稻种子转移到无菌滤纸上，彻底沥干水分。

（5）将种子均匀铺在愈伤组织诱导培养基平皿上，28 ℃避光培养 2 周。

（6）用镊子拔出幼芽，28 ℃继代培养 2 周，获得愈伤组织。

（七）农杆菌浸染

（1）挑取阳性农杆菌单菌落接种于 5 mL YEB 抗性培养基中，置于摇床（28 ℃，280 r/min）避光培养 2 天。

（2）取 2 mL 菌液接种于 100 mL YEB 抗性液体培养基中，继续避光摇菌至菌液 OD_{600} 为 1.0 左右。

（3）将菌液转移至 50 mL 离心管中，5000 r/min 离心 1 min，弃上清液，收集菌体。

（4）加入 40 mL AAM 并重悬菌体，并加入 200 μmol 的乙酰丁香酮。

（5）将水稻愈伤组织转移到 AAM 中浸泡 30 min，轻轻摇晃。

（6）取出愈伤组织，放在无菌滤纸上 30 min，直至彻底晾干。

（7）将愈伤组织放于铺有两层滤纸的共培养基上，25 ℃避光培养 3 周。

(八) 抗性愈伤组织分化成苗
(1) 将共培养的愈伤组织加入无菌水中,漂洗 5~6 次。
(2) 加入 250 mg/L 的氨苄青霉素无菌水浸泡 30 min,重复 1 次。
(3) 将愈伤组织转移到无菌滤纸上 2 h,彻底晾干,然后转移到选择培养基(含 250 mg/L 氨苄青霉素、50 mg/L 潮霉素)上,继续 28 ℃ 避光培养 2 周。
(4) 选择生长状态好的愈伤组织继代培养 2 周。
(5) 将鲜黄色的愈伤组织转移至分化培养基中,置于光照培养箱(25~28 ℃,16 h 光照/8 h 黑暗)继续培养,至分化出不定芽。
(6) 当幼苗生长至 3~5 cm,用解剖刀切下,转移至生根培养基中,继续培养 1 周,至长出不定根。
(7) 将根系发达的幼苗清洗干净培养基,转移至水培箱中继续培养(25~28 ℃,16 h 光照/8 h 黑暗),生长健壮的幼苗很有可能就是阳性苗,待后续鉴定。

五、二穗短柄草的遗传转化——成熟胚愈伤组织转化法

二穗短柄草的全基因组测序及基因功能注释已经完成,而且其具有模式植物必须具备的生物学特性,如基因组小、序列重复性较低、生长周期短、自花授粉及植株矮小等[7]。二穗短柄草属于早熟禾亚科,与小麦、大麦等许多重要作物的亲缘关系较近,是研究禾本科早熟禾亚科的模式植物[7]。作为模式植物,其遗传转化体系的建立与完善,相较于水稻要晚很多。与基因枪法相比,农杆菌介导的遗传转化方法具有明显的优势,如不需要昂贵的仪器和耗材,农杆菌介导的转化法已成为二穗短柄草转化最常用到的方法[8]。

(一) 实验目的
获得转基因阳性二穗短柄草。

(二) 实验材料
野生型二穗短柄草 Bd21。

(三) 二穗短柄草成熟胚愈伤组织转化法原理
成熟的二穗短柄草种子通过诱导培养基的诱导,胚可脱分化成为胚性愈伤组织。农杆菌浸染胚性愈伤组织,在乙酰丁香酮等的作用下,可以将 T-DNA 中的目标基因整合到愈伤细胞染色体中,再经过分化培养基的诱导和筛选培养基的筛选即可获得转基因阳性二穗短柄草幼苗。

(四) 仪器设备和耗材
超净工作台、摇床、高速离心机、超低温冰箱(-80 ℃)、精密电子天平、高压灭菌锅、高温烘箱、恒温培养箱、光照培养箱、超纯水仪、紫外分光光度计、pH 计、移液器、封口膜、酒精灯、秒表、镊子、解剖刀、无菌手套、50 mL 离心管、吸头等。

(五) 培养基和试剂
1. 培养基
(1) MS 基本培养基(液体):MS 大量元素 + MS 微量元素 + MS 铁盐 + MS 有机

成分 + MS 维生素。

（2）诱导培养基（MS 2.5）：MS 基本培养基 + 2, 4-D（2.5 mg/L） + $CuSO_4$（0.6 mg/L） + 蔗糖（30 g/L） + 琼脂粉（3.75 g/L）。

（3）选择诱导培养基（MS 2.5-Cef）：MS 基本培养基 + 2, 4-D（2.5 mg/L） + $CuSO_4$（0.6 mg/L） + 蔗糖（30 g/L） + 琼脂粉（3.75 g/L） + 潮霉素（10 mg/L） + 头孢霉素（400 mg/L）。

（4）选择再生培养基（MS-KT-Cef）：MS 基本培养基 + KT（0.2 mg/L） + 蔗糖（30 g/L） + 琼脂粉（3.75 g/L） + 潮霉素（10 mg/L） + 头孢噻肟（400 mg/L）。

（5）壮苗培养基：1/2 MS 基本培养基（大量元素减半） + 蔗糖（30 g/L） + 琼脂粉（3.75 g/L）。

上述所有培养基均调 pH 至 5.8，121 ℃高压蒸汽灭菌 20 min。

2. 试剂

激动素、2, 4-D、$CuSO_4$、潮霉素、头孢霉素、Silwet L-77、75% 乙醇、10% H_2O_2、ddH_2O。

（六）二穗短柄草愈伤组织的诱导

（1）取成熟二穗短柄草 Bd21 种子，去壳，放入 50 mL 离心管中，并加入 75%乙醇，拧紧离心管盖，上下颠倒摇晃消毒 1 min，弃上清液。

（2）加入 10% H_2O_2，拧紧离心管盖，上下颠倒摇晃继续消毒 10 min，弃上清液。

（3）加入无菌水，上下颠倒摇晃漂洗 5～6 次。

（4）用无菌镊子将已消毒的 Bd21 种子规律地铺排在诱导培养基 MS 2.5 上，22 ℃暗培养诱导胚性愈伤组织。

（5）待 Bd21 种子培养 5～7 天，拔除幼芽，转移至新鲜诱导培养基 MS 2.5，继续 22 ℃避光培养 2 周。

（6）用镊子和解剖刀撕下非愈伤组织裙边，在相同培养基上相同条件下再继代培养 1～2 次，产生黄色状态良好的愈伤组织。

（7）培养 5～7 周后，即可看到明显的、致密的、大颗粒的黄色胚性愈伤组织，此时可将较大的颗粒分解成小颗粒继续培养。

（七）农杆菌浸染

（1）挑取阳性农杆菌单菌落接种于 5 mL YEB 抗性培养基中，置于摇床（28 ℃，280 r/min）避光培养 2 天。

（2）取 2 mL 菌液接种于 100 mL YEB 抗性液体培养基中，继续避光摇菌至菌液 OD_{600} 为 1.0 左右。

（3）将菌液转移至 50 mL 离心管中，5000 r/min 离心 1 min，收集菌体。

（4）用 MS 2.5 液体培养基洗涤 2 次后重新悬浮，调至 OD_{600} 为 0.6～1.0，并加入 1 滴 Silwet L-77。

（5）选择颜色鲜黄、生长旺盛、结构密实的 Bd21 的胚性愈伤组织（颗粒大小为

2～5 mm），于农杆菌菌液中浸染 10 min。

（6）用灭菌滤纸吸干愈伤组织表面的菌液，并转移到预先铺有 2 层滤纸的诱导培养基上，28 ℃避光培养 2～3 天。

（7）将共培养的愈伤组织用含有头孢霉素（250 mg/L）的无菌水漂洗 2 次，每次 15 min 左右。

（8）用无菌滤纸将愈伤组织上的水分彻底吸干，置于无菌空培养皿中 12～24 h 直至彻底晾干。

（9）加入 MS 2.5 液体培养基漂洗 1 次后转移到选择诱导分化培养基上。

（八）Bd21 抗性愈伤组织分化成苗及移栽

（1）将鲜黄色的愈伤组织转移至分化培养基中，置于光照培养箱（22～25 ℃，16 h 光照/8 h 黑暗）继续培养，每 2 周继代 1 次，2 次继代后即可有不定芽长出。

（2）当幼苗生长至 2～3 cm，用解剖刀切下，转移至生根培养基中，继续培养 1 周，直至长出不定根。

（3）将根系发达的幼苗清洗干净培养基，转入盆钵中，于培养箱（25～28 ℃，16 h 光照/8 h 黑暗）继续培养，生长健壮的幼苗很有可能就是阳性苗，待后续鉴定。

植物遗传转化的成功率依赖良好的植物受体，良好的植物受体应具备高效稳定的再生能力及对农杆菌的高度敏感性。农杆菌介导的植物遗传转化作为一种转基因技术，其转化成功率受很多因素的影响，甚至跟农杆菌菌株、重组质粒、筛选抗生素、不同生态型植物及待转植物组织器官都有关系。实验技术人员可根据实验室的特定条件优化实验操作方法。

参考文献

［1］CLOUGH S J, BENT A F. Floral dip: a simplified method for *Agrobacterium*-mediated transformation of *Arabidopsis thaliana* ［J］. The plant journal, 1998, 16（6）: 735 – 743.

［2］齐雯雯, 宫晓琳, 王洋, 等. 蘸花法在植物遗传转化上的应用研究进展［J］. 现代农业科技, 2014（24）: 9 – 10, 12.

［3］HORSCH R B, FRY J E, HOFFMANN N L, et al. A simple and general method for transferring genes into plants ［J］. Science, 1985, 227: 11291131.

［4］赵贤雷, 董子健, 谢兴邦, 等. 本生烟叶盘法转化及高效再生条件的优化［J］. 分子植物育种, 2022, 20（5）: 1635 – 1642.

［5］HIEI Y, OHTA S, KOMARI T, et al. Efficient transformation of rice (*Oryza sativa* L.) mediated by *Agrobacterium* and sequence analysis of the boundaries of the T-DNA ［J］. The plant journal, 1994, 6（2）: 271 – 282.

［6］张月, 李莹, 戴绍军. 农杆菌介导禾本科牧草遗传转化的研究进展［J］. 上海师范大学学报（自然科学版）, 2021, 50（1）: 21 – 27.

［7］陈军营, 李香妞, 赵一丹, 等. 新型禾本科模式植物: 二穗短柄草［J］. 植物生理学通讯, 2008,（4）: 781 – 784.

[8] 刘艺冉,孙晓菲,门淑珍. 二穗短柄草愈伤组织的诱导及农杆菌介导的遗传转化技术在本科实验教学中的应用 [J]. 中国细胞生物学学报,2016,38(10):1252–1259.